Python数据分析从小白到专家

田越 / 编著

電子工業出版社
Publishing House of Electronics Industry
北京•BEIJING

内 容 简 介

本书共 13 章，主要内容涵盖 Python 语法及数据分析方法。第 1 章主要介绍数据分析的概念，使读者有一个大致的印象，并简单介绍本书频繁使用的 Python 的 5 个第三方库。第 2 章主要做一些准备工作，手把手带读者搭建 Python 环境，包括 Python 3.7.6 的安装和 pip 的安装。第 3 章介绍 Python 编程基础。第 4 章到第 7 章介绍使用 Python 进行简单数据分析的基础库，包括 NumPy、Pandas 和 Matplotlib 库，并介绍使用正则表达式处理数据的方法。第 8 章到第 13 章属于进阶内容，但也是 Python 数据分析的基础，结合机器学习介绍一些常见的用于数据分析的机器学习算法及常用的数学模型。

本书内容通俗易懂，案例丰富，实用性强，适合有一定 Python 基础的读者阅读，也适合对数据分析和数据科学感兴趣的学生、Python 程序员及其他编程爱好者阅读。

图书在版编目（CIP）数据

Python 数据分析从小白到专家 / 田越编著. —北京：电子工业出版社，2021.5

ISBN 978-7-121-40923-3

Ⅰ. ①P… Ⅱ. ①田… Ⅲ. ①软件工具－程序设计 Ⅳ. ①TP311.561

中国版本图书馆 CIP 数据核字（2021）第 058893 号

责任编辑：高洪霞　　　　　　特约编辑：田学清
印　　刷：三河市君旺印务有限公司
装　　订：三河市君旺印务有限公司
出版发行：电子工业出版社
　　　　　北京市海淀区万寿路 173 信箱　　　　邮编：100036
开　　本：787×980　1/16　印张：18.75　字数：398 千字
版　　次：2021 年 5 月第 1 版
印　　次：2021 年 5 月第 1 次印刷
定　　价：88.00 元

凡所购买电子工业出版社图书有缺损问题，请向购买书店调换。若书店售缺，请与本社发行部联系，联系及邮购电话：（010）88254888，88258888。

质量投诉请发邮件至 zlts@phei.com.cn，盗版侵权举报请发邮件至 dbqq@phei.com.cn。

本书咨询联系方式：010-51260888-819，faq@phei.com.cn。

前　言

Python 最重要的应用领域之一就是数据分析，这主要得益于 Python 强大的第三方库。Python 的第三方库为其提供了良好的生态环境，使得编码更加方便，程序员不需要写太多的数据结构和算法，因为 Python 的第三方库提供的方法足够用了。

在金融、销售、供应链等各个领域，Python 数据分析都有用武之地。为了方便读者快速掌握数据分析方法，笔者特编写了本书。

本书内容

本书共 13 章，主要内容涵盖 Python 语法及数据分析方法。

第 1 章主要介绍数据分析的概念，使读者有一个大致的印象，并简单介绍本书频繁使用的 Python 的 5 个第三方库。

第 2 章主要做一些准备工作，手把手带读者搭建 Python 环境，包括 Python 3.7.6 的安装和 pip 的安装。

第 3 章介绍 Python 编程基础。

第 4 章到第 7 章介绍使用 Python 进行简单数据分析的基础库，包括 NumPy、Pandas 和 Matplotlib 库，并介绍使用正则表达式处理数据的方法。

第 8 章到第 13 章属于进阶内容，但也是 Python 数据分析的基础，结合机器学习介绍一些常见的用于数据分析的机器学习算法及常用的数学模型。

本书特色

（1）本书详细讲解 NumPy、Pandas 和 Matplotlib 库，从开源代码和官方文档入手，结合相应的数学运算（矩阵运算、数理统计等），帮助读者快速入门。

（2）本书并非空谈理论、没有实际的操作与代码，而是通过公式定理及算法原理引出代码，由浅入深，每个案例都有相应的代码和讲解。

（3）本书的案例使用较为真实的数据，而不是随机生成一组数字进行分析。

（4）"纸上得来终觉浅"，读者可以扫描下方二维码获取相应的代码和数据材料，方便亲自试验与操作。

（5）本书图文并茂，读者可以通过将自己编写的代码的输出与案例的输出进行比较来判断结果的正误。

特别说明：由于本书是黑白印刷的，涉及的颜色无法在书中呈现，请读者结合软件界面进行辨识。

本书读者对象

- 有一定 Python 基础的读者。
- 对数据分析和数据科学感兴趣的学生。
- Python 程序员及其他编程爱好者。
- 机器学习、人工智能相关从业人员。

读者服务

微信扫码回复：40923

- 获取本书配套代码资源
- 获取各种共享文档、线上直播、技术分享等免费资源
- 加入读者交流群，与更多读者互动
- 获取博文视点学院在线课程、电子书 20 元代金券

目　　录

1

第 1 章 数据分析存在的意义

数据科学是关于数据的学科。随着当代计算机的蓬勃兴起，数据科学得以发展。在正式切入主题之前，本章先进行简要的概括，说明本书的层次与主要内容。

本章涉及的知识点如下。

◎ 数据科学和数据分析的发展历程。

◎ 使用 Python 进行数据分析的原因。

◎ 本书频繁使用的 5 个 Python 的第三方库，分别是 NumPy、Pandas、Matplotlib、Sklearn 和 Statsmodels。

1.1 数据分析与 Python

1.1.1 数据科学和数据分析的始末

有人说，自从 20 世纪 40 年代末，计算机诞生的那一刻，数据科学就随着计算机的发展而来了。然而也有着不同的声音，正如香农的那句名言“敌人知道系统”，意思是敌对势力知道你使用的算法和密文，但依然无法破解出明文，加密/解密在那个靠电报通信的年代，对于战争固然重要，但这个例子说明，远在计算机还没有诞生的那个年代，数据科学就已经存在了。

然而，数据科学的兴起还是21世纪初的事。2008年，中本聪发布《比特币：一种点对点的电子现金系统》，"区块链技术"使得电子支付领域一个去中心化的支付系统由理论转为现实。支付宝和微信等快捷支付方式的发展又带动了电商的发展，信息技术日新月异。随着"机器学习""大数据""云计算"等技术日趋成熟，"深度学习"和"深度信念神经网络"被提出，20世纪70年代提出的"人工智能"不再是虚无缥缈的幻想，2008年前后，说起"人工智能"时，人们可能还不清楚具体是指什么，毕竟那个时候也没有太多相关的产业和产品真正落地。

随着"人工智能"产业的发展，其依赖的机器学习虽已足够成熟，但机器学习需要大量的数据集来支撑它。人们在将挖掘到的数据投入生产环境中时，往往发现虽然使用的是真实数据，但是训练效果并不是很好，后来发现是个别数据的不准确性或者遗漏、缺失造成了这些"事故"。

人们开始寻求"纯净"的数据集，把明显错误的数据删除，但难度更大的是寻找缺失的数据。如同一张Excel表格应该有满满的数据，但有不少单元格是空着的，这可能是因为数据遗失了，或者在写入的时候出现了问题，而导致乱码或者不能使用。如果全都选择整行丢弃，未免太可惜了。人们尝试用"人工智能"算法，即机器学习和深度学习这样的算法将缺失的数据补齐，这样就大大弥补了重复爬取的麻烦。但是怎么补齐呢？要想解决心中的问题，现在开始学习本书的内容吧，相信读者在看完本书后会受益匪浅。

1.1.2 为什么使用 Python 作为脚本

使用Python作为脚本，主要是因为Python拥有强大的第三方库，Python的第三方库为其提供了良好的生态环境，使得编码更加方便，程序员不需要自己写很多数据结构和算法，因为Python的第三方库提供的方法足够了。

对于数据分析而言，Python含有Pandas、NumPy、Matplotlib库，以及其他基于这3个第三方库而衍生出的第三方库，如Statsmodels。数据分析基于数理统计与概率分析。Statsmodels库提供了大量可直接调用的概率模型。Pandas库和NumPy库则为数据分析提供了必要的数据结构，即DataFrame和Series，用户可以将Series视为一个n维数组，当然，也可以将其视为一个n维矩阵。NumPy库提供了大量与线性代数相关的函数与方法，使用户可以方便地实现矩阵相乘和矩阵变换等操作。Matplotlib库可将数字以图表的形式直观地展现，即"数据可视化"。用Matplotlib库绘制的图表如图1-1所示。

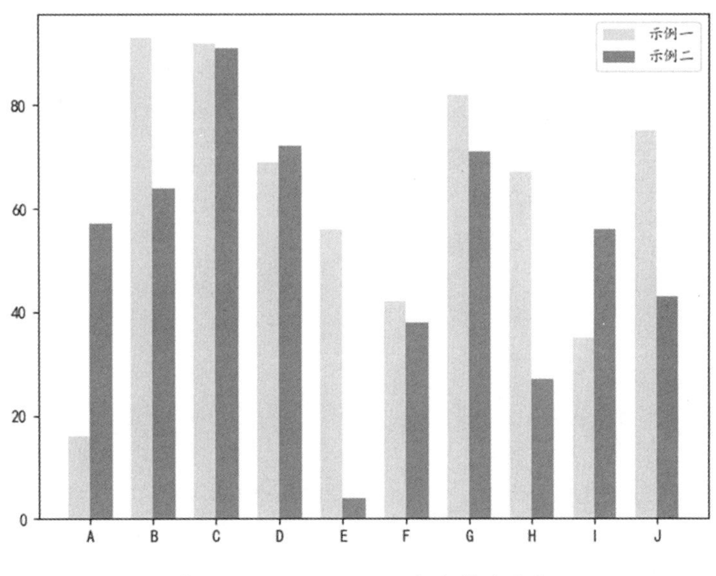

图 1-1　用 Matplotlib 库绘制的图表

Python 拥有简明的语法，开源和免费也是它的优势，正是基于这几点，Python 成了机器学习和数据分析等常用的脚本语言。

1.2　本书的主要内容

Python 最大的魅力就是它的第三方库，下面将介绍在本书中主要使用的 5 个 Python 的第三方库。希望读者在以后的学习中慢慢熟悉它们，并且熟练掌握其使用方法。

1.2.1　数据分析基础：NumPy、Pandas 和 Matplotlib 库概述

NumPy 作为 Python 科学计算和数据分析的一个基础包，有着举足轻重的作用。NumPy 作为 Python 中的一个第三方库提供了多维数组对象 Series，以及各种派生对象（如矩阵等）。NumPy 是最常用的一个用于科学计算和数据分析的第三方库，它的数学基础是线性代数。NumPy 提供了多种 API 和方法，如排序、转置矩阵、傅里叶变换等。而 Pandas 和 Matplotlib 这两个第三方库是由 NumPy 库衍生而来的。

说 Pandas 库是 Python 数据分析和科学计算的基础一点都不为过，因为 Python 数据分析的核心是 Pandas 库，无论是使用非监督式学习还是监督式学习来分析数据，都离不开

Pandas 库。若想要查看和汇总数据、了解各个数据的占比与关系，首先就得打印表格，而 Pandas 库新增的数据结构 DataFrame 可以完美地满足该需求。基于 NumPy 库的 Pandas 库不仅拥有 DataFrame 数据结构，由于其本身是从 NumPy 库继承而来的，因此也拥有 NumPy 库的 Series 数据结构，这样用户处理数据就更加灵活了。

Matplotlib 是一个基于 Python 脚本的 2D 绘图库，即它只能绘制平面图形，一般情况下并不能绘制 3D 图形，除非导入 Matplotlib 库的 3D 拓展库。也就是说，一般使用 Matplotlib 库来绘制 *xOy* 直角坐标系图。当然，Matplotlib 库也有拓展库 Axes3D，用于绘制空间直角坐标系图。

1.2.2 数据处理：NumPy 库简介

根据 NumPy 官方手册中的内容，我们可以发现 NumPy 数组和 Python 原生数组之间有几个重要的区别。

（1）NumPy 数组在创建时具有固定的大小，与 Python 的原生数组对象（可以动态增长）不同。更改 ndarray 的大小将创建一个新数组并删除原来的数组。

（2）NumPy 数组中的元素都需要具有相同的数据类型，因此这些元素在内存中的大小相同。只有当 Python 的原生数组里包含 NumPy 的对象时，才允许有不同大小元素的数组。

（3）NumPy 数组有助于对大量数据进行基于高等数学和其他类型的操作，通常这些操作的执行效率更高，所需代码比使用 Python 原生数组更少。

（4）越来越多的基于 Python 的科学和数学软件包使用 NumPy 数组，虽然这些工具通常都支持将 Python 的原生数组作为参数，但其在处理之前还是会将输入的数组转换为 NumPy 数组，而且通常也会输出为 NumPy 数组。

NumPy 库使用了 C 语言作为源代码脚本，因此可以快速地编译、运行，并且代码矢量化使得代码中没有任何显式的循环、索引，这使得 NumPy 库运行起来十分迅速。矢量化使得代码更加简洁、易读；代码的特殊优化使得代码更接近数学符号，更加易用、易懂。

1.2.3 数据处理：Pandas 库简介

纵观 Pandas 库，它适合处理以下类型的数据。

（1）与 SQL 或 Excel 类似的、含异构列的表格数据。

（2）有序和无序（非固定频率）的时间序列数据。

（3）带行列标签的矩阵数据，包括同构或异构型数据。

（4）任意其他形式的观测、统计数据集，数据在转入 Pandas 库时不必事先标记。

Pandas 库和 NumPy 库一样，其脚本是由 C 语言编写的。Pandas 库是 Statsmodels 库的依赖项，换言之，没有 Pandas 库，Statsmodels 库是无法运行的。这更加说明了 Pandas 库对于数据分析有着举足轻重的作用。

1.2.4　图表绘制：Matplotlib 库简介

Matplotlib 是由 Pandas 库衍生而来的一个可视化工具库，它致力于将数据可视化，以各种各样的图表形式显示出来，如散点图、折线图、直方图等，示例如图 1-2 所示。

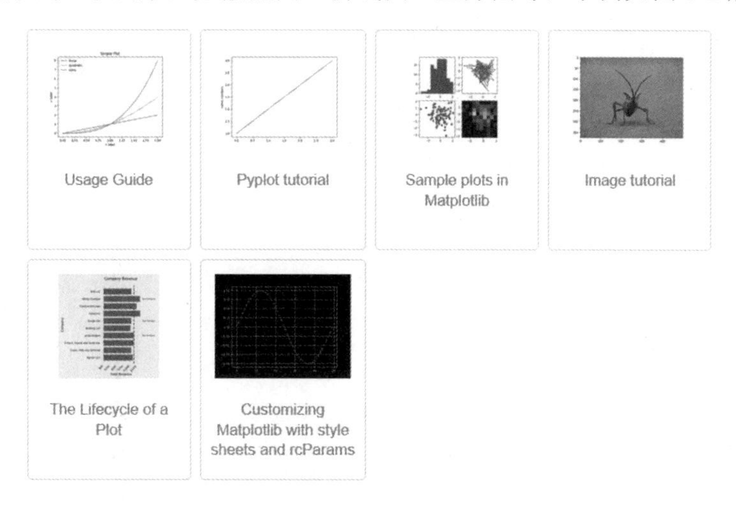

图 1-2　用 Matplotlib 库可视化数据

1.2.5　中坚力量：Sklearn 和 Statsmodels 库简介

Sklearn 和 Statsmodels 是用于回归分析和统计计算的第三方库，它们的数学基础是数理统计和概率分析。Sklearn 和 Statsmodels 不仅是数据分析的利器，一般还作为机器学习常用的第三方库。爬虫是为数据分析服务的，没有意义的数据就是一堆占用机器内存的垃圾，所以，爬虫得到的数据往往会经过数据分析的过程，然后投入机器学习中，即进入生产环境。

在 Python 中，Statsmodels 和 Sklearn 是统计建模分析的核心工具包，其包括了几乎所有常见的各种回归模型、非参数模型和估计、时间序列分析和建模及空间面板模型，其功能非常强大，使用起来也相当便捷。

2

第 2 章 开始前的准备

在开始学习 Python 语法和使用 Python 进行数据分析之前，我们还要做些准备工作。本章主要介绍如何安装 Python 3.7.6 和 Python 的包安装工具 pip。

本章涉及的知识点如下。

◎ 在 Windows 系统中安装 Python 3.7.6，并配置系统环境变量。

◎ 在 Windows 系统中安装 Python 的包安装工具 pip。

2.1 Python 3.7.6 的安装

首先将需要的 Python 环境搭建好，然后配置系统环境变量。本书使用的是 Python3，确切地说是 Python 3.7.6。在安装之前先来了解一下 Python3 和 Python2 的区别。

2.1.1 Python3 和 Python2 的区别

Python3 默认使用的是 Unicode 编码，确切地说是 Unicode 编码中的 UTF-8 编码，这个编码基本可以表达绝大多数开发者使用的语言文字。Python2 默认使用的是基于北美地区主要语言文字的 ASCII 编码，其只可以显示英文，局限性较大。

Python2 和 Python3 使用的一些语法不同，例如，Python3 使用 input()函数获取键盘输入，而 Python2 则使用 raw_input()函数。Python3 和 Python2 的 print()函数的语法也不同。示例如下：

```
# Python3 样式
print('Hello World!')
a = input('What is your name?')
# Python2 样式
print 'Hello World!'
a = raw_input('What is your name?')
```

Python2 和 Python3 的数据类型和数据表示范围也不尽相同，Python2 有 5 种数据类型，而 Python3 只有 4 种，省略了长整型 long int（实际上是和整型 int 合并了，然后扩大了 int 所表示的范围）。str 类型也有所不同，Python2 中的 str 类型相当于 Python3 中的字节类型，采用 UTF-8/GBK 等编码格式。

正则表达式“\w”也有所区别，在 Python2 中，“\w”只能匹配英文，而在 Python3 中，其可以匹配中文。因为 Python3 使用的是 UTF-8 编码，而 Python2 使用的是 ASCII 编码。

Python2 自动生成有序数字迭代器，除了 range()方法还有一个 xrange()方法，xrange()方法不会在内存中立即创建任何东西来占用内存空间，而是边循环边创建。而 range()方法是一次性地生成所有值，并占用内存空间。在 Python3 中只有 range()方法，它和 Python2 中的 xrange()方法的原理是一致的。

Python3 和 Python2 还有一个区别：是否一定要有__init__.py 文件。__init__.py 文件的作用是使其他程序可以导入这个文件作为包(Package)。在目标文件夹中包含一个__init__.py 文件，Python 就会把文件夹当作一个包，里面的.py 文件就能在外面被导入（Import）了。在 Python2 中，必须有__init__.py 文件，而在 Python3 中没有这个限制。

2.1.2　在 Windows 10 系统中下载并安装 Python 3.7.6

本书所有的编码都是在 Windows 10 系统下进行的，所以这里不再赘述在 Linux 系统下 Python 3.7.6 的安装步骤。在 macOS 系统下与在 Windows 10 系统下的安装步骤类似，所以也不再赘述。笔者使用的台式机的 CPU 是锐龙 Ryzen7 1700，所以下载的是 AMD64 的 Python 解释器，读者可以选择与自己所用 CPU 匹配的 Python 解释器进行下载。

首先，打开 Python 官方网站，下载 Python 3.7.6，依次选择“Downloads→Windows→View the full list of downloads.”选项，如图 2-1 所示。

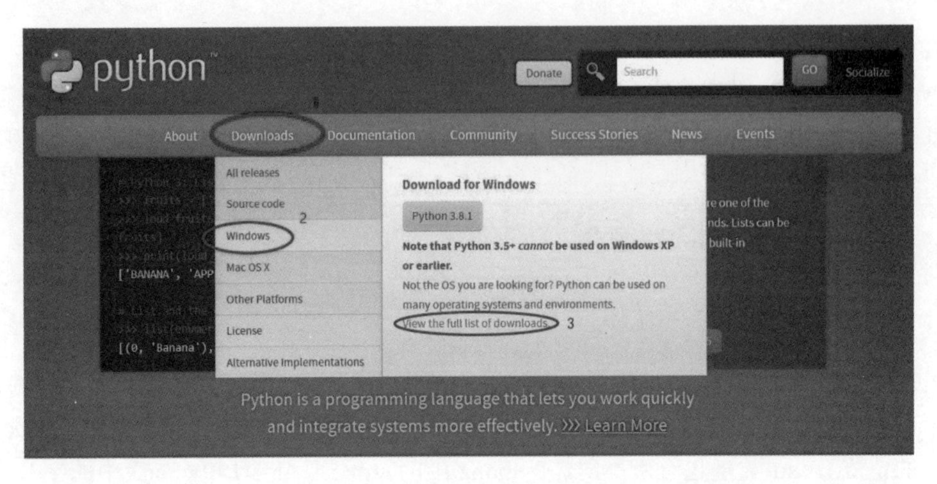

图 2-1　进入适用于 Windows 系统的 Python 下载界面

然后在弹出的界面中找到 Python 3.7.6 区域的选项，并选择“Download Windows x86 executable installer”选项，如图 2-2 所示。

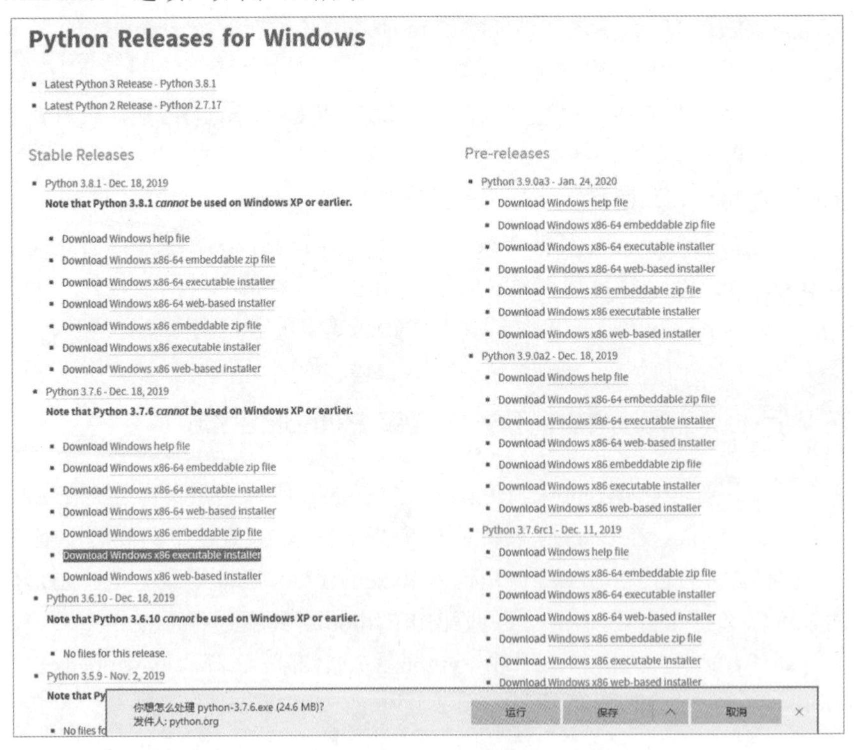

图 2-2　选择并下载 Python 3.7.6

下载完成后打开安装程序，勾选“Add Python 3.7 to PATH”复选框，自动添加 Python 3.7 的路径到系统环境变量。然后选择“Install Now”选项，使用默认安装路径。如果选择“Customize installation”选项，则可以自己选择安装路径，如图 2-3 所示。

图 2-3 选择安装方式

安装成功后，单击“Close”按钮，如图 2-4 所示。

图 2-4 安装成功

按 Windows+R 快捷键，打开“运行”界面（见图 2-5），在“打开”文本框中输入“cmd”。

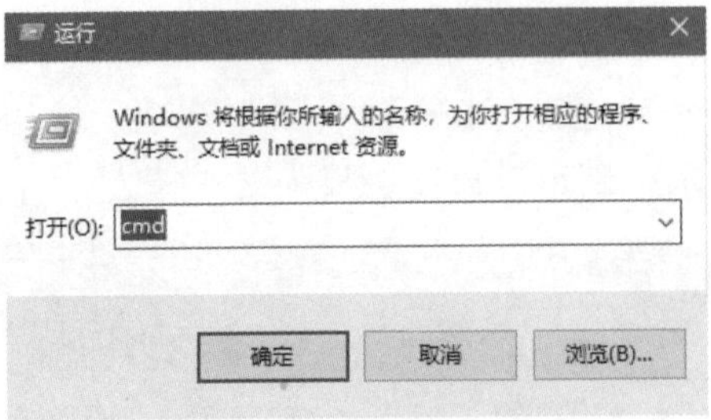

图 2-5 “运行”界面

单击“确定”按钮，在弹出的对话框中输入“python”并按回车键，若弹出如下内容，则表示安装成功：

```
Microsoft Windows [版本 10.0.17763.973]
(c) 2018 Microsoft Corporation。保留所有权利。
C:\Users\TIM>python
Python 3.7.6 (tags/v3.7.6:43364a7ae0, Dec 18 2019, 23:46:00) [MSC v.1916 32
bit (Intel)] on win32
Type "help", "copyright", "credits" or "license()" for more information.
>>>
```

2.1.3 手动配置环境变量

如果在安装时忘记勾选“Add Python 3.7 to PATH”复选框，在运行 cmd 命令，然后在弹出的对话框中输入“python”并按回车键后，则会弹出如下内容：

```
Microsoft Windows [版本 10.0.17763.973]
(c) 2018 Microsoft Corporation。保留所有权利。
C:\Users\TIM>python
'python' 不是内部或外部命令，也不是可运行的程序
或批处理文件。
>>>
```

这时就需要采取补救措施，即手动配置环境变量。右击“此电脑”图标，在弹出的快捷菜单中选择“属性”命令。然后在弹出的“系统”窗口中选择“高级系统设置”选项，打开“系统属性”对话框，并单击“环境变量”按钮，如图 2-6～图 2-8 所示[①]。

① 图 2-8 中“帐户”的正确写法应为“账户”。

图 2-6　选择“属性”命令　　　　图 2-7　选择“高级系统设置”选项

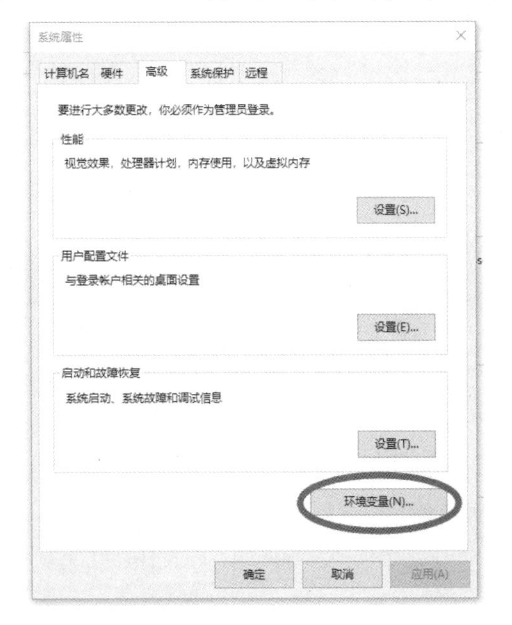

图 2-8　单击“环境变量”按钮

打开“编辑环境变量”对话框，然后找到相关系统变量，并单击“编辑”按钮，在最后一行加入 Scripts 文件夹的地址 C:\Users\TIM\AppData\Local\Programs\Python\Python37-32\Scripts（图 2-9 中显示的是笔者所用 Python 3.6 的路径，此处以正文描述为准）即可，一般默认路径就是这个，如果在图 2-3 中选择了自定义安装，那么 Scripts 文件夹就在用户自定义的目录下，如图 2-9 所示。

图 2-9　添加环境变量

设置完成后，再检查一遍，以确保环境变量配置成功。

2.2　pip 的安装

2.2.1　pip 是什么

pip 是 Python 的一个包安装工具（Package Installer），实际上属于 Python 的一个分支。用户可以使用 pip 快速下载存放在 PyPI（Python Package Index）上的包和第三方库。pip 不仅提供了下载第三方库的渠道，还提供了实用的包、第三方库管理方法。

2.2.2　在 Windows 系统中下载和安装 pip

首先，在浏览器地址栏中输入 pip 官方下载地址进入官方网站，然后选择“Download files”选项，切换到下载目录，下载后缀为.gz 的文件，如图 2-10 所示。

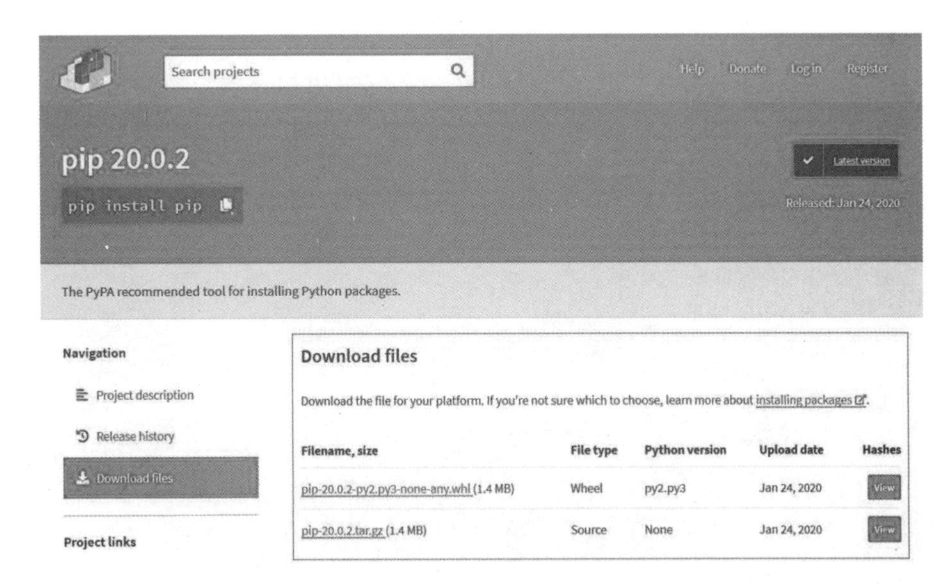

图 2-10　下载后缀为.gz 的文件

下载完成后进行解压，然后复制.gz 文件所在目录的地址，最后运行 cmd 命令，输入 cd 及目录文件的地址并按回车键。由于这里将文件下载到了 E 盘，而目录文件的地址在 C 盘，所以需要在“cd”和“目录文件的地址名”之间加上“/d”符号来切换盘符，如下所示。

```
cd /d E:\download\pip-20.0.2
```

这时会发现目录文件的地址已经被更改，如图 2-11 所示。

图 2-11　用 cd 命令改变目录文件的地址

现在可以使用 python setup.py install 命令安装 pip 了，安装完成后的效果如图 2-12 所示。

.whl 文件用于更新 pip。用户可以用如下命令进行安装：

```
pip.exe install -U 文件名.whl
```

在线更新 pip 的命令如下：

```
python -m pip install --upgrade pip
```

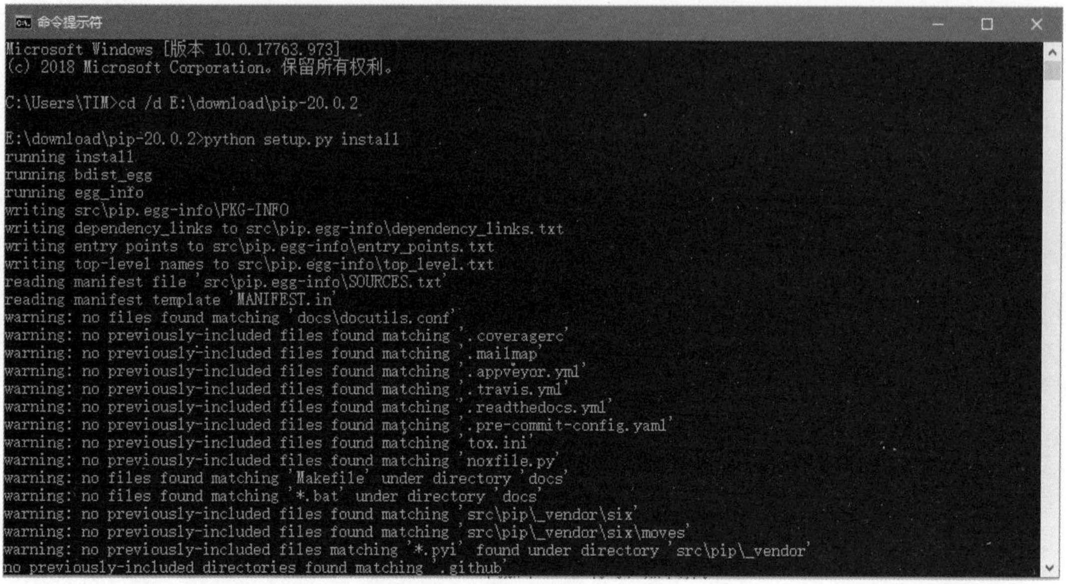

```
命令提示符
Microsoft Windows [版本 10.0.17763.973]
(c) 2018 Microsoft Corporation。保留所有权利。

C:\Users\TIM>cd /d E:\download\pip-20.0.2

E:\download\pip-20.0.2>python setup.py install
running install
running bdist_egg
running egg_info
writing src\pip.egg-info\PKG-INFO
writing dependency_links to src\pip.egg-info\dependency_links.txt
writing entry points to src\pip.egg-info\entry_points.txt
writing top-level names to src\pip.egg-info\top_level.txt
reading manifest file 'src\pip.egg-info\SOURCES.txt'
reading manifest template 'MANIFEST.in'
warning: no files found matching 'docs\docutils.conf'
warning: no previously-included files found matching '.coveragerc'
warning: no previously-included files found matching '.mailmap'
warning: no previously-included files found matching '.appveyor.yml'
warning: no previously-included files found matching '.travis.yml'
warning: no previously-included files found matching '.readthedocs.yml'
warning: no previously-included files found matching '.pre-commit-config.yaml'
warning: no previously-included files found matching 'tox.ini'
warning: no previously-included files found matching 'noxfile.py'
warning: no files found matching 'Makefile' under directory 'docs'
warning: no files found matching '*.bat' under directory 'docs'
warning: no previously-included files found matching 'src\pip\_vendor\six'
warning: no previously-included files found matching 'src\pip\_vendor\six\moves'
warning: no previously-included files matching '*.pyi' found under directory 'src\pip\_vendor'
no previously-included directories found matching '.github'
```

图 2-12　pip 安装完成后的效果

2.2.3　使用 pip 命令下载和管理 pip

用户可以使用 pip 命令或者 pip list 命令来检测 pip 是否安装成功，若安装失败，则显示如下错误提示：

```
E:\download\pip-20.0.2>pip
'pip' 不是内部或外部命令，也不是可运行的程序
或批处理文件。
```

如果安装成功，则显示如下基本的提示信息：

```
E:\download\pip-20.0.2>pip
Usage:
  pip <command> [options]
Commands:
  install                     Install packages.
  download                    Download packages.
  uninstall                   Uninstall packages.
  freeze                      Output installed packages in requirements format.
  list                        List installed packages.
  show                        Show information about installed packages.
  check                       Verify installed packages have compatible dependencies.
```

```
  config                      Manage local and global configuration.
  search                      Search PyPI for packages.
  wheel                       Build wheels from your requirements.
  hash                        Compute hashes of package archives.
  completion                  A helper command used for command completion.
  debug                       Show information useful for debugging.
  help                        Show help for commands.
General Options:
  -h, --help                  Show help.
  --isolated                  Run pip in an isolated mode, ignoring environment
                              variables and user configuration.
  -v, --verbose               Give more output. Option is additive, and can be used
                              up to 3 times.
  -V, --version               Show version and exit.
  -q, --quiet                 Give less output. Option is additive, and can be used
                              up to 3 times (corresponding to
                              WARNING, ERROR, and CRITICAL logging levels).
  --log <path>                Path to a verbose appending log.
  --proxy <proxy>             Specify a proxy in the form [user:passwd@]proxy.server:port.
  --retries <retries>         Maximum number of retries each connection should
                                  attempt (default 5 times).
  --timeout <sec>             Set the socket timeout (default 15 seconds).
  --exists-action <action>    Default action when a path already exists: (s)witch,
                              (i)gnore, (w)ipe, (b)ackup, (a)bort.
  --trusted-host <hostname>   Mark this host or host:port pair as trusted, even
                              though it does not have valid or any HTTPS.
  --cert <path>               Path to alternate CA bundle.
  --client-cert <path>        Path to SSL client certificate, a single file
                              containing the private key and the
                              certificate in PEM format.
  --cache-dir <dir>           Store the cache data in <dir>.
  --no-cache-dir              Disable the cache.
  --disable-pip-version-check
                              Don't periodically check PyPI to determine whether
                              a new version of pip is available for
                              download. Implied with --no-index.
  --no-color                  Suppress colored output
  --no-python-version-warning
                              Silence deprecation warnings for upcoming
                              unsupported Pythons.
```

使用 pip list 命令显示所有已经安装的第三方库，如图 2-13 所示。

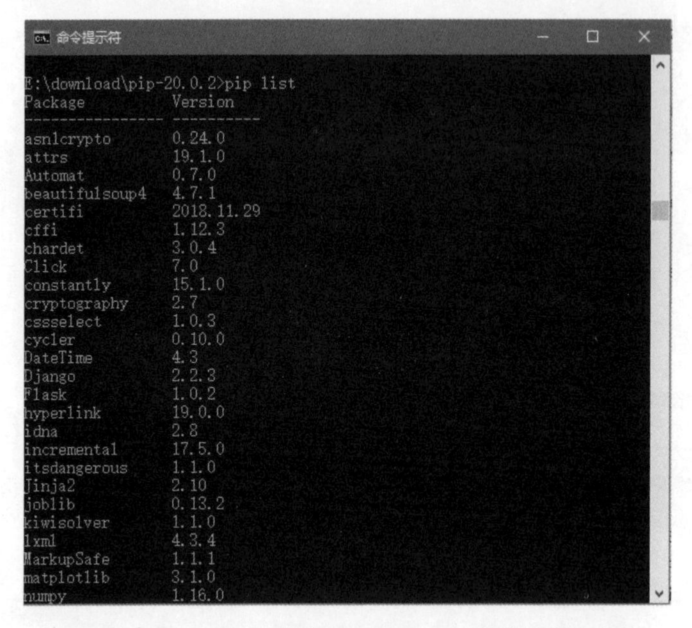

图 2-13　使用 pip list 命令显示所有已经安装的第三方库

使用 pip -v 命令显示 pip 的版本，如图 2-14 所示。

图 2-14　使用 pip -v 命令显示 pip 的版本

3

第 3 章 Python 编程基础

在使用 Python 进行数据分析之前，读者还得掌握 Python 的常用基本语法。本章主要讨论 Python 的编程基础与基本语法。

本章主要涉及的知识点如下。

◎ Python 的基础数据类型：整型、浮点型、布尔型与复数型。

◎ Python 的基础数据类型间的运算法则。

◎ Python 中的常用内建函数。

◎ Python 编程常用类型：列表、元组、字符串和字典。

◎ Python 的条件、循环和分支语句。

◎ 匿名函数 lambda 与函数式编程的概念。

◎ Python 自定义类与打印函数。

3.1 Python 编程初识

3.1.1 第一个 Python 程序

先来看一个经典的示例：

```
# Python Hello World代码示例
print('Hello World!!!')
```

输出结果：

```
Hello World!!!
Process finished with exit code 0
```

使用一个 print()函数将要输出的“Hello World!!!”加上一对单引号即可成功打印需要的文字。需要注意的是，Python 与其他语言不同，例如，在 C++和 Java 里单引号只能用于单一的字符，而如果是字符串（或者多个字符），就需要使用双引号，但 Python 是“通吃”的，即在 Python 语法里单引号的作用和双引号的是一样的，示例如下：

```
print("Hello World!!!")
```

输出结果：

```
Hello World!!!
Process finished with exit code 0
```

从输出结果中可以看出，其与使用单引号的效果是一样的。需要注意的是，在输出结果的最后，“Process finished with exit code 0”的意思是“程序运行正常并在结束后收回线程”。当然还可能输出“Process finished with exit code 1”，意思是“程序遇到错误，中止运行”。示例如下：

```
# Python Hello World代码示例
# 错误示例，缺少引号
print(Hello World!!!)
```

输出结果：

```
  File  "C:/Users/TIM/AppData/Local/Programs/Python/Python37-32/untitled3/test1.py",
line 415
    print(Hello World!!!)
                    ^
SyntaxError: invalid syntax
Process finished with exit code 1
```

从输出结果中可以看出，首先显示了发生错误的文件所处的地址，然后输出“SyntaxError: invalid syntax”，意思是“语法错误：非法的语法”，即发现了 Python 解释器不能理解的语句。还有一种错误是输出 Process finished with exit code -1，这一般是在用户自己中断代码运行时出现，例如，使用了 Ctrl+Z 这种 EOF 快捷键中断，示例如下：

```
while(True):
    pass
```

输出结果：

```
Process finished with exit code -1
```

在运行上述死循环后再中断，得到的返回值为-1。从第 1 个示例中可以看出，Python 的注释形式不同于 C++的双斜杠“//”，Python 使用井号“#”，而且它不支持 C++的“/*…*/”形式的多行注释。Python 支持的多行注释的形式是三个单引号“'''”，注意是三个单引号，而不是一个双引号加一个单引号或一个单引号加一个双引号。示例如下：

```
'''
这是一个多行注释
这个程序用来展示一段问候语
输入自己的名字后，机器便向你打招呼！
'''
name = input("What's your name?")
print("Hello, "+name+". Nice to meet you. I'm Python.")
```

输出结果：

```
What's your name?TIM
Hello, TIM. Nice to meet you. I'm Python.
Process finished with exit code 0
```

其中，输出结果的第 2 行是用户自己输入的，随输入的姓名而变。这里又出现了一个新的函数：input()。它和 Python2 中的 raw_input()函数的作用是一样的。

3.1.2　整型、浮点型、布尔型与复数型

以前一般认为 Python 支持 5 种数据类型，如下所示。

- 符号整型（一般意义上的无符号整型实际上是有符号整型省略了加号以后的形式）。
- 长整型。
- 布尔型。
- 浮点型。
- 复数型。

而现在使用的 Python 3.7 已经合并了有符号整型和长整型，所以只有 4 种数据类型了。需要注意的是，在传统的 C/C++里，符号整型的数据范围是-2 147 483 648 至 2 147 483 647，而长

整型的数据范围是-9 223 372 036 854 775 808 至 9 223 372 036 854 775 807。而在 Python 中，一开始有符号整型的数据范围和 C/C++的符号整型的数据范围一样，是-2 147 483 648 至 2 147 483 647，但长整型的数据范围有所不同，Python 的长整型的数据范围由系统的虚拟内存大小决定，越大的虚拟内存存放的数据范围越大。而 Python3 将有符号整型和长整型合并为单一的整型，它的数据范围遵循原来的 Python 长整型的规则。

布尔型也是一种数据类型，在 Python 中由 True 和 False 两个变量来表示。布尔型可以与数字（可以是整型、浮点型、复数型）相加，True 作为 1，False 作为 0，示例如下：

```
a = 100
b = False
c = True
print(a+c)# 100+1
print(a+b)# 100+0
print(b+c)# 0+1
print(a+b+c)# 100+0+1
```

输出结果：

```
101
100
1
101
Process finished with exit code 0
```

一般情况下，在一个变量使用结束后，Python 解释器会自动回收这个变量占用的空间。当然，用户也可以用 del 语句手动回收，可以一次删除一个变量，也可以一次删除多个，示例如下：

```
del a
del b, c
```

现在再来讨论浮点型。在 C/C++里，浮点型变量分为单精度浮点数和双精度浮点数两种，它们所表示的浮点数范围由小到大。其中，单精度浮点数可以表示的范围是-2^{128}至2^{128}，即-3.4×10^{38}至3.4×10^{38}，被称为 float。而双精度浮点数表示的范围更大，为-2^{1024}至2^{1027}，即-1.79×10^{308}至1.79×10^{308}，被称为 double。Python 中的浮点数一般就是 C/C++中的双精度浮点数，它们所表示的范围是一样的。

IEEE 754 标准定义了浮点数的表示方式，即 52 位用于表示底数，被称为“尾数”（Fraction）；11 位用于表示指数，被称为“阶码”（Exponent）；剩下的一位用于表示符号位，被称为“数符”（Sign）。其中，8 比特（bit）=1 字节（B），1024 字节（B）=1 千字节（KB），依次类推。表 3-1 所示为 IEEE 754 标准定义的浮点数组成示意。

表 3-1　IEEE 754 标准定义的浮点数组成示意

数符	阶码	尾数

浮点数的位数具体分为短实数（float 型）、长实数（double 型）、临时型（long double 型），如表 3-2 所示。

表 3-2　IEEE 754 标准定义的浮点数的具体分配位数

	数符	阶码	尾数	总位数	偏移量
短实数（float 型）	1	8	23	32	127
长实数（double 型）	1	11	52	64	1023
临时型（long double 型）	1	15	64	80	16383

然而，浮点数的小数点位数实际的精确度和机器架构及使用的 Python 解释器版本也有联系。

浮点数还有一种表示方式，即科学记数法，通常用这种方式来表示较大的整数和浮点数。科学记数法一般是以一个只有个位的浮点数（小于 10 的浮点数）乘以 10 的 n 次方构成的，如普朗克常量 h 可以表示为 $h = 6.62\,607\,015 \times 10^{-34}$ J·S，在 Python 及其他编程语言里常常用大写字母 E 或者小写字母 e 代指底数 10，所以普朗克常量也可以用 Python 表示为如下形式：

```
h1 = 6.626070156E-34
h2 = 6.626070156e-34
print(h1 is h2)
```

输出结果：

```
True
Process finished with exit code 0
```

可见，用 e 或者 E，结果是一样的，is 语句通常用来判断两个变量是否相同。

复数，又称虚数，它与实数恰恰相反，复数不表示任何有意义的数字。最早数学家发现负数开偶次方在实数范围内没有结果，例如，求 $\sqrt{-4}$ 。它的结果只能用复数表示为 $\sqrt{-4} = 0 + 2i$，也有少数教材用 j 来表示 i。这里，0 称为“实部”（即实数部分），2i 称为“虚部”（即虚数部分），自从这种特殊的数字出现后，数学就多了一个分支。复数在数学中表示为 $a + bi$ ，在 Python 中与之类似，表示为 real+(imag)j。需要注意的是，real 和 imag 都是浮点数。在 Python 中，复数有 3 个内建属性，如表 3-3 所示。

表 3-3　Python 中复数的 3 个内建属性

属性	描述
Num.real	复数的实部
Num.imag	复数的虚部
Num.conjugate()	用于返回复数 Num 的共轭复数

这里再介绍一下共轭复数。两个实部相等、虚部互为相反数的复数互为共轭复数。当复数的虚部不为零时，共轭复数的实部相等，虚部相反。如果复数的虚部为零，共轭复数就是其自身（当虚部不等于 0 时也叫共轭虚数）。复数 z 的共轭复数记作 $\bar{z}$，有时也可表示为 Z^*。同时，复数 $\bar{z}$ 称为复数 z 的复共轭。所以 $a+bi$ 的共轭复数是 $a-bi$。示例如下：

```
a = 1 + 2j
print(a.conjugate())
```

输出结果：

```
(1-2j)
Process finished with exit code 0
```

3.1.3　不同数据类型之间的运算法则

首先介绍 Python 的除法。传统的 C/C++在整型除以整型时使用的是"截断式"除法，又称"下溢式"除法或者更直接地翻译为"地板除"，即直接舍去商的小数部分，留下一个整数作为最终结果，例如，5/2=2。Python 与 C/C++不同，它使用的是数学除法，即 5/2=2.5。

其他的编程语言都没有像 Python 这样设定除法，这可能会使部分程序员不太适应。当然，数据科学者可能会欢呼雀跃，因为在处理数据时往往要遵循数学意义上的除法，这样就可以省去强制类型转换的步骤。

强制类型转换是指操作者强制将某种类型的数据转换为另一种类型的数据，而默认类型转换往往是两个不同类型的数据相加减、相乘除。总之，当两个不同类型的数据被放在一起运算时，只有将其中一个数据的类型转换为另一个数据的类型，才可以进行下一步操作。Python 的默认类型转换的规则如图 3-1 所示。

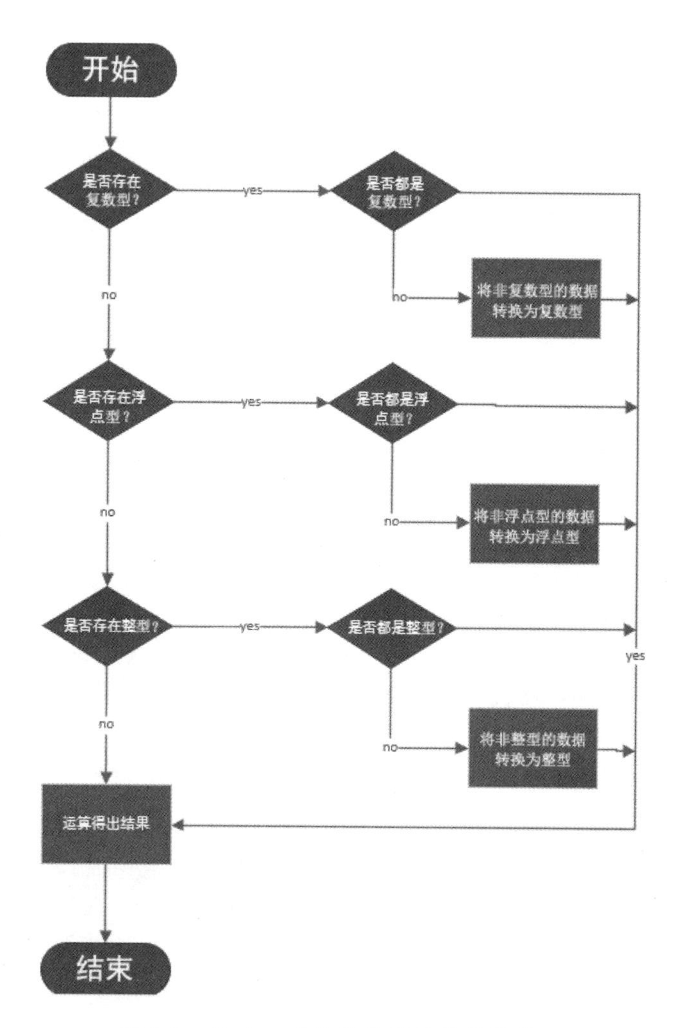

图 3-1　Python 的默认类型转换的规则

Python 的标准类型操作符中的逻辑运算使用“or”和“and”，其与 C/C++中的“||”和“&&”的作用一样。例如，计算 $\{a|1\leqslant a\leqslant 10\}\cup\{a|a\geqslant 15\}$ 的代码如下：

```
while(True):
    a = int(input("输入一个指定范围的数："))
    if(a >= 1 and a<=10 or a >= 15):
        print(True)
    else:
        print(False)
```

输出结果：

```
输入一个指定范围的数：12
False
输入一个指定范围的数：16
True
输入一个指定范围的数：6
True
输入一个指定范围的数：^Z
Process finished with exit code -1
```

可以看到，在这个示例中使用了 int()函数进行强制类型转换，如下所示。因为 input()函数默认返回一个 str 字符串。

```
a = int(input("输入一个指定范围的数："))
```

按 Ctrl+Z 快捷键在屏幕上显示的是^Z，按 Ctrl+Z 快捷键的作用是强制 EOF，即强制终止某个程序，这里终止了循环输入数字程序，返回值是-1 也说明了这一点，如下所示。

```
输入一个指定范围的数：^Z
Process finished with exit code -1
```

Python 支持的单目操作符有正号（+）和负号（-）；双目操作符有+、-、*、/、%、//和**，分别表示加、减、乘、数学意义上的除、求模运算、下溢式除法和乘方运算。求模运算即求余运算（*c*=*a*%*b*，即显示 *a* 除以 *b* 的余数 *c*），但这并不是令人感到新奇的地方，因为这样的运算早在 Java、C/C++中就有所定义。Python 的新奇之处在于它的除法和乘方运算，先来看除法运算，示例如下：

```
a = int(input("输入被除数整数："))
b = int(input("输入除数整数："))
print("下溢式除法“//”结果", end='')
print(a//b)
print("数学除法“/”结果", end='')
print(a/b)
```

输出结果：

```
输入被除数整数：5
输入除数整数：2
下溢式除法“//”结果 2
数学除法“/”结果 2.5
Process finished with exit code 0
```

可以看到，结果完全符合之前关于 Python 除法的介绍。下面来介绍乘方运算，乘方运算十分简明，a**b 即是 a^b 的书写格式。示例如下：

```
a = int(input("输入幂："))
```

```
b = int(input("输入指数: "))
print("幂指函数{}^{}=".format(a, b), end='')
print(a**b)
```

输出结果：

```
输入幂：2
输入指数：10
幂指函数 2^10=1024
Process finished with exit code 0
```

3.1.4　Python 中的常用内建函数

本节介绍 type()、isinstance()、str()和 repr()内建函数。cmp()内建函数已经在 Python3 中被移除了。在 Python2 中，cmp()内建函数用于比较两个对象的大小，当第一个参数小于第二个参数时，返回一个负数；当第一个参数大于第二个参数时，返回一个正数。确切地说是返回第一个参数的 ASCII 码值与第二个参数的 ASCII 码值的差。

type()函数用于显示一个变量的类型，示例如下：

```
a = 100
b = 100.00
c = '100.00'
d = 100 + 0j
class e:
   pass
ee = e
print(type(a))
print(type(b))
print(type(c))
print(type(d))
print(type(ee))
```

输出结果：

```
<class 'int'>
<class 'float'>
<class 'str'>
<class 'complex'>
<class 'type'>
Process finished with exit code 0
```

可见，type()函数可以将 a 到 ee 这 5 个变量的类型（从 int 到 complex，还有自定义类"type"）全部显示出来。

isinstance()内建函数可以用于判断一个变量是否是给定的数据类型，示例如下：

```
a = 100.00
print(isinstance(a, int))
print(isinstance(a, float))
```

输出结果：

```
False
True
Process finished with exit code 0
```

当 a 与 int 比较时显示 False，与 float 比较时显示 True，说明 a 是一个浮点型的变量。我们还可以用 isinstance()内建函数写出如下示例来判断一个变量的类型。

```
a = 100
b = 100.00
c = 100 + 0j
class e:
    pass
d = e
example = [a, b, c, d]
lis = [int, float, type, complex]
for i in example:
    for j in lis:
        if(isinstance(i, j) is True):
            print("{} is {}.".format(i, j))
```

输出结果：

```
100 is <class 'int'>.
100.0 is <class 'float'>.
(100+0j) is <class 'complex'>.
<class '__main__.e'> is <class 'type'>.
Process finished with exit code 0
```

上述示例分别判断了 a 到 d 4 个变量的数据类型，str 在 Python 里并不是一个默认的类型，而是一个方法。这里用到了两个 for 循环语句。

str()和 repr()（或者是反引号“``”）内建函数可以方便地将对象转化为字符串内容，而不是一串 ASCII 码值。相比 repr()，str()获得的字符串更具有可读性，而由 repr()得到的字符串往往可以更好地还原成原来的样子。下面这个式子输出的一定是 True，即 a 和 eval(repr(a))是完全等价的。

```
print(a is eval(repr(a)))
```

3.2　Python 编程常用类型

与 C/C++和 Java 等不同，Python 没有“数组”类型，其在 Python 中的“替代品”是列表和元组。除此之外，还有字符串和字典。它们一起构成了 Python 不同于其他编程语言的、特别的类型。

3.2.1　Python 的列表

Python 所特有的类型的成员或者所包含的元素是有序排列的，并且允许用户通过下标偏移量访问到它所包含的元素或成员。Python 可以通过给定元素的办法初始化一个列表，也可以通过迭代器和 for 循环语句自动生成有序的元素组作为列表，示例如下：

```
# 用给定元素初始化列表
lis = [1, 2, 3, 4, 5]
# 用 for 循环语句和迭代器生成有序的元素组作为列表
lis2 = []
for i in range(1, 6):
    lis2.append(i)
print(lis)
print(lis2)
# is 语句实际比较的是两个列表
# 比较的是地址而不是里面包含的值
# 比较包含的值用“==”即可
print(lis is lis2)
print(lis == lis2)
```

输出结果：

```
[1, 2, 3, 4, 5]
[1, 2, 3, 4, 5]
False
True
Process finished with exit code 0
```

在该示例中使用了 is 语句判断 lis 和 lis2 是否为同一个变量。用户还可以用 in 和 not in 判断列表中是否包含某个元素，或者是否不含某个元素，示例如下：

```
lis = [1, 2, 3, 4, 5]
example = [3, 6]
for i in example:
    if i in lis:
```

```
    print('{}存在列表中。'.format(i))
elif i not in lis:
    print('{}不在列表中。'.format(i))
```

输出结果：

```
3 存在列表中。
6 不在列表中。
Process finished with exit code 0
```

如果需要将一个序列重复多次，则可以使用星号（*）运算符。在下面的示例中，1～5 这个序列重复了 3 次。

```
lis = [1, 2, 3, 4, 5]
lis2 = lis*3
print(lis2)
```

输出结果：

```
[1, 2, 3, 4, 5, 1, 2, 3, 4, 5, 1, 2, 3, 4, 5]
```

Python 的列表作为一种数据类型，其中的元素按顺序依次放置。作为数组的"替代品"，它一定会有与数组类似的功能，即依照下标读取列表中存放的元素。不仅如此，Python 的列表还可以通过类似字符串切片算法的原理，提取列表中一连串的元素，这是 C/C++和 Java 所不能实现的。这种方式称为"切片操作"或"索引操作"，用中括号"[]"来表示，具体的语法如下：

```
List[startIndex=0:endIndex=-1:stepNumber]
```

List 是被操作的列表；startIndex 是切片开始的序号；endIndex 是切片结束的序号；stepNumber 是切片的间隔（或步长），默认为 1，可以与第二个冒号一起省略。startIndex 的默认值是 0，可省略不写，即从第一个序号开始切片；endIndex 默认是最后一个元素，序号是-1，使用的是逆序序列的索引。正序索引从 0 开始到 n-1；而逆序索引从-1 开始到-n。Python 的列表的索引规则如图 3-2 所示。

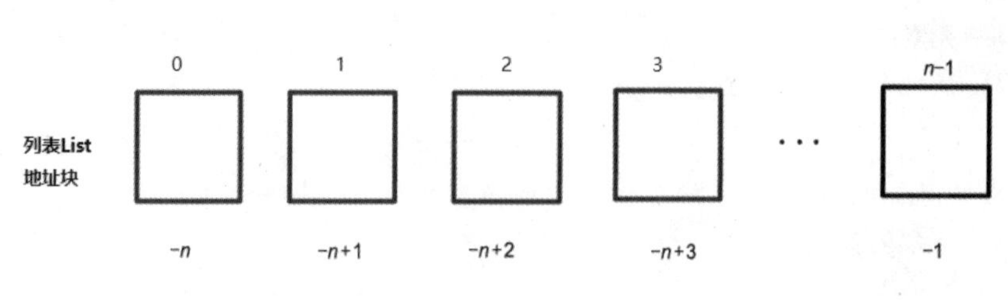

图 3-2 Python 的列表的索引规则

Python 切片操作的简单示例如下所示。

```
lis = []
for i in range(20):
   lis.append(i)
print('列表 lis 的所有元素：{}'.format(lis))
# 通过单个序号进行索引
print('通过单个序号进行索引：')
print(lis[0])
print(lis[10])
# 通过 for 循环语句索引前五个元素
print('通过 for 循环语句索引前五个元素：')
for i in range(10):
   print('{} '.format(i), end='')
print()
# 省略第二个冒号和不省略都是默认 1 步长
# 下面四个序列的输出结果相同
print("使用正序序列：")
print(lis[5:10:])
print(lis[5:10])
print("使用逆序序列：")
print(lis[-13:-8:])
print(lis[-13:-8])
# 奇偶分裂
print('奇偶分裂——源列表：')
print(lis)
odd = lis[1::2]
even = lis[::2]
print('分裂后')
print('奇数：{}'.format(odd))
print('偶数：{}'.format(even))、
```

输出结果：

```
列表 lis 的所有元素：[0, 1, 2, 3, 4, 5, 6, 7, 8, 9, 10, 11, 12, 13, 14, 15, 16,
17, 18, 19]
通过单个序号进行索引：
0
10
通过 for 循环语句索引前五个元素：
0 1 2 3 4 5 6 7 8 9
使用正序序列：
[5, 6, 7, 8, 9]
```

```
[5, 6, 7, 8, 9]
使用逆序序列：
[7, 8, 9, 10, 11]
[7, 8, 9, 10, 11]
奇偶分裂——源列表：
[0, 1, 2, 3, 4, 5, 6, 7, 8, 9, 10, 11, 12, 13, 14, 15, 16, 17, 18, 19]
分裂后
奇数：[1, 3, 5, 7, 9, 11, 13, 15, 17, 19]
偶数：[0, 2, 4, 6, 8, 10, 12, 14, 16, 18]
Process finished with exit code 0
```

切片操作还可以和 for 循环语句结合使用，这里以输出一个金字塔的程序为例进行介绍，代码如下：

```
# 初始化列表
lis = ['*']*10
# 含中括号
for i in range(1, len(lis)):
    print(lis[:i])
# 不含中括号
for i in range(1, len(lis)):
    for j in lis[:i]:
        print(j, end='')
    print()
```

输出结果：

```
['*']
['*', '*']
['*', '*', '*']
['*', '*', '*', '*']
['*', '*', '*', '*', '*']
['*', '*', '*', '*', '*', '*']
['*', '*', '*', '*', '*', '*', '*']
['*', '*', '*', '*', '*', '*', '*', '*']
['*', '*', '*', '*', '*', '*', '*', '*', '*']
*
**
***
****
*****
******
*******
********
```

```
*********
Process finished with exit code 0
```

Python 的列表的内建函数如表 3-4 所示。

表 3-4　Python 的列表的内建函数

内建函数	解释
list()	使用强制类型转换方式转换为列表
str()	使用强制类型转换方式转换为字符串类型
tuple()	使用强制类型转换方式转换为元组类型
basestring()	抽象工厂函数，用来为 str()和 unicode()函数提供父类。抽象工厂函数不可被实例化，所以不能被调用
unicode()	强制类型转换为 unicode 类型
zip()	返回一个列表，其中每个元素都是原来的一个元素组成的单个元组。在数据结构中，zip()函数常与哈夫曼树结合使用，起到压缩函数的作用
sum()	列表求和函数
sorted()	使列表升序排列的函数
reversed()	返回所接收的列表的迭代器
max()	求列表最大值
min()	求列表最小值
len()	求列表长度，即元素个数
enumerated()	接收一个可迭代对象，返回一个 enumerate 对象，实际上是由 index 值和 item 值构成的元组

3.2.2　Python 的元组

元组是与列表十分相近的另一种数据类型，从表面上看，它们的区别为列表使用中括号，元组使用小括号。实际上，列表是可以被修改的，而元组不可以被修改。在后面要介绍的“字典”数据类型里常常用元组作为键-值对的键。元组的创建方法与列表类似，但是在创建只有一个元素的元组时，后面要跟一个逗号，否则 Python 会认为这是普通的分组，示例如下：

```
a = ('a', 'b', 'c')
print(type(a))
print(a)
b = 'abc'
b = tuple(b)
```

```
print(b)
c = (1,)
d = (1)
print(c)
print(d)
```

输出结果：

```
<class 'tuple'>
('a', 'b', 'c')
('a', 'b', 'c')
(1,)
1
```

可以看到，创建元组('a', 'b', 'c')有两种方式：一种是类似变量 a 的创建方式；另一种是类似变量 b 的创建方式。在不加逗号时，Python 认为这是普通的分组运算，类似(1+2)*3=9 中小括号的用法。访问元组中包含的元素的操作与列表的切片操作类似，只是用户不能再通过赋值的形式对其进行修改，示例如下：

```
a = (1, 2, 3, 4, 5)
print('--各组都是一样的--')
# 以下三行索引操作的作用是一样的
print(a[1::1])
print(a[1:5:])
print(a[1::])
# 分隔用
print("-"*15)
# 以下三行索引操作的作用是一样的
print(a[0:5:2])
print(a[0::2])
print(a[:5:2])
print(a[::2])
# 分隔用
print("-"*15)
# 以下三行索引操作的作用是一样的
print(a[-5:-1:])
print(a[0:4:])
print(a[0:4])
print(a[:4])
```

输出结果：

```
--各组都是一样的--
(2, 3, 4, 5)
```

```
(2, 3, 4, 5)
(2, 3, 4, 5)
---------------
(1, 3, 5)
(1, 3, 5)
(1, 3, 5)
(1, 3, 5)
---------------
(1, 2, 3, 4)
(1, 2, 3, 4)
(1, 2, 3, 4)
(1, 2, 3, 4)
Process finished with exit code 0
```

既然元组不可以被修改，那么应如何更新元组呢？实际上元组和列表都支持使用“+”运算符简单地替代 append()方法和 expend()方法，所以我们可以通过这种方式来更新元组，示例如下：

```
a = (1, 2, 3, 4)
b = (5,)
c = (7, 8, 9)
alist = [1, 2, 3, 4]
bnum = 5
blist = [5]
clist = [7, 8, 9]
print(alist)
print('-'*15)
print(alist+blist)
alist.append(bnum)
print(alist)
print('-'*15)
print(alist+clist)
alist.extend(clist)
print(alist)
print('-'*15)
print(a+b)
print(a+c)
print(a+b+c)
```

输出结果：

```
[1, 2, 3, 4]
---------------
[1, 2, 3, 4, 5]
```

```
[1, 2, 3, 4, 5]
---------------
[1, 2, 3, 4, 5, 7, 8, 9]
[1, 2, 3, 4, 5, 7, 8, 9]
---------------
(1, 2, 3, 4, 5)
(1, 2, 3, 4, 7, 8, 9)
(1, 2, 3, 4, 5, 7, 8, 9)

Process finished with exit code 0
```

3.2.3 Python 的字典

字典是 Python 中的一种具有映射性质的数据类型，即由“键-值”（key-value）两部分构成，组成键-值对。早期，在 C/C++中并没有这样的类型（直到 C++有了 STL，其中提供了 map 方法，不过 Python 的字典较 C++的 map 更为实用、方便），只能使用哈希算法。“哈希”对应英文单词 hash，意思为“散列”。

使用哈希算法可以避免遍历整个数组，同时可以计算输入的整数出现的次数。这样大大降低了复杂度。这个算法的含义是：当读入的数为 x 时，就令 hashTable[x]=true（说明 hashTable 数组需要被初始化为 false，表示初始状态下所有数都未出现过）。

“哈希”也分为键和值，在 hashTable[x]=true 中，x 就是这个哈希的“键”（key），而布尔值 true 则是哈希的“值”（value），而 Python 的“字典”类型普遍被当作一种可变的哈希表来使用。字典不同于列表和元组，列表和元组是有序的，即序号值（index）从 $0\sim n-1$ 有序排列；而字典是无序的，字典的键（key）可以是字符串，也可以是数字，它们之间不需要有任何联系，所以字典的键（key）完全是无序的。

前面提到，字典具有映射性质，“映射”是初等数学中常见的一个概念，即可以表达一种相对应的关系，可以是一对一、一对多，还可以是多对多。例如，一元一次函数是一条直线，所以 x 与 y 是一对一的关系；而一元二次函数是抛物线，是一对二（多）的关系；椭圆曲线不是“函数”，因为函数关系只能是一对多的，椭圆曲线是二对二（即多对多的范畴）的关系。下面来举一个例子，创建字典并对它赋值，可以直接给出键-值对，也可以使用内建方法 fromkeys()和 dict()来创建字典。

```
# 给出键-值对，创建一个字典
dic1 = {'a': 1, 'b': 2, 'c': 3}
print(dic1)
print('-'*15)# 分隔用
```

```
# 甚至可以直接用大括号来创建一个空的字典
dic2 = {}
print(dic2)
print('-'*15)# 分隔用
# 用内建方法 dict()来创建字典
dic3 = dict((['a', 1], ['b', 2], ['c', 3]))
print(dic3)
print('-'*15)# 分隔用
# 用内建方法 fromkeys()来创建一个不含值的字典
dic4 = {}.fromkeys(('a', 'b', 'c'))
print(dic4)
print('-'*15)# 分隔用
```

输出结果：

```
{'a': 1, 'b': 2, 'c': 3}
---------------
{}
---------------
{'a': 1, 'b': 2, 'c': 3}
---------------
{'a': None, 'b': None, 'c': None}
---------------
Process finished with exit code 0
```

那么如何通过遍历来读取字典里“键-值对”的“值”呢？一般查看“键-值对”的值都是通过键来实现的，所以可以通过遍历字典的键来取出它的值。当然，Python3 支持直接遍历字典本身（实际上是用宏省去了键，本质并没有变），也可以通过某个键得到字典的值，示例如下：

```
dic = {'a': 1, 'b': 2, 'c': 3}
# 通过遍历字典的键来得到它的值
for i in dic.keys():
    print('键为{}，其值为{}。'.format(i, dic[i]))
print('-'*15)        # 分隔用
# Python3 可通过遍历字典本身来得到值
for i in dic:
    print('键为{}，其值为{}。'.format(i, dic[i]))
print('-'*15)        # 分隔用
# 直接通过字典的键来得到值
print(dic['a'])
print(dic['b'])
print(dic['c'])
print('-'*15)        # 分隔用
```

输出结果：

```
键为a，其值为1。
键为b，其值为2。
键为c，其值为3。
---------------
键为a，其值为1。
键为b，其值为2。
键为c，其值为3。
---------------
1
2
3
---------------
Process finished with exit code 0
```

由此可见，Python 的字典是 C/C++的哈希算法的极佳“替代品”，省去了程序员自己写算法的步骤，方便易用。当然，在使用第三种方法（直接通过字典的键来得到值）时，如果输错了“键”或者这个“键”根本不存在，就得不到正确的结果。过去可以用 has_key()方法来判断某个键是否存在于某个字典中，但是 has_key()方法已经被淘汰，有了更方便的方法，那就是 in 和 not in，示例如下：

```
dic = {'a': 1, 'b': 2, 'c': 3}
# a是字典dic的一个键
print('a' in dic)
print('a' not in dic)
print('-'*15)# 分隔用
# d不是字典dic的一个键
print('d' in dic)
print('d' not in dic)
```

输出结果：

```
True
False
---------------
False
True
Process finished with exit code 0
```

字典不是元组，它支持通过“=”赋值符号更新字典的值，并且也支持用户使用 del 语句手动回收字典及其占用的内存空间。下面介绍 Python 对于字典类型定义的内建函数，内建函数有 3 个（第 4 个内建函数 cmp 在 Python3 中已被淘汰），分别为 len()、str()、type()，如表 3-5 所示。

表 3-5　Python 字典的内建函数

内建函数	解释
len()	计算字典元素的个数，也是键的总数
str()	以字符串形式输出字典，以便进行下一步操作
type()	返回给定变量的类型

表 3-5 中的 3 个内建函数的示例如下：

```
dic1 = {'a': 11, 'b': 22, 'c': 33, 'd': 44, 'e': 55}
print(len(dic1))
print('-'*15)# 分隔用
str1 = str(dic1)
print(str1)
print(type(str1))
print('-'*15)# 分隔用
print(type(dic1))
```

输出结果：

```
5
---------------
{'a': 11, 'b': 22, 'c': 33, 'd': 44, 'e': 55}
<class 'str'>
---------------
<class 'dict'>
Process finished with exit code 0
```

type()是一个常见的内建函数，基本所有类型的内建函数都有它的定义。当然，Python 的字典还有其他内建函数，如表 3-6 所示。

表 3-6　Python 字典的其他内建函数

内建函数	解释
clear()	删除字典内的所有元素
copy()	字典的浅拷贝
fromkeys()	创建一个字典，以给定序列中的元素作为字典的键，字典的所有键对应的初始值为 None
get(key,default=None)	返回指定键的值，如果键不在字典中，则返回 default 参数的值
items()	以列表形式返回可遍历的键-值对，其中的每个元素（键-值对）均是一个元组
keys()	返回一个迭代器，可以使用 list()函数转换为列表，常用于遍历

续表

内建函数	解释
setdefault(key,default=None)	和 get()类似，如果键不在字典中，就将键设为 default 参数的值，默认值是 None
update(dic)	将 dic 更新到使用 update()函数的字典里
values(dic)	返回一个迭代器，是字典的值
popitems()	字典出栈操作，把这个字典当作一个栈，返回并删除字典的最后一组键-值对
pop(key)	删除给定键 key 的键-值对，并将它作为返回值

3.2.4 Python 的字符串

字符串类型不仅是在 Python 中，在各种各样的编程语言里也很常见。在 Python 中可以用双引号和单引号迅速地创建一个字符串。不同于 C/C++，Python 并不区分对待“字符串”和“单个字符”，所以在 Python 中单引号和双引号的作用是一样的。在 Python 中常见的字符串处理方法有两种：一种是传统的、常见的 ASCII 编码；另一种是 Unicode 编码。实际上，无论是 Unicode 编码处理方法还是 ASCII 编码处理方法，在 Python 中都是由抽象类 basestring 继承而来的。先来介绍字符串的基本操作，即创建、删除、更改，示例如下：

```
# 字符串创建操作
str1 = 'abcdefg'
str2 = "hijklmn"
print(type(str1) == type(str2))
print('-'*15)# 分隔用
# 字符串删除操作
del str2
try:
   print(str2)
except NameError:
   print('目标对象已被删除')
print('-' * 15)  # 分隔用
# 字符串更改操作
str1 += "hijklmn"
print(str1)
print('-' * 15)  # 分隔用
print(str1[12])
print(str1[:12]+'M'+str1[13:])
print('-' * 15)  # 分隔用
```

```
print(str1[:5])
print('ABCDE'+str1[5:])
print('-'*15)# 分隔用
```

输出结果：

```
True
---------------
目标对象已被删除
---------------
abcdefghijklmn
---------------
m
abcdefghijklMn
---------------
abcde
ABCDEfghijklmn
---------------
Process finished with exit code 0
```

在这个示例中，字符串的更改操作与列表的类似；一直使用的绘制分隔符的语句也用到了相应的“*”操作，如下所示。

```
# 分隔用
print('-'*15)
```

输出结果：

```
---------------
Process finished with exit code 0
```

不过，从上面的示例中可以看出，想要修改一个字符串中间的部分，是不可以直接像列表那样用赋值符号“=”直接改动的，我们可以用“+”符号连接未修改的部分和修改的内容来实现，同时使用了类似列表中切片操作的字符串切片，相关代码如下所示。

```
print(str1[12])
print(str1[:12]+'M'+str1[13:])
print('-' * 15)      # 分隔用
print(str1[:5])
print('ABCDE'+str1[5:])
print('-'*15)        # 分隔用
```

用户可以用 del 语句手动删除创建的字符串，但实际上没必要这样做，因为当程序结束时，Python 解释器会自动释放创建的字符串，这也是 Python 比 C++更优越的地方。

众所周知，Python 和其他语言一样拥有合法标识符，即以字母或者下画线开头，由字母、下画线和数字组成，而且不是保留字和已有定义的，才可以作为变量名称使用。下面的代码用于判断一个字符串能否作为 Python 的合法标识符。

```
# 注：Python2 中的 string 成员 letters 在 Python3 中被改为了 ascii_letters
import string
alphas=string.ascii_letters+'_'
nums=string.digits
print('合法标识符检查')
print('测试的字符串长度至少为 2')
while True:
    myInput=input('键入字符串')
    if len(myInput) > 1:
        if myInput[0] not in alphas:
            print('##标识符首位非法##')
        elif True:
            allChar = alphas + nums
            for otherChar in myInput[1:]:
                if otherChar not in allChar:
                    print('##在剩余字符串中存在非法标识符##')
                    break
                else:
                    break
        print('检查结束')
if __name__=='__main__':
test()
```

输出结果：

```
合法标识符检查
测试的字符串长度至少为 2
键入字符串 TIM33470348
检查结束
键入字符串_TIM33470348
检查结束
键入字符串 33470348
##标识符首位非法##
检查结束
键入字符串^Z
Process finished with exit code -1
```

首先，导入了字母集合和下画线的组合及数字集合，分别命名为 alphas 和 nums，这两个变量存放了所有字母的集合（大小写都有）和数字的集合（0～9），以方便下一步的判断。用于导入集合的代码如下所示。

```
alphas=string.ascii_letters+'_'# 字母集合和下画线的组合
nums=string.digits
```

while True 语句使得只要用户不手动中止程序，程序就会一直运行。myInput=input('键入字符串')语句用于键入字符串。下面的循环语句用 in 操作判断首字母是否是下画线或字母：

```
if len(myInput) > 1:
    if myInput[0] not in alphas:
        print('##标识符首位非法##')
```

elif True 语句用于遍历除开头外剩余的字符串，allChar 是由 alphas 和 nums 组成的，包含下画线、大小写字母及数字（0～9）。下面这段代码用于判断除开头外剩余的字符串是否是下画线、字母或数字。

```
allChar = alphas + nums
for otherChar in myInput[1:]:
    if otherChar not in allChar:
        print('##在剩余字符串中存在非法标识符##')
        break
    else:
        break
```

Python 与 C/C++一样，拥有格式化操作符，如表 3-7 所示。

表 3-7　Python 的格式化操作符

格式化操作符	解释
%c	转换成使用 ASCII 编码的字符
%r	输出字符串，类似 repr()函数的作用
%s	输出字符串，类似 str()函数的作用
%d(%i)	输出有符号十进制数
%u	输出无符号十进制数
%o	输出无符号八进制数
%x(%X)	输出无符号十六进制数
%e(%E)	输出科学记数法表示的数字
%f(%F)	输出浮点型数字
%g(%G)	输出浮点型科学记数法表示的数字
%%	输出符号%

3.3 Python 的条件、循环和分支语句以及异常处理

条件、循环和分支语句构成了编程语言基本的逻辑结构；错误和异常处理使得程序更加“人机友好”。在介绍 Python 的条件、循环和分支语句之前，先来探讨一下 Python 独特的编程风格。

3.3.1 Python 的编程风格

一种编程语言的风格主要与它的语句块划分、变量命名有关。先用一个示例介绍什么是语句块：

```
# 字符串删除操作
del str2
try:
    print(str2)
except NameError:
    print('目标对象已被删除')
print('-' * 15)  # 分隔用
```

del str2 和 print('-' * 15)是两个单独的“语句”，而下面的代码分别是两个“语句块”：

```
try:
    print(str2)
except NameError:
    print('目标对象已被删除')
```

可以看到，Python 的语句块划分是用统一的缩进区分的，不同于 C/C++和 Java 使用的大括号，Python 使用的是 Pascal 的缩进方式，默认 4 个空格为一个缩进。需要注意的是，在 Windows 系统下按 Tab 键可以空 4 个空格，而在 Linux 系统下则是空 8 个空格。所以建议读者在编程的时候尽量不要使用 Tab 键进行缩进，以避免在不同运行环境下带来不必要的麻烦。

Python 的变量设定采用“驼峰式”，即除第一个单词以外，其余每个单词首字母大写，且非方法/非函数的名字不以下画线开头，示例如下：

```
# 规范的驼峰式写法
myNameIs = 1
dataFrame = 2
rabinMiller = 3
# 不规范的驼峰式写法
MyNameIs = 1
```

```
my_Name_Is = 2
_rabinMiller = 3
```

在第一个示例中使用了错误捕捉语句 try-except，代码如下：

```
try:
   print(str2)
except NameError:
   print('目标对象已被删除')
```

下面对异常和错误处理进行介绍。

3.3.2　错误、异常和异常处理

从程序和软件层面来讲，错误有两种：一种是语法错误，即编译器和解释器不能理解程序员给出的代码而使得程序无法运行；另一种是逻辑上的错误，即程序可以运行，但程序员得不到原本想要的结果，或者程序在运行过程中发生错误，如栈溢出等。当 Python 检测到一个错误而使得程序无法运行时，则称“异常”出现了。

所以异常有两个阶段：首先是发生异常，可以是程序触发的，也可以是程序员手动触发的；其次是 Python 解释器检测到异常的出现，抛出一个异常产生的信号，当前运行的线程中断，并处理这个错误。

为了防止一些“无关痛痒”的错误出现而打断程序，需要用到异常处理语句 try-except。try 下面跟随一个语句，如果它出现了 except 所期望的异常，则 except 将处理这个错误，即运行其下挂的语句块的代码；如果 try 下挂的语句没有出现异常，则 except 下挂的语句是不会启用的，正如前面学习的示例一样，当捕捉到 NameError 时打印句子“目标对象已被删除”，提示用户 str2 已经被手动清除了，代码如下：

```
try:
   print(str2)
except NameError:
   print('目标对象已被删除')
```

Python 中除 NameError 外的其他常见异常如表 3-8 所示。

表 3-8　Python 中除 NameError 外的其他常见异常

异常	描述
BaseException	所有的类异常
SystemExit	Python 解释器请求退出错误
KeyboardInterrupt	人为中止程序（按 Ctrl+C 快捷键）

续表

异常	描述
Exception	基本包含了所有的异常错误
StandardError	所有的内建标准基类异常
OverflowError	溢出错误（数值型数据运算超过范围）
ZeroDivisionError	除零或者模零错误
EOFError	EOF 检测到文件结束而触发的错误
IndexError	序列中没有此索引值
ImportError	导入不存在的模块，或者没有找到指定模块
TypeError	对类型的无效操作
ValueError	传入无效
RuntimeWarning	运行超时，可由死循环造成
SyntaxWarning	语法错误
OverflowWarning	默认类型转换警告

else 语句可以和 try-except 语句连用组成 try-except-else 语句，示例如下：

```
while True:
   try:
      a = input("键入字符: ")
   except KeyboardInterrupt:
      print('中断错误')
   else:
      print('输入的是{}'.format(a))
```

输出结果：

```
键入字符：12345
输入的是 12345
键入字符：^Z
中断错误
键入字符：
```

上述代码的运行流程为输出用户输入的字符，当用户按 Ctrl+Z 快捷键时，程序中断并返回“中断错误”。还有一种语句是 try-finally，它与 try-except 语句的区别在于，无论异常是否发生都运行 finally 下挂的语句，示例如下（在进行此操作之前先在 F 盘中新建一个 TXT 文件，并将其命名为 1.py）：

```
import os
os.chdir('f:\\')
try:
```

```
    a = open('1.py')
except IOError:
    print('没有文件。')
try:
    a = open('1.py')
finally:
    print('有没有都一样。')
```

输出结果：

```
有没有都一样。
Process finished with exit code 0
```

可以看到，由于打开了 1.py 文件，try-except 没有捕捉到 IOError，所以没有打印语句“没有文件。”，而 try-finally 无论是否打开了 1.py 文件都会打印语句“有没有都一样。”。

3.3.3 条件语句：if、if-else 和 elif

与其他编程语言一样，Python 里最简单的判断语句就是 if 语句。只有当 if 后面跟的语句为 True 时，if 下挂的语句才会运行，示例如下：

```
lis = [False, True]
for a in lis:
    if a == True:
        print('True 判断，a 为{}。'.format(a))
    if a == False:
        print('False 判断，a 为{}。'.format(a))
```

输出结果：

```
False 判断，a 为 False。
True 判断，a 为 True。
Process finished with exit code 0
```

当然，if 语句每遍历一趟都会判断两次（运行上下共计两个 if），而 if-else 语句可以简化这个操作只运行一趟，因为非 True 即 False，True 不成立则是 False，所以上述代码写为如下形式，结果也不会变：

```
lis = [False, True]
for a in lis:
    if a == True:
        print('True 判断，a 为{}。'.format(a))
    else:
        print('False 判断，a 为{}。'.format(a))
```

输出结果：

```
False 判断，a 为 False。
True 判断，a 为 True。
Process finished with exit code 0
```

elif 语句是 else-if 语句的简写，用于两个条件以上的判断。下面以一个猜数字的游戏为例来介绍 elif 语句，代码如下：

```
import random as ra
RealValue = ra.randint(0, 100)
while True:
    guessValue = int(input("输入一个值猜测这个随机数："))
    if guessValue > RealValue:
        print("你猜大了！")
    elif guessValue < RealValue:
        print("你猜小了！")
    else:
        print("你猜对了！！！")
        break
```

输出结果：

```
输入一个值猜测这个随机数：50
你猜小了！
输入一个值猜测这个随机数：75
你猜大了！
输入一个值猜测这个随机数：68
你猜大了！
输入一个值猜测这个随机数：62
你猜大了！
输入一个值猜测这个随机数：56
你猜大了！
输入一个值猜测这个随机数：53
你猜对了！！！
Process finished with exit code 0
```

在该示例中，randint()函数用于规定随机数的显示范围是 0～100。while True 语句用于维持循环，在没有猜对时一直让用户输入数字。if-elif-else 语句分别对应太大、太小、相等三种情况，并输出相应的提示语句。break 语句用于退出 while True 循环以终止程序。

3.3.4 循环语句：while 和 for

当 while 语句运行时，只要 while 后面跟的值为 True，就一直循环，直到值为 False 时才退出循环。可以理解为 while 是循环着的 if，因为 if 只判断一次，而 while 判断多次。按照这个逻辑，while True 就是一个会一直循环下去的死循环，除非用 KeyBoardInterrupt 打断（即按 Ctrl+C 快捷键），示例如下：

```
a = 0
while a < 10:
    print('当前 a 的值为{}'.format(a))
a += 1
```

输出结果：

```
当前 a 的值为 0
当前 a 的值为 1
当前 a 的值为 2
当前 a 的值为 3
当前 a 的值为 4
当前 a 的值为 5
当前 a 的值为 6
当前 a 的值为 7
当前 a 的值为 8
当前 a 的值为 9
Process finished with exit code 0
```

while 语句比较简单实用。下面介绍 for 循环语句及常见的 range()方法。range()方法可以生成指定的迭代器，使得 for-in 语句可以更加方便地运行。range()方法的原型如下：

```
range(startNumber=0, endNumber, stepNumber=1)
```

其中，startNumber 代表起始数字，endNumber 代表截止数字，stepNumber 代表步长，步长默认为 1（可以省略不写）。起始数字也可以省略不写，默认为第一个序号（即 0），示例如下：

```
# 以下 for 循环语句的输出结果是一样的
for i in range(0, 5, 1):
    print(i)
print('-'*15)# 分隔用
for i in range(0, 5):
    print(i)
print('-'*15)# 分隔用
for i in range(5):
    print(5)
print('-'*15)# 分隔用
# 步长非 1 示例
for i in range(0, 20, 3):
    print(i)
```

输出结果：

```
0
1
2
3
4
---------------
0
1
2
3
4
---------------
5
5
5
5
5
---------------
0
3
6
9
12
15
18
Process finished with exit code 0
```

for 语句还可以用作列表、元组等迭代器，示例如下：

```
lis = ['list', 'TIM', 'Tom', 'Riddle']
tup = ('tuple', 'TIM', 'Tom', 'Riddle')
for i in lis:
    print(i)
print('-'*15)# 分隔用
for i in tup:
    print(i)
```

输出结果：

```
list
TIM
Tom
Riddle
```

```
---------------
tuple
TIM
Tom
Riddle
Process finished with exit code 0
```

3.4　其他关于 Python 的重要知识点

本节主要讲解 Python 的匿名函数 lambda 和 Python 类的相关知识，使读者了解 Python 的强大之处。

3.4.1　匿名函数 lambda

匿名函数 lambda 属于函数式编程的范畴，但是 Python 不是天生的函数式编程语言。虽然 Python 不适合函数式编程，但是匿名函数 lambda 具备的迅速命名函数的功能可以使代码更加简洁。首先来看看如何定义一个一般函数和匿名函数 lambda，代码如下：

```
# 一般函数的定义
def tellMeYourName():
    return 'Tim'
print(tellMeYourName())
# 匿名函数 lambda 的定义
tellMeYourNameV2 = lambda: 'TIM'
print(tellMeYourNameV2())
```

输出结果：

```
Tim
TIM
Process finished with exit code 0
```

可见，对于这种只有一行的函数非常适合用匿名函数 lambda 来编写，因为使用匿名函数 lambda 编写的代码只占一行，十分简明，而且调用方式和普通的用 def 和 return 语句定义的函数一样。

匿名函数不会在任何空间里创建名字，所以可以节省大量内存。匿名函数 lambda 的使用示例如下：

```
a=lambda x,y=2:x+y
```

调用方式如下：

```
a(3)# 3+2
a(3,5)# 3+5
```

输出结果：

```
5
8
Process finished with exit code 0
```

Python 函数式编程还拥有 3 个内建函数，即 filter()、map()、reduce()，分别用于过滤、映射、迭代。先来看 filter()过滤器的源代码：

```
def filter(bool_func,seq):
    filtered_seq=[]
    for eachItem in seq:
        if bool_func(eachItem):
            filtered_seq.append(eachItem)
return filtered_seq
```

原理是当 if bool_func(eachItem)被判为 True 时，将 eachItem 加入新的 filtered_seq 列表中，否则舍去。bool_func 是过滤法则；seq 是传入列表；filtered_seq 是传出列表。下面的示例是先产生一个较大的随机数集合，然后过滤所有的偶数，留下奇数，代码如下：

```
from random import randint
def odd(n):
return n%2
allNums=[]
for eachNum in range(9):
    allNums.append(randint(1,99))
print(filter(odd,allNums))
```

输出结果：

```
<filter object at 0x03758070>
Process finished with exit code 0
```

上述代码打印的是所在的地址，其作用实际上和下面这段代码的作用一样：

```
from random import randint as ri
print(n for n in [ri(1,99)for i in range(9)]if n%2)
```

输出结果：

```
<generator object <genexpr> at 0x0398B8B0>
Process finished with exit code 0
```

map()是映射函数，大致的源代码如下：

```
def map(func,seq):
    mapped_seq=[]
```

```
    for eachItem in seq:
        mapped_seq.append(eachItem)
return mapped_seq
```

其中，func 是映射规则；seq 是传入的原列表；mapped_seq 是返回后的映射内容，可用于创建哈希表（字典）。

reduce()是迭代器，也被称为“折叠”，源代码如下：

```
reduce(func,[1,2,3])
func(func(1,2),3)
```

具体的示例代码如下：

```
print('the total is:',reduce((lambda x,y:x+y),range(5))
```

输出结果：

```
the total is 10
Process finished with exit code 0
```

3.4.2　Python 自定义类与打印函数

首先介绍面向对象编程（OOP），其是相对于面向过程来讲的。面向对象方法把相关的数据和方法组织为一个整体来看待，从更高的层次进行系统建模，更贴近事物的自然运行模式。

确切地说，面向对象编程（OOP）通过“抽象”“继承”“封装”3 种方式来实现更佳的“人机友好”。抽象是将一些方法写为抽象类（一种不可以被实例化，只能被继承的类）；通过“继承”衍生出各种子类，将方法“封装”在各个子类中以供使用者调用。这就是面向对象编程（OOP）的基本思想。

在 Python 中以 class 为关键字，在其后跟类名来创建一个自定义类，在内部封装类的对象和方法等，示例如下：

```
class Logger(object):
        # 对象、方法等
```

定义方法和定义函数的方式一样，都使用 def 语句，示例如下：

```
Import sys
class Logger(object):
    def __init__(self, fileN="Default.log"):
        self.terminal = sys.stdout
        self.log = open(fileN, "a", encoding="utf-8")
    def write(self, message):
```

```
        self.terminal.write(message)
        self.log.write(message)
    def flush(self):
        pass
```

Logger 类的作用是传入一个文件名（也可以不传，默认生成），如果该文件存在，则将屏幕打印的内容保存到一个 TXT 文件里，示例如下：

```
import sys
class Logger(object):
    def __init__(self, fileN="Default.log"):
        self.terminal = sys.stdout
        self.log = open(fileN, "a", encoding="utf-8")
    def write(self, message):
        self.terminal.write(message)
        self.log.write(message)
    def flush(self):
        pass
sys.stdout = Logger("E:\\example1.txt")
for i in range(0, 30):
    print(i)
```

输出结果：

```
0
1
2
3
4
…
25
26
27
28
29
Process finished with exit code 0
```

读者可以在 E 盘中找到一个名为 example1.txt 的文件，其中存放了打印出的内容，如图 3-3 所示。

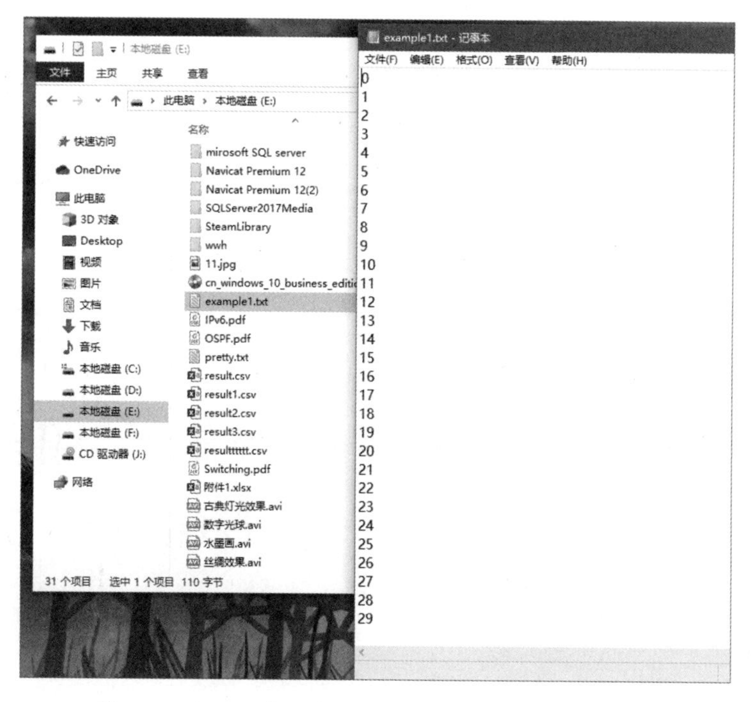

图 3-3　用于保存输出结果的自定义类文件输出示例

4

第 4 章 线性代数知识和第三方库 NumPy 的使用

本节将切入数据分析的正题，讲解数据分析常用的一个第三方库 NumPy，在此之前将简述学习 NumPy 库需要掌握的数学（线性代数）知识。

本章主要涉及的知识点如下。

◎ 线性代数的行列式的定义。

◎ 矩阵的定义。

◎ 矩阵的运算。

◎ 矩阵的初等变换与秩的定义。

◎ 线性相关与线性无关的概念。

◎ 相似矩阵的定义。

◎ 用 NumPy 库创建 n 维数组或 n 维矩阵。

◎ 索引、切片和迭代操作。

◎ 用 NumPy 库拼合、划分一个多维数组/矩阵。

◎ 深拷贝、浅拷贝和不拷贝的概念。

◎ 用 NumPy 库实现矩阵运算。

4.1　必要的线性代数知识

了解线性代数的读者可以跳过 4.1 节直接进入 4.2 节。本节主要介绍一些定义和定理、公式等。

4.1.1　线性代数综述

为什么要在介绍 NumPy 库之前介绍线性代数呢？主要原因是 NumPy 库拥有一个新的数据结构：Series。而它正好可以用来表示矩阵。NumPy 作为一个新兴的 Python 的第三方库，拥有大量关于矩阵以及线性代数的运算的方法和类。这里先通过平面解析几何引入相关概念。

平面解析几何是以代数为工具来研究平面几何的。在一般情况下，通过建立平面直角坐标系将平面上的几何对象代数化。例如，用一个二元有序数组(x,y)表示平面某一点 P 的坐标，记为$P(a,b)$，a 和 b 就是代数对象，于是平面上的点和有序数组就建立了一一对应的关系，这称为“几何对象代数化”。连接平面上的两个点，可以得到一个二元一次方程。而两条直线的交点坐标，可以看作两个二元一次方程构成的方程组的一对解。所以，当且仅当两条直线平行时，对应的线性方程组无解；当且仅当两条直线重合时，对应的线性方程组有无穷多解。

二元一次方程组求解至少需要两个方程；而 n 元一次方程组求解则至少需要 n 个方程联立。线性代数将这些二元一次方程组化为矩阵的形式进行计算，以简化“消元法”求解 n 元一次方程组的复杂计算过程，将复杂的消元计算转为矩阵计算，现在的复杂度就只有$O(1)$了。

在空间解析几何中，通过建立空间直角坐标系，将空间的点与三元数组建立一一对应的关系，将空间中的平面与三元一次方程建立一一对应的关系。空间中平面的位置关系，可以通过研究三元一次方程组解的情况来确定。二元一次方程在平面内是一条直线，而三元一次方程在空间中是平面。总而言之，一次方程就是“线性方程”，而“线性方程组”是线性代数的一个重要的研究内容。

从平面到三维空间乃至 n 维空间，是存在线性的，称这样的空间是“线性空间”。实际上，二维空间（即“平面”）还有三维空间都是 n 维空间（即“线性空间”）的特例。

所以在平面上，只需要两个不共线的向量 $\boldsymbol{e}_1$、$\boldsymbol{e}_2$，依向量分解定理，任意一个向量 $\boldsymbol{a}$ 均可以唯一分解为 $\boldsymbol{e}_1$、$\boldsymbol{e}_2$ 的线性组合，即存在唯一一组数(x,y)使得 $\boldsymbol{a} = x\cdot\boldsymbol{e}_1 + y\cdot\boldsymbol{e}_2$，$(x,y)$就称为

向量 $\boldsymbol{a}$ 在仿射坐标系 $[O;\boldsymbol{e}_1,\boldsymbol{e}_2]$ 下的坐标。需要注意的是，在仿射坐标系 $[O;\boldsymbol{e}_1,\boldsymbol{e}_2]$ 中，基向量 $\boldsymbol{e}_1$、$\boldsymbol{e}_2$ 既不需要相互垂直，也不需要是单位向量，只需不共线即可。同理，在三维空间中，仿射坐标系 $[O;\boldsymbol{e}_1,\boldsymbol{e}_2,\boldsymbol{e}_3]$ 的基向量 $\boldsymbol{e}_1$、$\boldsymbol{e}_2$、$\boldsymbol{e}_3$ 只需不共面即可。那在 n 维向量空间的仿射坐标系下呢？同理，要求它们“线性无关”。

同时，一次项可以通过“配方”（平移）来消除，在 n 维向量空间中，主要研究一元二次齐次多项式，这被称为“二次型理论”，当然 n 元二次也算作“二次型理论”的范畴。例如，给定一个二元二次方程，可以通过坐标变换（即旋转和平移）将其转化为标准方程来判断它的形状。二次曲线会涉及长度和夹角等性质，推广到二次型时，需引入内积的概念，由此又会引出相应的度量概念，如向量的模、正交等。在二次型理论中，还会研究如何通过线性变换将二次型变换为标准的二次型（只含平方项，不含交叉项的二次型），这种操作称为“线性变换”。

线性代数的主要研究内容有以下 4 点。

（1）线性方程组。

（2）向量的线性相关和线性无关。

（3）二次型理论。

（4）线性空间与其相关的线性变换。

不仅是“矩阵”,“行列式”也是线性代数、二次型的重要研究工具。

4.1.2 行列式

二元一次方程组不仅可以使用传统的“消元法”，还可以使用矩阵来求解，那这两种方法之间有什么联系呢？用消元法求二元一次方程组的式子如下：

$$\begin{cases} a_{11}\cdot x_1 + a_{12}\cdot x_2 = b_1 \\ a_{21}\cdot x_1 + a_{22}\cdot x_2 = b_2 \end{cases}$$

消去未知数 x_1 和 x_2，求得

$$\begin{cases} \left(a_{11}\cdot a_{22} - a_{12}\cdot a_{21}\right)\cdot x_1 = b_1\cdot a_{22} - a_{12}\cdot b_2 \\ \left(a_{11}\cdot a_{22} - a_{12}\cdot a_{21}\right)\cdot x_2 = a_{11}\cdot b_2 - b_1\cdot a_{21} \end{cases}$$

当 $a_{11}\cdot a_{22} - a_{12}\cdot a_{21} \neq 0$ 时，原式可以变形为

$$x_1 = \frac{b_1\cdot a_{22} - a_{12}\cdot b_2}{a_{11}\cdot a_{22} - a_{12}\cdot a_{21}}, x_2 = \frac{a_{11}\cdot b_2 - b_1\cdot a_{21}}{a_{11}\cdot a_{22} - a_{12}\cdot a_{21}}$$

可以看出，x_1 和 x_2 的分母是一样的，都是 $a_{11}\cdot a_{22} - a_{12}\cdot a_{21}$，在一开始的二元一次方程组中其是这么排列的：

$$\begin{vmatrix} a_{11} & a_{12} \\ a_{21} & a_{22} \end{vmatrix}$$

可以看出，a_{ij} 的下标 i 和 j 正好表示它所在的位置是 i 行 j 列，在这 4 个数左右都加上符号“|”来表示这是一个“行列式”，确切地说，这是一个“二阶行列式”。在行列式中从左上到右下称为“主对角线”，从右上到左下称为“副对角线”。二阶行列式的值即为主对角线之积减去副对角线之积，式子如下：

$$a_{11} \cdot a_{22} - a_{12} \cdot a_{21} = \begin{vmatrix} a_{11} & a_{12} \\ a_{21} & a_{22} \end{vmatrix}$$

$$b_1 \cdot a_{22} - a_{12} \cdot b_2 = \begin{vmatrix} b_1 & a_{12} \\ b_2 & a_{22} \end{vmatrix}$$

$$a_{11} \cdot b_2 - b_1 \cdot a_{21} = \begin{vmatrix} a_{11} & b_1 \\ a_{21} & b_2 \end{vmatrix}$$

所以，最终解可以写成如下式子，D_1 和 D_2 的行列式形式请读者牢记。

$$x_1 = \frac{D_1}{D} = \frac{\begin{vmatrix} b_1 & a_{12} \\ b_2 & a_{22} \end{vmatrix}}{\begin{vmatrix} a_{11} & a_{12} \\ a_{21} & a_{22} \end{vmatrix}}$$

$$x_2 = \frac{D_2}{D} = \frac{\begin{vmatrix} a_{11} & b_1 \\ a_{21} & b_2 \end{vmatrix}}{\begin{vmatrix} a_{11} & a_{12} \\ a_{21} & a_{22} \end{vmatrix}}$$

在引入 n 阶行列式之前，读者先要了解全排列、逆序数、对换的概念。

“全排列”的概念：把 n 个不同的元素排成一列，叫作这 n 个元素的全排列。一般，求 n 个不同元素所有全排列的情况和总的个数，用 P_n 来表示，计算方式如下：

$$P_n = n \cdot (n-1) \cdot \cdots \cdot 4 \cdot 3 \cdot 2 \cdot 1 = n!$$

其中，$n!$ 称为“n 的阶乘”，用于表示从 1～n 的整数叠乘的结果。例如，1，2，3 这 3 个数的全排列个数是 $3! = 3 \cdot 2 \cdot 1 = 6$，这种情况，个数较少，罗列出来分别是 123，231，312，132，213，321。

“逆序数”的概念：对于 n 个不同的元素，先规定各元素之间有一个标准次序（例如，n 个不同的自然数，可规定由小到大为标准次序），在这 n 个元素的任意一个排列中，当某两个元素的先后次序与所认定的标准次序不同时，就称这是一个“逆序”，一个排列中所有逆序的总数称为这个排列的“逆序数”，且逆序数为奇数时，称这个排列为“奇排列”，反之，逆序数为偶数时，称之为“偶排列”。

如何计算“逆序数”呢？假定有 n 个元素为 1～n 的自然数，规定由小到大为标准次序。设 $P_1P_2\cdots P_n$ 为这 n 个自然数的一个排列，考虑元素 P_i（$i=1,2,\cdots,n$），如果比 P_i 大且排在 P_i 前面的元素有 t_i 个，就说 P_i 的逆序数是 t_i。所有元素的逆序数之和如下（即这个全排列的逆序数）：

$$t = t_1 + t_2 + \cdots + t_n = \sum_{i=1}^{n} t_i$$

“对换”的概念：在排列中，将任意两个元素对调，其余的元素不动，做出这种新排列的方式称为“对换”。将两个相邻元素对换称为“相邻对换”。对换有以下两个性质。

（1）全排列中的任意两个元素对换，全排列奇偶性改变。

（2）奇排列对换成标准排列的对换次数为奇数；偶排列对换成标准排列的对换次数为偶数。

下面来看 n 阶行列式的概念，由三阶行列式引入，三阶行列式的定义如下：

$$\begin{vmatrix} a_{11} & a_{12} & a_{13} \\ a_{21} & a_{22} & a_{23} \\ a_{31} & a_{32} & a_{33} \end{vmatrix} = a_{11}a_{22}a_{33} + a_{12}a_{23}a_{31} + a_{13}a_{21}a_{32} - a_{11}a_{23}a_{32} - a_{12}a_{21}a_{33} - a_{13}a_{22}a_{31}$$

仔细观察可以看出，前三个排列都是偶排列，而后三个排列都是奇排列。因此各项可以表示为 $(-1)^t$ 的形式，其中，t 为列标准排列的逆序数，所以三阶行列式可以写成如下形式：

$$\begin{vmatrix} a_{11} & a_{12} & a_{13} \\ a_{21} & a_{22} & a_{23} \\ a_{31} & a_{32} & a_{33} \end{vmatrix} = \sum (-1)^t a_{1P_1} a_{2P_2} a_{3P_3}$$

其中，t 是全排列 $P_1P_2P_3$ 的逆序数，Σ表示将 1、2、3 这 3 个数的所有全排列 $P_1P_2P_3$ 取和。由此可以推广到关于 n 阶行列式的一般情况：

$$\begin{vmatrix} a_{11} & a_{12} & \cdots & a_{1n} \\ a_{21} & a_{22} & \cdots & a_{2n} \\ \vdots & \vdots & & \vdots \\ a_{n1} & a_{n2} & \cdots & a_{nn} \end{vmatrix}$$

其中，每行不同列的 n 个数的乘积如下：

$$(-1)^t a_{1P_1} a_{2P_2} \cdots a_{nP_n}$$

其中，$P_1P_2\cdots P_n$ 为自然数 $1,2,3,\cdots,n$ 的一个全排列，t 为这个全排列的逆序数，这样的排列有 $n!$ 个，因此上式也有 $n!$ 项，结果如下：

$$\begin{vmatrix} a_{11} & a_{12} & \cdots & a_{1n} \\ a_{21} & a_{22} & \cdots & a_{2n} \\ \vdots & \vdots & & \vdots \\ a_{n1} & a_{n2} & \cdots & a_{nn} \end{vmatrix} = \sum (-1)^t a_{1P_1} a_{2P_2} \cdots a_{nP_n}$$

可以简记为 $\det(a_{ij})$，其中 a_{ij} 是行列式 D 中处于 i 行 j 列的数字。注意一些常用的说法：主对角线以下元素都为 0 的行列式称为下三角行列式；反之，主对角线以上元素都为 0 的行列式称为上三角行列式。

行列式有一些特殊的性质，“转置行列式”是一种常见的行列式，其定义如下：

$$D = \begin{vmatrix} a_{11} & a_{12} & \cdots & a_{1n} \\ a_{21} & a_{22} & \cdots & a_{2n} \\ \vdots & \vdots & & \vdots \\ a_{n1} & a_{n2} & \cdots & a_{nn} \end{vmatrix} = D^{\mathrm{T}} = \begin{vmatrix} a_{11} & a_{21} & \cdots & a_{n1} \\ a_{12} & a_{22} & \cdots & a_{n2} \\ \vdots & \vdots & & \vdots \\ a_{1n} & a_{2n} & \cdots & a_{nn} \end{vmatrix}$$

（1）行列式 D^{T} 即为 D 的“转置行列式”。所谓 D 的转置行列式，是将 D 中的元素按主对角线反转而得的。从 $D = D^{\mathrm{T}}$ 可以看出：一个行列式的值与它反转后的转置行列式的值是一样的。

（2）对换行列式的两行或两列，行列式的值的符号改变，但绝对值不变，示例如下：

$$D = \begin{vmatrix} a_{11} & a_{12} & a_{13} \\ a_{21} & a_{22} & a_{23} \\ a_{31} & a_{32} & a_{33} \end{vmatrix} = D_1 = -\begin{vmatrix} a_{12} & a_{11} & a_{13} \\ a_{22} & a_{21} & a_{23} \\ a_{32} & a_{31} & a_{33} \end{vmatrix} = -D$$

上式中对换了第 1 列和第 2 列，行列式的值的符号改变，但绝对值不变。

如果两个行列式有两行或者两列完全相同，则这两个行列式的值相同。需要注意的是，“两行或者两列完全相同”的含义是行与行、列与列相同，而不是行与列相同。另外，位置不需要一样，不需要同行或同列对应相同，只需有相同的两行或两列存在即可。

（3）行列式中的某一行或者某一列的所有元素的公因子可以被提取出来，示例如下：

$$D = \begin{vmatrix} k \cdot a_{11} & a_{12} & a_{13} \\ k \cdot a_{21} & a_{22} & a_{23} \\ k \cdot a_{31} & a_{32} & a_{33} \end{vmatrix} = k \cdot \begin{vmatrix} a_{11} & a_{12} & a_{13} \\ a_{21} & a_{22} & a_{23} \\ a_{31} & a_{32} & a_{33} \end{vmatrix}$$

（4）如果行列式有两行或者两列成比例，则此行列式的值等于 0，示例如下（第 1 列和第 2 列的数值是 k 倍关系，故行列式的值为 0）：

$$D = \begin{vmatrix} k \cdot a_{11} & a_{11} & a_{13} \\ k \cdot a_{21} & a_{21} & a_{23} \\ k \cdot a_{31} & a_{31} & a_{33} \end{vmatrix} = 0$$

（5）若行列式中的某一行或者某一列的元素都是两数之和，示例如下：

$$D=\begin{vmatrix} a_{11} & 2+3 & a_{13} \\ a_{21} & 2+3 & a_{23} \\ a_{31} & 2+3 & a_{33} \end{vmatrix}$$

则行列式 D 可以写成如下两个行列式之和的形式：

$$D=\begin{vmatrix} a_{11} & 2+3 & a_{13} \\ a_{21} & 2+3 & a_{23} \\ a_{31} & 2+3 & a_{33} \end{vmatrix}=\begin{vmatrix} a_{11} & 2 & a_{13} \\ a_{21} & 2 & a_{23} \\ a_{31} & 2 & a_{33} \end{vmatrix}+\begin{vmatrix} a_{11} & 3 & a_{13} \\ a_{21} & 3 & a_{23} \\ a_{31} & 3 & a_{33} \end{vmatrix}$$

（6）把行列式的某一行或者某一列加到另一行或另一列上，行列式的值不变，示例如下：

$$D=\begin{vmatrix} a_{11} & a_{12} & a_{13} \\ a_{21} & a_{22} & a_{23} \\ a_{31} & a_{32} & a_{33} \end{vmatrix}=\begin{vmatrix} a_{11} & a_{12}+a_{11} & a_{13} \\ a_{21} & a_{22}+a_{21} & a_{23} \\ a_{31} & a_{32}+a_{31} & a_{33} \end{vmatrix}$$

4.1.3 矩阵及矩阵的运算

在讨论“矩阵”的概念之前，读者需要先了解“线性方程组”的概念。线性方程组分为“n 元非齐次线性方程组”和“n 元齐次线性方程组”两种。n 元非齐次线性方程组是指由 n 个未知数、m 个方程组成的方程组，其中，a_{ij} 是第 i 个方程的第 j 个未知数的系数，b_i 是第 i 个方程的常数项，$i=1,2,\cdots,m$； $j=1,2,\cdots,n$ 。当常数项 $b_1,b_2,\cdots,b_m$ 不全为 0 时，该方程组被称为“n 元非齐次线性方程组”，示例如下：

$$\begin{cases} a_{11}\cdot x_1+a_{12}\cdot x_2+\cdots+a_{1n}\cdot x_n=b_1 \\ a_{21}\cdot x_1+a_{22}\cdot x_2+\cdots+a_{2n}\cdot x_n=b_2 \\ \qquad\vdots \\ a_{m1}\cdot x_1+a_{m2}\cdot x_2+\cdots+a_{mn}\cdot x_n=b_m \end{cases}$$

反之，当 $b_1,b_2,\cdots,b_m$ 全为 0 时，该方程组被称为“n 元齐次线性方程组”，示例如下：

$$\begin{cases} a_{11}\cdot x_1+a_{12}\cdot x_2+\cdots+a_{1n}\cdot x_n=0 \\ a_{21}\cdot x_1+a_{22}\cdot x_2+\cdots+a_{2n}\cdot x_n=0 \\ \qquad\vdots \\ a_{m1}\cdot x_1+a_{m2}\cdot x_2+\cdots+a_{mn}\cdot x_n=0 \end{cases}$$

“n 元线性方程组”往往会被简称为“线性方程组”或“方程组”。解的概念也在 4.1.1 节中提到过。既然知道了矩阵可以用来求解方程组，那么接下来就来介绍矩阵的定义。

由 $m\times n$ 个数 a_{ij}（$i=1,2,\cdots,m$; $j=1,2,\cdots,n$）排成的 m 行 n 列的数表加上中括号后得到如下式子：

$$\boldsymbol{A}=\begin{bmatrix} a_{11} & a_{12} & \cdots & a_{1n} \\ a_{21} & a_{22} & \cdots & a_{2n} \\ \vdots & \vdots & & \vdots \\ a_{m1} & a_{m2} & \cdots & a_{mn} \end{bmatrix}$$

上式被称为 m 行 n 列矩阵，简称为“$m\times n$矩阵”。

若组成矩阵的元素全是实数，则称为“实矩阵”；若全为复数，则称为“复矩阵”。行和列都为 n 的矩阵称为“n 阶方阵”。只有一行的矩阵称为“行矩阵”或“行向量”，示例如下：

$$\boldsymbol{A}=\begin{bmatrix} a_1 & a_2 & \cdots & a_n \end{bmatrix}$$

只有一列的矩阵被称为“列矩阵”或“列向量”，示例如下：

$$\boldsymbol{A}=\begin{bmatrix} b_1 \\ b_2 \\ \vdots \\ b_m \end{bmatrix}$$

下面介绍几种不同类型的矩阵的概念，分别为“系数矩阵”、“未知数矩阵”、“常数项矩阵”和“增广矩阵”，示例如下：

$$\boldsymbol{A}=\left(a_{ij}\right),\boldsymbol{x}=\begin{bmatrix} x_1 \\ x_2 \\ \vdots \\ x_m \end{bmatrix},\boldsymbol{b}=\begin{bmatrix} b_1 \\ b_2 \\ \vdots \\ b_m \end{bmatrix},\boldsymbol{B}=\begin{bmatrix} a_{11} & a_{12} & \cdots & a_{1n} & b_1 \\ a_{21} & a_{22} & \cdots & a_{2n} & b_2 \\ \vdots & \vdots & & \vdots & \vdots \\ a_{m1} & a_{m2} & \cdots & a_{mn} & b_m \end{bmatrix}$$

式中，$\boldsymbol{A}$ 是“系数矩阵”，$\boldsymbol{x}$ 是“未知数矩阵”，$\boldsymbol{b}$ 是“常数项矩阵”，$\boldsymbol{B}$ 是“增广矩阵”。

紧接着介绍对角阵，构成矩阵 $\boldsymbol{\Lambda}$ 的主对角线的数字全不为 0，而其他的元素全为 0，则称为“对角阵”，示例如下：

$$\boldsymbol{\Lambda}=\begin{bmatrix} \lambda_1 & 0 & \cdots & 0 \\ 0 & \lambda_2 & \cdots & 0 \\ \vdots & \vdots & & \vdots \\ 0 & 0 & \cdots & \lambda_n \end{bmatrix}$$

而主对角线的数字全为 1 的对角阵称为“单位阵”，记为 $\boldsymbol{E}$，示例如下：

$$\boldsymbol{E}=\begin{bmatrix} 1 & 0 & \cdots & 0 \\ 0 & 1 & \cdots & 0 \\ \vdots & \vdots & & \vdots \\ 0 & 0 & \cdots & 1 \end{bmatrix}$$

不仅是线性方程的求解需要借助矩阵运算，众所周知，图像在计算机上显示为二维的像素点阵，想要将图像旋转，也需借助矩阵运算，实际上是先将二维的像素点阵转化为 2 阶矩阵，再通过矩阵乘法计算。在此之前，读者还需要了解矩阵的相关运算法则。

先来看矩阵的加法运算，设有两个 $m\times n$ 的矩阵 $\boldsymbol{A}=\left(a_{ij}\right)$ 和 $\boldsymbol{B}=\left(b_{ij}\right)$，那么它们的和记为

$$\boldsymbol{A}+\boldsymbol{B}=\begin{bmatrix} a_{11}+b_{11} & a_{12}+b_{12} & \cdots & a_{1n}+b_{1n} \\ a_{21}+b_{21} & a_{22}+b_{22} & \cdots & a_{2n}+b_{2n} \\ \vdots & \vdots & & \vdots \\ a_{m1}+b_{m1} & a_{m2}+b_{m2} & \cdots & a_{mn}+b_{mn} \end{bmatrix}$$

只有当矩阵 $\boldsymbol{A}$、矩阵 $\boldsymbol{B}$ 和矩阵 $\boldsymbol{C}$ 都是 m 行 n 列时，$\boldsymbol{A}$ 和 $\boldsymbol{B}$ 才可以相加，且需要符合以下两条规则。

（1）$\boldsymbol{A}+\boldsymbol{B}=\boldsymbol{B}+\boldsymbol{A}$。

（2）$(\boldsymbol{A}+\boldsymbol{B})+\boldsymbol{C}=\boldsymbol{A}+(\boldsymbol{B}+\boldsymbol{C})$。

同时规定矩阵的减法运算为 $\boldsymbol{A}-\boldsymbol{B}=\boldsymbol{A}+(-\boldsymbol{B})$，即将矩阵 $\boldsymbol{B}$ 中的值全部加负号和矩阵 $\boldsymbol{A}$ 相加求和。下面来介绍数与矩阵的乘法以及矩阵与矩阵的乘法。

数 λ 与矩阵 $\boldsymbol{A}$ 的乘积记作 $\lambda\boldsymbol{A}$ 或 $\boldsymbol{A}\lambda$，式子如下：

$$\lambda\boldsymbol{A}=\boldsymbol{A}\lambda=\begin{bmatrix} \lambda\cdot a_{11} & \lambda\cdot a_{12} & \cdots & \lambda\cdot a_{1n} \\ \lambda\cdot a_{21} & \lambda\cdot a_{22} & \cdots & \lambda\cdot a_{2n} \\ \vdots & \vdots & & \vdots \\ \lambda\cdot a_{m1} & \lambda\cdot a_{m2} & \cdots & \lambda\cdot a_{mn} \end{bmatrix}$$

数与矩阵的乘法满足下面的规则（假设 $\boldsymbol{A}$、$\boldsymbol{B}$ 为 $m\times n$ 的矩阵，λ、μ 为数）。

（1）$(\mu\lambda)\boldsymbol{A}=\mu(\lambda\boldsymbol{A})$。

（2）$(\mu+\lambda)\boldsymbol{A}=\mu\boldsymbol{A}+\lambda\boldsymbol{A}$。

（3）$\mu(\boldsymbol{A}+\boldsymbol{B})=\mu\boldsymbol{A}+\mu\boldsymbol{B}$。

矩阵相加和数乘矩阵统称为矩阵的线性运算。

这里以一个 2×3 矩阵与一个 3×2 矩阵相乘为例，介绍矩阵与矩阵相乘的用法，示例如下：

$$\begin{bmatrix} a_{11} & a_{12} & a_{13} \\ a_{21} & a_{22} & a_{23} \end{bmatrix}\begin{bmatrix} b_{11} & b_{12} \\ b_{21} & b_{22} \\ b_{31} & b_{32} \end{bmatrix}=\begin{bmatrix} a_{11}b_{11}+a_{12}b_{21}+a_{13}b_{31} & a_{11}b_{12}+a_{12}b_{22}+a_{13}b_{32} \\ a_{21}b_{11}+a_{22}b_{21}+a_{23}b_{31} & a_{21}b_{12}+a_{22}b_{22}+a_{23}b_{32} \end{bmatrix}$$

由此可以得出结论：设 $\boldsymbol{A}=\left(a_{ij}\right)$ 是一个 $m\times s$ 矩阵，$\boldsymbol{B}=\left(b_{ij}\right)$ 是一个 $s\times n$ 矩阵，那么矩阵 $\boldsymbol{A}$ 与矩阵 $\boldsymbol{B}$ 相乘的结果必定是一个 $m\times n$ 矩阵，记为 $\boldsymbol{C}=\left(c_{ij}\right)$，并且满足

$$c_{ij}=a_{i1}b_{1j}+a_{i2}b_{2j}+\cdots+a_{is}b_{sj}=\sum_{k=1}^{s}a_{ik}b_{kj}$$

需要注意的是，矩阵乘法不满足交换律，即 $\boldsymbol{AB} \neq \boldsymbol{BA}$，当然这只是在通常情况下。若满足 $\boldsymbol{AB} = \boldsymbol{BA}$ 这一条件，就称“矩阵 $\boldsymbol{A}$ 与矩阵 $\boldsymbol{B}$ 是可交换的”，而这只是一个巧合。矩阵乘法虽然不满足交换律，但是满足结合律和分配律，即

（1）$(\boldsymbol{AB})\boldsymbol{C} = \boldsymbol{A}(\boldsymbol{BC})$；

（2）$\lambda(\boldsymbol{AB}) = (\lambda\boldsymbol{A})\boldsymbol{B}$；

（3）$\boldsymbol{A}(\boldsymbol{B}+\boldsymbol{C}) = \boldsymbol{AB}+\boldsymbol{AC}$；

（4）$\boldsymbol{E}_m\boldsymbol{A}_{m\times n} = \boldsymbol{A}_{m\times n} = \boldsymbol{A}_{m\times n}\boldsymbol{E}_m$（可简记为 $\boldsymbol{EA} = \boldsymbol{A} = \boldsymbol{AE}$，$\boldsymbol{E}$ 是单位矩阵）。

还有一个概念是矩阵的转置，矩阵 $\boldsymbol{D}$ 的转置矩阵记为 $\boldsymbol{D}^{\mathrm{T}}$。示例如下：

$$\boldsymbol{A} = \begin{bmatrix} 1 & 2 & 3 \\ 4 & 5 & 6 \end{bmatrix}$$

它的转置矩阵为

$$\boldsymbol{A}^{\mathrm{T}} = \begin{bmatrix} 1 & 4 \\ 2 & 5 \\ 3 & 6 \end{bmatrix}$$

矩阵的转置作为一种单独的运算，遵循如下的运算法则。

（1）$(\boldsymbol{A}^{\mathrm{T}})^{\mathrm{T}} = \boldsymbol{A}$。

（2）$(\boldsymbol{A}+\boldsymbol{B})^{\mathrm{T}} = \boldsymbol{A}^{\mathrm{T}}+\boldsymbol{B}^{\mathrm{T}}$。

（3）$(\lambda\boldsymbol{A})^{\mathrm{T}} = \lambda\boldsymbol{A}^{\mathrm{T}}$。

（4）$(\boldsymbol{AB})^{\mathrm{T}} = \boldsymbol{B}^{\mathrm{T}}\boldsymbol{A}^{\mathrm{T}}$。

若 $\boldsymbol{B}^{\mathrm{T}} = \boldsymbol{B}$，则称矩阵 $\boldsymbol{B}$ 是“对称矩阵”，简称“对称阵”，它的特点是元素以对角线为对称轴对应相等。

下面介绍方阵的行列式：由 n 阶方阵 $\boldsymbol{A}$ 的元素所构成的行列式（各元素的位置不变），称为方阵 $\boldsymbol{A}$ 的行列式，记为 $\det\boldsymbol{A}$ 或 $|\boldsymbol{A}|$。

需要注意的是，方阵与行列式是两个不同的概念，n 阶方阵是 n^2 个数按一定方式排列成的数表，而 n 阶行列式则是这些数构成的数表 A 按一定运算法则得到的一个数。方阵的行列式的运算法则如下。

（1）$|\boldsymbol{A}^{\mathrm{T}}| = |\boldsymbol{A}|$。

（2）$|\lambda\boldsymbol{A}| = \lambda^n|\boldsymbol{A}|$。

（3）$|\boldsymbol{AB}| = |\boldsymbol{A}||\boldsymbol{B}|$。

下面介绍“伴随矩阵”。行列式 $|\boldsymbol{A}|$ 的各个元素的代数余子式 A_{ij} 所构成的如下矩阵：

$$\boldsymbol{A}^* = \begin{bmatrix} A_{11} & A_{21} & \cdots & A_{n1} \\ A_{12} & A_{22} & \cdots & A_{n2} \\ \vdots & \vdots & & \vdots \\ A_{1n} & A_{2n} & \cdots & A_{nn} \end{bmatrix}$$

称为矩阵 $\boldsymbol{A}$ 的“伴随矩阵”，简称“伴随阵”，记为 $\boldsymbol{A}^*$。

同样地，根据伴随矩阵的性质，其满足如下公式：

$$\boldsymbol{A}^*\boldsymbol{A} = |\boldsymbol{A}|\boldsymbol{E}$$

“逆矩阵”又被称为“逆阵”。假设矩阵 $\boldsymbol{A}$ 可逆，那么矩阵 $\boldsymbol{A}$ 只有一个逆矩阵，且满足如下式子：

$$\boldsymbol{AB} = \boldsymbol{BA} = \boldsymbol{E}$$

其中，$\boldsymbol{E}$ 是单位阵，$\boldsymbol{A}$ 是示例矩阵，$\boldsymbol{B}$ 是矩阵 $\boldsymbol{A}$ 的逆矩阵，也可记为 $\boldsymbol{A}^{-1}$，即 $\boldsymbol{B} = \boldsymbol{A}^{-1}$。逆矩阵具有如下性质：

$$\boldsymbol{A}^{-1} = \frac{1}{|\boldsymbol{A}|} \cdot \boldsymbol{A}^*$$

其中，$\boldsymbol{A}^*$ 是矩阵 $\boldsymbol{A}$ 的伴随矩阵；$\boldsymbol{A}^{-1}$ 是矩阵 $\boldsymbol{A}$ 的逆矩阵；$|\boldsymbol{A}|$ 是矩阵 $\boldsymbol{A}$ 的行列式。这里有一个关于逆矩阵的重要推论：若 $\boldsymbol{AB} = \boldsymbol{E}$ 或 $\boldsymbol{BA} = \boldsymbol{E}$，则 $\boldsymbol{B} = \boldsymbol{A}^{-1}$，这也印证了在开始讲解逆矩阵时的说法。

克拉默法则是用来求 n 个 n 元线性方程组的。这里使用本节开头所示的线性方程组，具体如下：

$$\begin{cases} a_{11} \cdot x_1 + a_{12} \cdot x_2 + \cdots + a_{1n} \cdot x_n = b_1 \\ a_{21} \cdot x_1 + a_{22} \cdot x_2 + \cdots + a_{2n} \cdot x_n = b_2 \\ \qquad \vdots \\ a_{n1} \cdot x_1 + a_{n2} \cdot x_2 + \cdots + a_{nn} \cdot x_n = b_n \end{cases}$$

如果上式的系数矩阵行列式不等于 0，那么齐次方程组有唯一解，如下：

$$x_1 = \frac{|\boldsymbol{A}_1|}{|\boldsymbol{A}|}, x_2 = \frac{|\boldsymbol{A}_2|}{|\boldsymbol{A}|}, \cdots, x_n = \frac{|\boldsymbol{A}_n|}{|\boldsymbol{A}|}$$

其中，$\boldsymbol{A}_j\ (j = 1,2,\cdots,n)$ 是把系数矩阵 $\boldsymbol{A}$ 中第 j 列的元素用方程组右端的常数项代替后得到的 n 阶矩阵，如下：

$$\boldsymbol{A}_j = \begin{bmatrix} a_{11} & \cdots & a_{1,j-1} & b_1 & a_{1,j+1} & \cdots & a_{1n} \\ \vdots & & \vdots & \vdots & \vdots & & \vdots \\ a_{n1} & \cdots & a_{n,j-1} & b_n & a_{n,j+1} & \cdots & a_{nn} \end{bmatrix}$$

4.1.4　矩阵的初等变换与秩、向量组与线性相关

首先了解一下什么是矩阵的初等变换。在数据分析中，涉及矩阵的相关运算时，操作人员了解矩阵的初等变换的相关概念是必不可少的。如下三种变换称为矩阵的初等变换。

（1）对换两行或两列。

（2）用一个常数，记为 k，且 k 不为 0，乘以矩阵的某一行或某一列。

（3）将矩阵的某一行或某一列乘以 k 倍（k 不为 0，但可以是 1）后，加到另一行或另一列，最后将得到的新矩阵作为结果。

需要注意的是，行（row）取其英文首字母 r 作为标记，r_i 的意思是第 i 行。列（column）取其英文首字母 c 作为标记，c_i 的意思是第 i 列。矩阵 $\boldsymbol{A}$ 经过初等变换可以得到矩阵 $\boldsymbol{B}$，则称矩阵 $\boldsymbol{A}$ 与矩阵 $\boldsymbol{B}$ 相似，记作“$\boldsymbol{A} \sim \boldsymbol{B}$”。

等价的矩阵的性质与关系如下。

（1）$\boldsymbol{A} \sim \boldsymbol{A}$，一个矩阵与其本身是相似的，被称为“反身性”。

（2）若 $\boldsymbol{A} \sim \boldsymbol{B}$，则 $\boldsymbol{B} \sim \boldsymbol{A}$，这种性质被称为“对称性”。

（3）若 $\boldsymbol{A} \sim \boldsymbol{B}$，$\boldsymbol{B} \sim \boldsymbol{C}$，则有相似关系 $\boldsymbol{A} \sim \boldsymbol{C}$。可见，相似关系是可以传递的，这种性质被称为“传递性”。

还有一种矩阵叫“行阶梯矩阵”，是指在一个非零的矩阵中非零行均在零行的上面，且非零行的第一个非零数字前都是数字 0，示例如下：

$$\begin{bmatrix} 1 & 0 & 3 & 2 \\ 0 & 1 & 0 & 3 \\ 0 & 0 & 1 & 1 \\ 0 & 0 & 0 & 0 \end{bmatrix}$$

矩阵的初等变换也是矩阵的运算，相比矩阵相加和矩阵相乘而言，其要稍复杂一些。矩阵的初等变换具有如下特殊性质（设 $\boldsymbol{A}$ 和 $\boldsymbol{B}$ 是 $m \times n$ 矩阵）。

（1）$\boldsymbol{A} \overset{r}{\sim} \boldsymbol{B}$ 的充要条件是存在 m 阶可逆矩阵 $\boldsymbol{P}$，使得 $\boldsymbol{PA} = \boldsymbol{B}$。

（2）$\boldsymbol{A} \overset{c}{\sim} \boldsymbol{B}$ 的充要条件是存在 n 阶可逆矩阵 $\boldsymbol{Q}$，使得 $\boldsymbol{AQ} = \boldsymbol{B}$。

（3）$\boldsymbol{A} \sim \boldsymbol{B}$ 的充要条件是存在 n 阶可逆矩阵 $\boldsymbol{Q}$ 和 m 阶可逆矩阵 $\boldsymbol{P}$，使得 $\boldsymbol{PAQ} = \boldsymbol{B}$。

这里根据第（3）条性质可以知道：对一个 $m \times n$ 矩阵 $\boldsymbol{A}$ 进行一次“初等行变换”等于在它的左边乘 m 阶初等矩阵；对一个 $m \times n$ 矩阵 $\boldsymbol{A}$ 进行一次“初等列变换”等于在它的右边乘 n 阶初等矩阵。

下面介绍矩阵的“秩”。设在矩阵 $\boldsymbol{A}$ 中有一个不等于 0 的 r 阶子式 D，且所有 r+1 阶子式全等于 0，那么 D 就是矩阵 $\boldsymbol{A}$ 的“最高阶非零子式”，r 即为矩阵 $\boldsymbol{A}$ 的“秩”，记作 $R(\boldsymbol{A})$。

需要注意的是，若矩阵 $\boldsymbol{A}$ 是零矩阵，则它的秩等于 0。

关于矩阵的秩有如下推论：若有可逆矩阵 $\boldsymbol{P}$ 和 $\boldsymbol{Q}$ 满足 $\boldsymbol{PAQ}=\boldsymbol{B}$，则 $R(\boldsymbol{A})=R(\boldsymbol{B})$。以下是矩阵秩的几种性质。

（1）$0\leqslant R(\boldsymbol{A}_{m\times n})\leqslant \min\{m,n\}$。

（2）$R(\boldsymbol{A}^{\mathrm{T}})=R(\boldsymbol{A})$。

（3）若 $\boldsymbol{A}\sim\boldsymbol{B}$，则 $R(\boldsymbol{A})=R(\boldsymbol{B})$。

（4）若 $\boldsymbol{P}$、$\boldsymbol{Q}$ 可逆，则 $R(\boldsymbol{PAQ})=R(\boldsymbol{A})$。

（5）$\max\{R(\boldsymbol{A}),R(\boldsymbol{B})\}\leqslant R(\boldsymbol{A},\boldsymbol{B})\leqslant R(\boldsymbol{A})+R(\boldsymbol{B})$。

（6）$R(\boldsymbol{A}+\boldsymbol{B})\leqslant R(\boldsymbol{A})+R(\boldsymbol{B})$。

（7）$R(\boldsymbol{AB})\leqslant \min\{R(\boldsymbol{A}),R(\boldsymbol{B})\}$。

n 维向量写成一行，称为“行向量”，而写成一列，则称为“列向量”，也可以称为“行矩阵”和“列矩阵”。在下面的式子中，第一个是列向量，第二个是行向量：

$$\boldsymbol{a}=\begin{bmatrix} a_1 \\ a_2 \\ \vdots \\ a_n \end{bmatrix}$$

$$\boldsymbol{a}^{\mathrm{T}}=\begin{bmatrix} a_1 & a_2 & \cdots & a_n \end{bmatrix}$$

什么是向量？在解析几何中，把既有大小又有方向的量称为“向量”。向量可以随意移动（平移）而不影响其本身，同时在引入坐标系后，则有了二维向量（位于直角坐标系的向量）和三维向量（位于空间直角坐标系的向量），以及后来推广的 n 维向量（位于 n 维空间的向量）。还有一点需要说明，总是将含有有限个向量的有序向量组与矩阵相对应。例如，矩阵 $\boldsymbol{A}$ 含有 m 个向量，每条向量记为 $\boldsymbol{a}_i^{\mathrm{T}}$，其中，$i$ 是指向量组的第 i 条向量，所以矩阵 $\boldsymbol{A}$ 是 m 行 n 列的矩阵，示例如下：

$$\boldsymbol{a}_i^{\mathrm{T}}=\begin{bmatrix} a_1 & a_2 & \cdots & a_n \end{bmatrix}$$

$$\boldsymbol{A}=\begin{bmatrix} a_1^{\mathrm{T}} \\ a_2^{\mathrm{T}} \\ \vdots \\ a_m^{\mathrm{T}} \end{bmatrix}$$

下面介绍“线性组合”和“线性组合系数”的概念。给定向量组 $A(a_1,a_2,\cdots,a_n)$，对于任何一组实数 $k_1,k_2,\cdots,k_n$，有 $k_1a_1+k_2a_2+\cdots+k_na_n$，这个式子即为“线性组合”，“线性组合系数”是 $k_1,k_2,\cdots,k_n$。向量 $\boldsymbol{b}$ 能由向量组 $A(a_1,a_2,\cdots,a_n)$ 线性表示的充要条件是矩阵

$\boldsymbol{A}=(a_1,a_2,\cdots,a_n)$ 的秩等于矩阵 $\boldsymbol{B}=(a_1,a_2,\cdots,a_n,\boldsymbol{b})$ 的秩。当向量组 A 和向量组 B 相互线性表示时，则称这两个向量组等价，即

$$R(A)=R(B)=R(A,B)$$

线性相关性分为“线性相关”和“线性无关”两种，当有线性组合

$$k_1a_1+k_2a_2+\cdots+k_na_n=0$$

时，则称向量组 A“线性相关”，反之，则称向量组 A“线性无关”。线性相关性可以用来判断解的个数，如 4.1.3 节所提到的方程组解的个数的例子：当“线性无关”时，满足式子 $R(\boldsymbol{A})=n$，此时方程组只有零解；当“线性相关”时，满足式子 $R(\boldsymbol{A})<n$，此时存在非零解。判断增广矩阵的秩 $R(\overline{\boldsymbol{A}})$ 与原矩阵的秩 $R(\boldsymbol{A})$ 的大小即可得到最后的结果。

（1） $R(\boldsymbol{A})<R(\overline{\boldsymbol{A}})$，无解。

（2） $R(\boldsymbol{A})=R(\overline{\boldsymbol{A}})=n$，有唯一解。

（3） $R(\boldsymbol{A})=R(\overline{\boldsymbol{A}})<n$，有无穷多解。

再来介绍一下“向量空间”的概念，实际上可以简单地认为由 n 维向量的全体构成的集合 $\mathbb{R}^n$ 即为 n 维向量空间。这里给出如下的标准定义：“设 V 为 n 维向量的集合，如果集合 V 非空，且集合 V 对于向量的加法及数乘两种运算封闭（若 $\boldsymbol{a}\in V,\boldsymbol{b}\in V$，则 $\boldsymbol{a}+\boldsymbol{b}\in V$；若 $\boldsymbol{a}\in V,\lambda\in\mathbb{R}$，则 $\lambda\boldsymbol{a}\in V$），就称集合 V 为向量空间。”

4.1.5　相似矩阵

在学习相似矩阵相关知识之前，读者还要先了解向量的内积、长度、正交，以及矩阵的特征值和特征向量等概念。已知两个 n 维向量如下：

$$\boldsymbol{a}=\begin{bmatrix}a_1\\a_2\\\vdots\\a_n\end{bmatrix},\boldsymbol{b}=\begin{bmatrix}b_1\\b_2\\\vdots\\b_n\end{bmatrix}$$

$\boldsymbol{a}$、$\boldsymbol{b}$ 向量的内积记为 $[\boldsymbol{x},\boldsymbol{y}]$，例如，求两个向量的内积结果是一个实数，计算方式如下：

$$[\boldsymbol{x},\boldsymbol{y}]=a_1b_1+a_2b_2+\cdots+a_nb_n$$

$[\boldsymbol{x},\boldsymbol{y}]$ 有时候也写作 $\boldsymbol{x}^{\mathrm{T}}\boldsymbol{y}$，因为 $\boldsymbol{x}$ 和 $\boldsymbol{y}$ 都是列矩阵，是无法相乘的，所以需要将 $\boldsymbol{x}$ 转置为行矩阵 $\boldsymbol{x}^{\mathrm{T}}$，再与矩阵 $\boldsymbol{y}$ 相乘。内积具有如下性质。

（1） $[\boldsymbol{x},\boldsymbol{y}]=[\boldsymbol{y},\boldsymbol{x}]$。

（2） $[\lambda\boldsymbol{x},\boldsymbol{y}]=\lambda[\boldsymbol{x},\boldsymbol{y}]$。

（3） $[\boldsymbol{x}+\boldsymbol{y},\boldsymbol{z}]=[\boldsymbol{x},\boldsymbol{z}]+[\boldsymbol{y},\boldsymbol{z}]$。

（4）当 $\boldsymbol{x}$=0 时，$[\boldsymbol{x},\boldsymbol{x}]=0$，当 $\boldsymbol{x}\neq 0$ 时，$[\boldsymbol{x},\boldsymbol{x}]>0$。

（5）$[\boldsymbol{x},\boldsymbol{y}]^2 \leqslant [\boldsymbol{x},\boldsymbol{x}][\boldsymbol{y},\boldsymbol{y}]$，这个关系式叫作“施瓦茨不等式”。

n 维向量的长度又称 n 维向量的范数，记为 $|\boldsymbol{x}|$，定义式如下：

$$|\boldsymbol{x}|=\sqrt{[\boldsymbol{x},\boldsymbol{x}]}=\sqrt{x_1^2+x_2^2+\cdots+x_n^2}$$

当 $|\boldsymbol{x}|=1$ 时，$\boldsymbol{x}$ 是单位向量。若 $\boldsymbol{x}$ 不是单位向量，则可以通过 $\boldsymbol{e}=\dfrac{\boldsymbol{x}}{|\boldsymbol{x}|}$ 求得 $\boldsymbol{x}$ 的单位向量 $\boldsymbol{e}$，这个步骤被称为“单位化”。可以通过以下式子求得向量 $\boldsymbol{x}$ 和向量 $\boldsymbol{y}$ 的方向夹角的余弦值。

$$\cos\theta=\frac{[\boldsymbol{x},\boldsymbol{y}]}{|\boldsymbol{x}|\cdot|\boldsymbol{y}|}$$

由“施瓦茨不等式”可以得到如下结果：

$$-1\leqslant\frac{[\boldsymbol{x},\boldsymbol{y}]}{|\boldsymbol{x}|\cdot|\boldsymbol{y}|}\leqslant 1$$

所以是满足求得向量 $\boldsymbol{x}$ 和向量 $\boldsymbol{y}$ 的方向夹角 θ 的定义域的，可以直接得到如下结果：

$$\theta=\arccos\frac{[\boldsymbol{x},\boldsymbol{y}]}{|\boldsymbol{x}|\cdot|\boldsymbol{y}|}$$

可见，当 $[\boldsymbol{x},\boldsymbol{y}]$=0 时，$\theta=\arccos(0)=\dfrac{\pi}{2}=90°$，此时向量 $\boldsymbol{x}$ 和向量 $\boldsymbol{y}$ 的方向夹角为 90°，称为“正交”。

下面讨论矩阵的特征值和特征向量。

设矩阵 $\boldsymbol{A}$ 是 n 阶矩阵，如果数 λ 和 n 维非零的列向量 $\boldsymbol{x}$ 有关系式

$$\boldsymbol{A}\boldsymbol{x}=\lambda\boldsymbol{x}$$

或

$$(\boldsymbol{A}-\lambda\boldsymbol{E})\boldsymbol{x}=0$$

则称 λ 是矩阵 $\boldsymbol{A}$ 的“特征值”，$\boldsymbol{x}$ 是矩阵 $\boldsymbol{A}$ 的特征向量。$(\boldsymbol{A}-\lambda\boldsymbol{E})\boldsymbol{x}=0$ 是一个由 n 个未知数和 n 个未知方程组成的齐次线性方程组，它有非零解的充要条件是行列式

$$|\boldsymbol{A}-\lambda\boldsymbol{E}|=0$$

即

$$\begin{vmatrix} a_{11}-\lambda & a_{12} & \cdots & a_{1n} \\ a_{21} & a_{22}-\lambda & \cdots & a_{2n} \\ \vdots & \vdots & & \vdots \\ a_{n1} & a_{n2} & \cdots & a_{nn}-\lambda \end{vmatrix}=0$$

行列式$|\boldsymbol{A}-\lambda\boldsymbol{E}|=0$构成了一个方程，该方程被称为矩阵 $\boldsymbol{A}$ 的特征方程，和它等价的矩阵被称为矩阵 $\boldsymbol{A}$ 的“特征多项式”。

设矩阵 $\boldsymbol{A}$ 和矩阵 $\boldsymbol{B}$ 都是 n 阶矩阵，若有可逆矩阵 $\boldsymbol{P}$，使

$$\boldsymbol{P}^{-1}\boldsymbol{A}\boldsymbol{P}=\boldsymbol{B}$$

则称矩阵 $\boldsymbol{A}$ 与矩阵 $\boldsymbol{B}$ 是相似矩阵，$\boldsymbol{P}^{-1}\boldsymbol{A}\boldsymbol{P}$ 称作对矩阵 $\boldsymbol{A}$ 的“相似变换”。当矩阵 $\boldsymbol{A}$ 与矩阵 $\boldsymbol{B}$ 相似时，它们的特征多项式相同，特征值也相同。

4.2　NumPy 库的基础操作

NumPy 是一个专门用来进行数学计算的第三方库，对线性代数的支持较好。本节主要介绍 NumPy 库的基础操作。

4.2.1　NumPy 库的安装和基本方法

NumPy 库可以使用 pip 来安装，如下所示。

```
pip install numpy
```

Python 没有数组类型，只能用“列表”这种类似数组的类型替代，但是这一缺陷可由 NumPy 库来弥补。根据 NumPy 官方手册的介绍，NumPy 库的主要对象是由同种类型数据构成的“多维数组”（Homogeneous multidimensional array），也可以理解为“n 维矩阵”。

在 NumPy 库里用 axes 一词代指维度，length 代指数组长度。例如，[1,2,3]这个列表就是一个一维（axes=1）的矩阵，它的长度是 3。又如，[[1,2,3],[4,5,6]]是一个 2×3 的矩阵，它有两个维度（axes=2），第一个维度的长度是 2（2 行），第二个维度的长度是 3（3 列）。NumPy 库中这种支持多维度的数组数据对象被称为“ndarray”，可以通过 numpy.array 来调用，不同于 Python 的工厂函数 array.array，ndarray 提供的方法更多且更实用。ndarray 提供了几种简单的方法，如表 4-1 所示。

表 4-1　ndarray 提供的几种简单的方法

基本方法	描述
ndarray.ndim	返回一个 int 值，用来表示数组的维度
ndarray.size	返回一个数组的总元素个数
ndarray.dtype	一个描述数组里包含的数字所属类型的对象，可以是 Python 自带的数据类型，也可以是 NumPy 库附加的数据类型

续表

基本方法	描述
ndarray.shape	显示这个数组的维度，返回一个元组。例如，r 行 c 列就返回(r,c)
ndarray.itemsize	显示每个元素的比特位。例如，float64 是 8（64/8）比特，complex32（32/8）是 4 比特，int16 是 2（16/8）比特（1 比特等于 8 位）
ndarray.data	一个包含实际元素的数组的缓冲区，查找元素操作可以使用索引序号，一般不会用到

4.2.2 创建一个数组

在 NumPy 库里，用 *n* 维数组的形式来表示一个 *n* 维矩阵。首先，可以用 Python 的常规类型（列表或者元组）来创建一个一维数组，示例如下：

```
import numpy as np
a = np.array([[1, 2, 3, 4], [5, 6, 7, 8]])# 用列表创建
b = np.array([(1, 2, 3, 4), (5, 6, 7, 8)])# 用元组创建
print(a)
print(b)
print(a == b)
```

输出结果：

```
[[1 2 3 4]
 [5 6 7 8]]
[[1 2 3 4]
 [5 6 7 8]]
[[ True  True  True  True]
 [ True  True  True  True]]
Process finished with exit code 0
```

可见，用元组和列表创建的矩阵 b 和矩阵 a，结果都是一样的，print(a==b)也证明了这一点。当然，也可以用迭代的方式快速创建，示例如下：

```
import numpy as np
a = np.array([[1, 2, 3, 4], [5, 6, 7, 8]]) # 用列表创建
b = np.arange(1, 9).reshape(2, 4)# 迭代创建
print(a)
print(b)
print(a == b)
```

输出结果：

```
[[1 2 3 4]
 [5 6 7 8]]
[[1 2 3 4]
 [5 6 7 8]]
[[ True  True  True  True]
 [ True  True  True  True]]
Process finished with exit code 0
```

这里的 arange()方法实际上是 NumPy 库重写了 Python 原来的 range()方法，它们要完成的工作是一样的。reshape()用于“重塑”，它默认操作的对象是一维的（即使它本身是一维或者多维的，也认为它是一维的，或者说把操作对象先转化成一排排的数字，不计它的维度）。下面按照 reshape(n,m)括号里给出的 n 行 m 列进行“重塑”操作，示例如下：

```
import numpy as np
a = np.array([[1, 2, 3, 4], [5, 6, 7, 8]])
print(a)# 重塑前为 2 行 4 列
a = a.reshape(4, 2)
print(a)# 重塑后为 4 行 2 列
```

输出结果：

```
[[1 2 3 4]
 [5 6 7 8]]
[[1 2]
 [3 4]
 [5 6]
 [7 8]]
Process finished with exit code 0
```

arange()方法只是类似于 range()方法迭代整型变量的情况，若要迭代浮点数，则需要使用 linspace()方法，示例如下：

```
import numpy as np
a = np.arange(0, 53, 3).reshape(3, -1)
print(a)
b = np.linspace(0, 53, 3).reshape(3, -1)
print(b)
c = np.linspace(0, 53, 18).reshape(3, -1)
print(c)
```

输出结果：

```
[[ 0  3  6  9 12 15]
 [18 21 24 27 30 33]
 [36 39 42 45 48 51]]
```

```
[[ 0. ]
 [26.5]
 [53. ]]
[[ 0.3.11764706  6.23529412  9.35294118 12.47058824 15.58823529]
 [18.70588235 21.82352941 24.94117647 28.05882353 31.17647059 34.29411765]
 [37.41176471 40.52941176 43.64705882 46.76470588 49.88235294 53.]]
Process finished with exit code 0
```

可以看到，linspace()方法并不是简单地替代 arange()方法，arange(0,53,3)的意思是从 0 到 53 以 3 为间隔进行迭代；而 linspace(0,53,3)的意思是从 0 到 53，化为 3 段。所以只有改成 linspace(0,53,18)才可以得到想要的结果。需要注意的是，reshape(3,-1)将这行数重塑为 3 行 *n* 列，这出现在列数较多且不清楚有几列的情况下。

在生成矩阵（*n* 维数组）时可以使用 dtype 参数指定数据类型，dtype 默认是整型，如下输出的是整型、浮点型和复数型：

```
import numpy as np
a = np.array([[1, 2, 3, 4], [5, 6, 7, 8]])# 默认整型
print(a)
b = np.array([[1, 2, 3, 4], [5, 6, 7, 8]], dtype=float)# 浮点型
print(b)
c = np.array([[1, 2, 3, 4], [5, 6, 7, 8]], dtype=complex)# 复数型
print(c)
```

输出结果：

```
[[1 2 3 4]
 [5 6 7 8]]
[[1. 2. 3. 4.]
 [5. 6. 7. 8.]]
[[1.+0.j 2.+0.j 3.+0.j 4.+0.j]
 [5.+0.j 6.+0.j 7.+0.j 8.+0.j]]
Process finished with exit code 0
```

当然还有其他迅速生成矩阵的方法，例如，用 zeros()方法生成“零矩阵”；用 ones()方法生成“全一矩阵”；用 empty()方法生成“随机浮点数矩阵”。另外，还有快速生成数学的指数 e 的大小和圆周率 π 的大小的方法。示例如下：

```
import numpy as np
print(np.empty((4, 5)))
print(np.zeros((4, 5)))
print(np.ones((4, 5)))
print(np.pi)
print(np.exp(1))
```

输出结果：

```
[[4.67296746e-307 1.69121096e-306 3.22648102e-307 1.42419938e-306
  7.56603881e-307]
 [8.45603440e-307 3.56043054e-307 1.60219306e-306 6.23059726e-307
  1.06811422e-306]
 [3.56043054e-307 1.37961641e-306 8.06612616e-308 2.22523004e-307
  6.23059725e-307]
 [1.00138679e-307 8.90111708e-307 2.11389826e-307 1.11260619e-306
  1.47598750e+294]]
[[0. 0. 0. 0. 0.]
 [0. 0. 0. 0. 0.]
 [0. 0. 0. 0. 0.]
 [0. 0. 0. 0. 0.]]
[[1. 1. 1. 1. 1.]
 [1. 1. 1. 1. 1.]
 [1. 1. 1. 1. 1.]
 [1. 1. 1. 1. 1.]]
3.141592653589793
2.718281828459045
Process finished with exit code 0
```

可以看到，np.exp(n)实际上输出的是 e^n，当 n=1 时，e 的数值约为 2.718 281 828 459 045。

在显示较长的矩阵时会用省略号省去，示例如下：

```
import numpy as np
print(np.arange(1000000).reshape(1000, 1000))
```

输出结果：

```
[[     0      1      2 …    997    998    999]
 [  1000   1001   1002 …   1997   1998   1999]
 [  2000   2001   2002 …   2997   2998   2999]
 …
 [997000 997001 997002 … 997997 997998 997999]
 [998000 998001 998002 … 998997 998998 998999]
 [999000 999001 999002 … 999997 999998 999999]]
Process finished with exit code 0
```

该示例输出了一个 1000 行 1000 列的矩阵。

4.2.3　索引、切片和迭代

一维数组也是一维矩阵，同样也是一个列表，所以 *n* 维矩阵（*n* 维数组）依然支持索引、切片和迭代操作，示例如下：

```
import numpy as np
#打印数组
a = np.arange(100)
print(a)
# 索引操作
print('索引操作')
# 打印序号为 3 的元素
print(a[3])
# 打印序号前 30 的元素
# 注意使用的是序号而不是迭代器
for i in range(30):
   print(a[i], end=' ')
   print(' ')
# 切片操作
print('切片操作')
# 正序号 10 到 19 切片
print(a[10:20])
# 间隔 5，切片用逆序号
print(a[:-1: 5])
# 用切片操作先修改再打印示例
a[:3] = -1
print(a[:5])
print()
# 迭代操作
print('迭代操作')
# 这里没有使用序号而使用的是迭代器
for i in a:
print(i)
```

输出结果：

```
[ 0  1  2  3  4  5  6  7  8  9 10 11 12 13 14 15 16 17 18 19 20 21 22 23
 24 25 26 27 28 29 30 31 32 33 34 35 36 37 38 39 40 41 42 43 44 45 46 47
 48 49 50 51 52 53 54 55 56 57 58 59 60 61 62 63 64 65 66 67 68 69 70 71
 72 73 74 75 76 77 78 79 80 81 82 83 84 85 86 87 88 89 90 91 92 93 94 95
 96 97 98 99]
索引操作
3
0
1
2
```

```
3
4
…
25
26
27
28
29
切片操作
[10 11 12 13 14 15 16 17 18 19]
[ 0  5 10 15 20 25 30 35 40 45 50 55 60 65 70 75 80 85 90 95]
[-1 -1 -1  3  4]
迭代操作
-1
-1
-1
3
4
…
21
22
23
24
25
# 一直输出到 99，这里略去
Process finished with exit code 0
```

多维矩阵中的每个维度都有独立的一组序号，所以二维矩阵可以用两个数进行索引；*n* 维矩阵可以用 *n* 个数进行索引，示例如下：

```
import numpy as np
#生成矩阵用的函数
def func(x, y):
    return 5*x+y
# 生成并打印矩阵
b = np.fromfunction(func, (5, 4), dtype=int)
print(b)
# 多维数组索引
print('多维数组索引')
print(b[3, 3])
# 多维数组切片
print('多维数组切片')
```

```
# 打印第 0 列
print(b[:, 0])
# 打印第 0 行
print(b[0, :])
# 逆序号，打印最后一行
# 以下两行的作用相同
print(b[-1])
print(b[-1, :])
```

输出结果：

```
[[ 0  1  2  3]
 [ 5  6  7  8]
 [10 11 12 13]
 [15 16 17 18]
 [20 21 22 23]]
多维数组索引
18
多维数组切片
[ 0  5 10 15 20]
[0 1 2 3]
[20 21 22 23]
[20 21 22 23]
Process finished with exit code 0
```

从上面的示例中可以看出：索引和切片都适用于多维数组/矩阵，且打印二维数组可以用一个逗号隔开，打印一整行可以省略逗号。在讲解多维数组/矩阵的迭代之前，先来介绍 *n* 维数组/矩阵打印时的省略规则，可以用一个点“.”来代替成对的“,:”，个数不限，示例如下：

```
import numpy as np
# 生成一个三维数组并以此为例
print("打印初始三维数组")
c = np.arange(1, 19).reshape(2, 3, 3)
print(c)
print()
print("示例一")
print(c[1, :, :])
print(c[1, …])
print()
print("示例二")
print(c[…, 2])
print(c[:, :, 2])
```

输出结果：

```
打印初始三维数组
[[[ 1  2  3]
  [ 4  5  6]
  [ 7  8  9]]
 [[10 11 12]
  [13 14 15]
  [16 17 18]]]
示例一
[[10 11 12]
 [13 14 15]
 [16 17 18]]
[[10 11 12]
 [13 14 15]
 [16 17 18]]
示例二
[[ 3  6  9]
 [12 15 18]]
[[ 3  6  9]
 [12 15 18]]
Process finished with exit code 0
```

下面来看多维数组/矩阵的迭代。既然矩阵有多个维度，那么在迭代的时候会根据哪个维度迭代呢？答案是明确的，自然是最外层的维度。可能读者还会有一个疑问，如何迭代内层的维度呢？请看下面的示例：

```
import numpy as np
# 生成一个三维数组并以此为例
print("打印初始三维数组")
c = np.arange(1, 19).reshape(2, 3, 3)
print(c)
print()
# 迭代一个维度
print("迭代一个维度")
for firstAxis in c:
    print(firstAxis)
print()
# 迭代两个维度
print("迭代两个维度")
for firstAxis in c:
    for secondAxis in firstAxis:
        print(secondAxis)
```

```
# 迭代三个维度
# 使用旧的循环方法
print("迭代三个维度，示例一")
for firstAxis in c:
    for secondAxis in firstAxis:
        for thirdAxis in secondAxis:
            print(thirdAxis)
# 使用 flat 方法
print("迭代三个维度，示例二")
for element in c.flat:
    print(element)
```

输出结果：

```
打印初始三维数组
[[[ 1  2  3]
  [ 4  5  6]
  [ 7  8  9]]
 [[10 11 12]
  [13 14 15]
  [16 17 18]]]
迭代一个维度
[[1 2 3]
 [4 5 6]
 [7 8 9]]
[[10 11 12]
 [13 14 15]
 [16 17 18]]
迭代两个维度
[1 2 3]
[4 5 6]
[7 8 9]
[10 11 12]
[13 14 15]
[16 17 18]
迭代三个维度，示例一
1
2
3
4
5
…
15
```

```
16
17
18
迭代三个维度，示例二
1
2
3
4
5
…
14
15
16
17
18
Process finished with exit code 0
```

可以发现，flat 方法是将一个 n 维数组展开成一维后，再将结果打印出来，而默认遍历的是第一个维度，即最外层的维度。

4.2.4　拼合、划分一个矩阵

本节以元素为 1 到 16 的一个二维矩阵，以及上一节的三维矩阵为例进行介绍。之前已经学过如何用 reshape()方法改变矩阵的形状，现在将学习更多方法来改变它的形状以得到某个需要的结果。例如，返回转置矩阵和返回所有元素，代码如下：

```
import numpy as np
# 生成一个二维数组
print("打印初始二维数组")
c = np.arange(1, 17).reshape(4, 4)
print(c)
print()
# 返回转置矩阵
print("返回转置矩阵")
print(c.T)
print()
# 返回所有元素
print("返回所有元素")
print(c.ravel())
print()
# 再以一个三维矩阵为例返回所有元素
```

```
# 生成一个三维数组
print("打印初始三维数组")
c1 = np.arange(1, 19).reshape(2, 3, 3)
print(c1)
print()
# 返回所有元素
print("返回所有元素")
print(c1.ravel())
print()
```

输出结果：

```
打印初始二维数组
[[ 1  2  3  4]
 [ 5  6  7  8]
 [ 9 10 11 12]
 [13 14 15 16]]
返回转置矩阵
[[ 1  5  9 13]
 [ 2  6 10 14]
 [ 3  7 11 15]
 [ 4  8 12 16]]
返回所有元素
[ 1  2  3  4  5  6  7  8  9 10 11 12 13 14 15 16]
打印初始三维数组
[[[ 1  2  3]
  [ 4  5  6]
  [ 7  8  9]]
 [[10 11 12]
  [13 14 15]
  [16 17 18]]]
返回所有元素
[ 1  2  3  4  5  6  7  8  9 10 11 12 13 14 15 16 17 18]
Process finished with exit code 0
```

矩阵的拼合分为行拼合（即将行拼合在一起使得列数变多，使用 np.hstack()方法）和列拼合（即将列拼合在一起使得行数变多，使用 np.vstack()方法），示例如下：

```
import numpy as np
# 生成两个二维数组
print("打印初始二维数组")
a = np.arange(1, 17).reshape(4, 4)
print(a)
print()
```

```
b = np.arange(17, 33).reshape(4, 4)
print(b)
print()
# 列拼合，扩增行
print("列拼合，扩增行")
print(np.vstack((a, b)))
# 行拼合，扩增列
print("行拼合，扩增列")
print(np.hstack((a, b)))
```

输出结果：

```
打印初始二维数组
[[ 1  2  3  4]
 [ 5  6  7  8]
 [ 9 10 11 12]
 [13 14 15 16]]
[[17 18 19 20]
 [21 22 23 24]
 [25 26 27 28]
 [29 30 31 32]]
列拼合，扩增行
[[ 1  2  3  4]
 [ 5  6  7  8]
 [ 9 10 11 12]
 [13 14 15 16]
 [17 18 19 20]
 [21 22 23 24]
 [25 26 27 28]
 [29 30 31 32]]
行拼合，扩增列
[[ 1  2  3  4 17 18 19 20]
 [ 5  6  7  8 21 22 23 24]
 [ 9 10 11 12 25 26 27 28]
 [13 14 15 16 29 30 31 32]]
Process finished with exit code 0
```

矩阵有拼合方法 np.vstack()和 np.hstack()，也有划分方法 np.vsplit()和 np.hsplit()。先来看使用行划分方法 np.vsplit()的示例，该矩阵必须被均等划分，否则会报“array split does not result in an equal division”错误，代码如下：

```
import numpy as np
# 生成一个二维数组
print("打印初始二维数组")
```

```
a = np.arange(1, 33).reshape(8, 4)
print(a)
print()
print(np.vsplit(a, 4))
print(np.vsplit(a, 5))
```

输出结果：

```
打印初始二维数组
[[ 1  2  3  4]
 [ 5  6  7  8]
 [ 9 10 11 12]
 [13 14 15 16]
 [17 18 19 20]
 [21 22 23 24]
 [25 26 27 28]
 [29 30 31 32]]
[array([[1, 2, 3, 4],
       [5, 6, 7, 8]]), array([[ 9, 10, 11, 12],
       [13, 14, 15, 16]]), array([[17, 18, 19, 20],
       [21, 22, 23, 24]]), array([[25, 26, 27, 28],
       [29, 30, 31, 32]])]
Traceback (most recent call last):
  File      "C:\Users\TIM\AppData\Local\Programs\Python\Python37-32\lib\site-
packages\numpy\lib\shape_base.py", line 843, in split
    len(indices_or_sections)
TypeError: object of type 'int' has no len()
During handling of the above exception, another exception occurred:
Traceback (most recent call last):
  File "C:/Users/TIM/AppData/Local/Programs/Python/Python37-32/untitled3/
test1.py", line 235, in <module>
    print(np.vsplit(a, 5))
  File      "C:\Users\TIM\AppData\Local\Programs\Python\Python37-32\lib\site-
packages\numpy\lib\shape_base.py", line 972, in vsplit
    return split(ary, indices_or_sections, 0)
  File      "C:\Users\TIM\AppData\Local\Programs\Python\Python37-32\lib\site-
packages\numpy\lib\shape_base.py", line 849, in split
    'array split does not result in an equal division')
ValueError: array split does not result in an equal division
Process finished with exit code 1
```

或者按照序号划分，示例如下：

```
import numpy as np
```

```
# 生成一个二维数组
print("打印初始二维数组")
a = np.arange(1, 33).reshape(8, 4)
print(a)
print()
# 以行号 3、4 为界进行划分，划分出 3 个数组
print(np.vsplit(a, (3, 4)))
print()
# 以行号 3、5、7 为界进行划分，划分出 4 个数组
print(np.vsplit(a, (3, 5, 7)))
print()
```

输出结果：

```
打印初始二维数组
[[ 1  2  3  4]
 [ 5  6  7  8]
 [ 9 10 11 12]
 [13 14 15 16]
 [17 18 19 20]
 [21 22 23 24]
 [25 26 27 28]
 [29 30 31 32]]
[array([[ 1,  2,  3,  4],
       [ 5,  6,  7,  8],
       [ 9, 10, 11, 12]]), array([[13, 14, 15, 16]]), array([[17, 18, 19, 20],
       [21, 22, 23, 24],
       [25, 26, 27, 28],
       [29, 30, 31, 32]])]
[array([[ 1,  2,  3,  4],
       [ 5,  6,  7,  8],
       [ 9, 10, 11, 12]]), array([[13, 14, 15, 16],
       [17, 18, 19, 20]]), array([[21, 22, 23, 24],
       [25, 26, 27, 28]]), array([[29, 30, 31, 32]])]
Process finished with exit code 0
```

再来看使用列划分方法 np.hsplit()的示例，代码如下：

```
import numpy as np
# 生成一个二维数组
print("打印初始二维数组")
a = np.arange(1, 33).reshape(4, 8)
print(a)
print()
```

```
# 以列标 3、4 为界进行划分，划分出 3 个数组
print(np.hsplit(a, (3, 4)))
print()
# 以列标 3、5、7 为界进行划分，划分出 4 个数组
print(np.hsplit(a, (3, 5, 7)))
print()
```

输出结果：

```
打印初始二维数组
[[ 1  2  3  4  5  6  7  8]
 [ 9 10 11 12 13 14 15 16]
 [17 18 19 20 21 22 23 24]
 [25 26 27 28 29 30 31 32]]
[array([[ 1,  2,  3],
       [ 9, 10, 11],
       [17, 18, 19],
       [25, 26, 27]]), array([[ 4],
       [12],
       [20],
       [28]]), array([[ 5,  6,  7,  8],
       [13, 14, 15, 16],
       [21, 22, 23, 24],
       [29, 30, 31, 32]])]
[array([[ 1,  2,  3],
       [ 9, 10, 11],
       [17, 18, 19],
       [25, 26, 27]]), array([[ 4,  5],
       [12, 13],
       [20, 21],
       [28, 29]]), array([[ 6,  7],
       [14, 15],
       [22, 23],
       [30, 31]]), array([[ 8],
       [16],
       [24],
       [32]])]
Process finished with exit code 0
```

4.2.5 深拷贝、浅拷贝与不拷贝

深拷贝、浅拷贝与不拷贝的概念由来已久，在面向对象出现之初的 C++里就已经被提

及。假设有一个地址块，地址块都是用十六进制数表示的，新建变量 *a* 并将其放入这个地址块中，可以理解为：“不拷贝”就是直接显示变量 *a*；“深拷贝”就是创建了变量 *b*；“浅拷贝”就是变量 *b* 与变量 *a* 共用一个地址块。“深拷贝”就是传统的“拷贝”，即另开一个地址块用来存放变量 *b*，再将变量 *a* 存放的值拷贝到存放变量 *b* 的地址块里。简言之，“浅拷贝”只用了一个地址块，而“深拷贝”用了两个。不拷贝、浅拷贝与深拷贝的示意如图 4-1 所示。

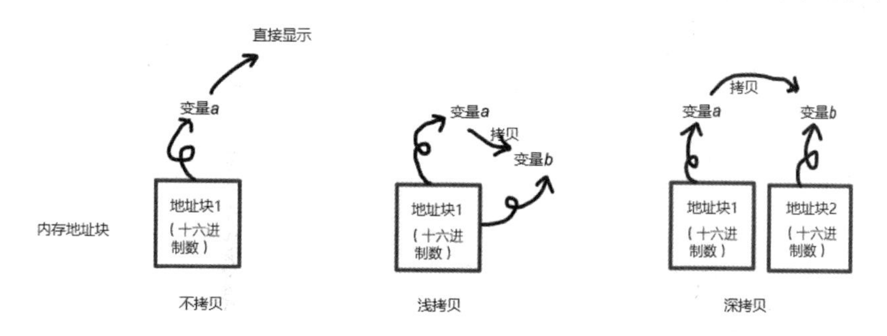

图 4-1　不拷贝、浅拷贝与深拷贝的示意

“不拷贝”的示例如下：

```
import numpy as np
a = np.arange(1, 33).reshape(4, 8)
b = a
print(a is b)
# 会发现 a 和 b 的 id 值是一样的
print(id(a))
print(id(b))
```

输出结果：

```
True
338201600
338201600
Process finished with exit code 0
```

用户可以用 view()函数强制浅拷贝，示例如下：

```
import numpy as np
a = np.arange(1, 33).reshape(4, 8)
# 浅拷贝用 view()函数
b = a.view()
print(a)
print(b)
print("修改变量后：")
a[0, 0] = 100
```

```
print(a)
print(b)
```

输出结果：

```
[[ 1  2  3  4  5  6  7  8]
 [ 9 10 11 12 13 14 15 16]
 [17 18 19 20 21 22 23 24]
 [25 26 27 28 29 30 31 32]]
[[ 1  2  3  4  5  6  7  8]
 [ 9 10 11 12 13 14 15 16]
 [17 18 19 20 21 22 23 24]
 [25 26 27 28 29 30 31 32]]
修改变量后：
[[100   2   3   4   5   6   7   8]
 [  9  10  11  12  13  14  15  16]
 [ 17  18  19  20  21  22  23  24]
 [ 25  26  27  28  29  30  31  32]]
[[100   2   3   4   5   6   7   8]
 [  9  10  11  12  13  14  15  16]
 [ 17  18  19  20  21  22  23  24]
 [ 25  26  27  28  29  30  31  32]]
Process finished with exit code 0
```

从输出结果中可以看出，浅拷贝修改其中一个变量的值，另一个变量的值也会随之改变。

用户可以用 copy()函数强制深拷贝，示例如下：

```
import numpy as np
a = np.arange(1, 33).reshape(4, 8)
# 深拷贝用 copy()函数
b = a.copy()
print(a)
print(b)
print("修改变量后：")
a[0, 0] = 100
print(a)
print(b)
```

输出结果：

```
[[ 1  2  3  4  5  6  7  8]
 [ 9 10 11 12 13 14 15 16]
 [17 18 19 20 21 22 23 24]
 [25 26 27 28 29 30 31 32]]
[[ 1  2  3  4  5  6  7  8]
 [ 9 10 11 12 13 14 15 16]
```

```
 [17 18 19 20 21 22 23 24]
 [25 26 27 28 29 30 31 32]]
修改变量后:
[[100   2   3   4   5   6   7   8]
 [  9  10  11  12  13  14  15  16]
 [ 17  18  19  20  21  22  23  24]
 [ 25  26  27  28  29  30  31  32]]
[[ 1  2  3  4  5  6  7  8]
 [ 9 10 11 12 13 14 15 16]
 [17 18 19 20 21 22 23 24]
 [25 26 27 28 29 30 31 32]]
Process finished with exit code 0
```

从输出结果中可以看出，深拷贝修改其中一个变量的值，另一个变量的值不会改变。

4.3　用 NumPy 库实现矩阵运算

4.3.1　矩阵基本运算一（矩阵加法、矩阵减法、矩阵数乘）

现在给出 NumPy 库实现矩阵运算（矩阵加法、矩阵减法、矩阵数乘）的示例，代码如下：

```
import numpy as np
# 生成两个矩阵并打印
print("生成两个矩阵")
a = np.arange(1, 11).reshape(2, 5)
b = np.arange(100, 110).reshape(2, 5)
print(a)
print()
print(b)
print()
print("矩阵相加")
print(a+b)
print()
print("矩阵相减")
print(b-a)
print()
print("矩阵数乘")
print(10*a)
```

输出结果：

```
生成两个矩阵
[[ 1  2  3  4  5]
 [ 6  7  8  9 10]]
[[100 101 102 103 104]
 [105 106 107 108 109]]
矩阵相加
[[101 103 105 107 109]
 [111 113 115 117 119]]
矩阵相减
[[99 99 99 99 99]
 [99 99 99 99 99]]
矩阵数乘
[[ 10  20  30  40  50]
 [ 60  70  80  90 100]]
Process finished with exit code 0
```

可以看到，输出结果完全符合之前的矩阵加法、矩阵减法和矩阵数乘的定义。式子如下：

$$\boldsymbol{A}=\begin{bmatrix}1 & 2 & 3 & 4 & 5\\ 6 & 7 & 8 & 9 & 10\end{bmatrix}$$

$$\boldsymbol{B}=\begin{bmatrix}100 & 101 & 102 & 103 & 104\\ 105 & 106 & 107 & 108 & 109\end{bmatrix}$$

$$\boldsymbol{A}+\boldsymbol{B}=\begin{bmatrix}101 & 103 & 105 & 107 & 109\\ 111 & 113 & 115 & 117 & 119\end{bmatrix}$$

$$\boldsymbol{B}-\boldsymbol{A}=\begin{bmatrix}99 & 99 & 99 & 99 & 99\\ 99 & 99 & 99 & 99 & 99\end{bmatrix}$$

$$10\times\boldsymbol{A}=\begin{bmatrix}10 & 20 & 30 & 40 & 50\\ 60 & 70 & 80 & 90 & 100\end{bmatrix}$$

4.3.2 矩阵基本运算二（矩阵相乘、逆矩阵、矩阵的特征值和特征向量）

矩阵相乘要满足左边的矩阵的列数等于右边的矩阵的行数。在 NumPy 库中，可以采用两种方式实现矩阵相乘，示例如下：

```
import numpy as np
# 生成两个矩阵并打印
print("生成两个矩阵")
a = np.arange(1, 11).reshape(2, 5)
```

```
b = np.arange(12, 27).reshape(5, 3)
print(a)
print()
print(b)
print()
print("矩阵相乘示例一")
print(a.dot(b))
print()
print("矩阵相乘示例二")
print(np.dot(a, b))
print()
```

输出结果：

```
生成两个矩阵
[[ 1  2  3  4  5]
 [ 6  7  8  9 10]]
[[12 13 14]
 [15 16 17]
 [18 19 20]
 [21 22 23]
 [24 25 26]]
矩阵相乘示例一
[[300 315 330]
 [750 790 830]]
矩阵相乘示例二
[[300 315 330]
 [750 790 830]]
Process finished with exit code 0
```

演示式子如下：

$$\boldsymbol{A}=\begin{bmatrix}1 & 2 & 3 & 4 & 5\\ 6 & 7 & 8 & 9 & 10\end{bmatrix}$$

$$\boldsymbol{B}=\begin{bmatrix}12 & 13 & 14\\ 15 & 16 & 17\\ 18 & 19 & 20\\ 21 & 22 & 23\\ 24 & 25 & 26\end{bmatrix}$$

$$\boldsymbol{A}\times\boldsymbol{B}=\begin{bmatrix}300 & 315 & 330\\ 750 & 790 & 830\end{bmatrix}$$

在 NumPy 库中，求矩阵的逆矩阵以及矩阵的特征值和特征向量有给定的方法，十分方便，示例如下：

```
import numpy as np
# 初始化一个非奇异矩阵（数组）
# 因为奇异矩阵不可逆
print("求逆矩阵")
a = np.array([[1, 2], [3, 4]])
print(np.linalg.inv(a))  # 相当于 MATLAB 中的 inv()函数
# 使用.I 方法求逆矩阵更方便
A = np.matrix(a)
print(A.I)
print()
# 求矩阵的特征值和特征向量
print('求矩阵的特征值和特征向量')
eigenvalue, featurevector = np.linalg.eig(A)
print('矩阵的特征值：', end='')
print(eigenvalue)
print('矩阵的特征向量', end='')
print(featurevector)
```

输出结果：

```
求逆矩阵
[[-2.   1. ]
 [ 1.5 -0.5]]
[[-2.   1. ]
 [ 1.5 -0.5]]
求矩阵的特征值和特征向量
矩阵的特征值：[-0.37228132  5.37228132]
矩阵的特征向量[[-0.82456484 -0.41597356]
 [ 0.56576746 -0.90937671]]
Process finished with exit code 0
```

第 5 章 使用正则表达式处理数据

本章讲述正则表达式，在 Python 中常用它提取数据。

本章主要涉及的知识点如下。

◎ 正则表达式的概念。
◎ 正则表达式（RE）模块使用的符号的意义。
◎ 正则表达式的匹配规则。
◎ 匹配对象方法 group()和 groups()的用法。
◎ 使用*、+、?、{}符号实现多个条件匹配。
◎ 正则表达式的特殊字符的匹配模式。

5.1 RE 模块简述

正则表达式（RE）是指高级文本匹配模式。RE 模块的雏形是 TXT 文档和 Word 文档的文字查找功能——寻找用户指定文字或句子的位置，该搜索过程有两个步骤，即搜索和匹配，这也是正则表达式的两个关键术语。

5.1.1 正则表达式（RE）模块使用的符号

正则表达式是一种“匹配模式”（Pattern-matching），该模式分为两种方式，即搜索和匹配。

“搜索”是指在一个字符串中匹配出其中的一个字符串。实际上，一开始使用的就是数据结构中常见的寻找最小字符串的例子。以 C++为例，给出一个 string 类型的字符串，让你找出其中有没有某个子串，如果有，那么有几个这样类似的子串。后来，为了降低搜索算法的复杂度，衍生出了贪心算法（也称“贪婪算法”）和非贪心算法两种方式。

“匹配”是指判断一个字符串能否从指定的起始处全部或部分地匹配一个给定的字符串。同样地，这也是一个耳熟能详的在数据结构中求子串的例子，正则表达式也包括贪心算法和非贪心算法两种。

下面将结合具体案例，从正则表达式的基础匹配到实际应用给出相应的示例代码以及输入、输出。

正则表达式使用了一些字符，如*（星号）、?（问号）等来匹配相应的结果，这些字符被称为“元字符”。表 5-1 给出了正则表达式中的常用元字符。

表 5-1 正则表达式中的常用元字符

字符	解释
literal	用于表示需要匹配的任意字符，这里以 literal 为例
a1|a2	管道符“|”用于匹配两个任意字符中的一个，这里会匹配 a1 或者 a2 两个字符串中的一个
.	匹配除换行符以外的某一个字符
^	需要匹配某一个字符串时，用于标注它的起始位置
$	需要匹配某一个字符串时，用于标注它的结尾位置
*	匹配*前面一个字符 0 次或者全部出现的结果
+	匹配+前面一个字符 1 次或者全部出现的结果
?	匹配?前面一个字符 0 次或者 1 次出现的结果
{N}	按照大括号里标注的次数（这里是 N 次）匹配大括号前面的一个字符
{M,N}	按照大括号里标注的次数（这里是 M～N 次）匹配大括号前面的一个字符
[abc]	匹配中括号里出现的任意一个字符
[a-z]	匹配规定范围内的字符，这里是 a～z，即匹配所有的小写字母
[^a-z]	不匹配规定范围内的字符，这里是 a～z，即不匹配所有的小写字母
.*?[a-z]	匹配中括号里出现的所有字符串，这里是匹配一段给定字符串中所有的小写字母
()	用小括号括住的内容为一个子组，类似四则运算中的用途

当然，正则表达式还包含一些特殊字符，其用法类似 ASCII 编码中定义的转义字符，例如，\n 是换行符、\t 是制表符、\a 用于使蜂鸣器鸣叫，如表 5-2 所示。

表 5-2　正则表达式中的特殊字符

字符	解释
\d	匹配任意数字，其作用和[0-9]一样
\w	匹配任意数字、字符、字母，其反义字符是\W
\s	匹配任意空白字符，其反义字符是\S
\b	匹配单词的边界，其反义字符是\B
\nn	匹配原先保存的子组
\c	逐一匹配“\”后的字符，这里是字母 c
\A	匹配字符串的起始
\Z	匹配字符串的结尾

5.1.2　正则表达式的匹配规则

现在通过实际操作来进一步了解正则表达式的匹配规则。在此之前，先介绍 re.search() 和 re.match()函数。

re.search()函数用于扫描整个字符串并返回第一个成功匹配的字符串。re.search()函数的原型如下：

```
re.search(pattern, string, flags=0)
```

参数 pattern 用于传入需要匹配的正则表达式；参数 string 用于传入要匹配的字符串；参数 flags 用于标记、控制正则表达式的匹配方式。

flags=re.I 表示不区分大小写；flags=re.S 表示可以匹配任意字符，包括换行符。若匹配成功，则 re.search()函数返回一个匹配对象，否则返回 None。

re.match()函数尝试从字符串的起始位置匹配一个模式，如果起始位置匹配失败，则返回 None。re.match()函数的原型如下：

```
re.match(pattern, string, flags=0)
```

re.match()函数的 3 个参数的含义与 re.search()函数的参数类似。若匹配成功，re.match()函数就会返回一个匹配对象，否则返回 None。

用户可以使用 group(num)或 groups()匹配对象方法获取匹配表达式，其被称为“匹配对象的方法”，如表 5-3 所示。

表 5-3 匹配对象的方法

匹配对象的方法	解释
group(num=0)	返回全部的匹配对象或者指定编号是 num 的子组
groups()	返回一个元组，它包含了所有子组。若匹配失败，则返回一个空元组

在使用正则表达式时还会经常用到如表 5-4 所示的函数。

表 5-4 常用的函数

常用的函数	解释
compile(pattern,flags=0)	对传入的正则表达式 pattern 进行编译，flags 是可选标识符，返回一个 regex 对象
match(pattern,string,flags=0)	尝试用正则表达式 pattern 匹配字符串 string，flags 是可选标识符。若匹配成功，则返回一个匹配对象，否则返回 None
search(pattern,string,flags=0)	在字符串 string 中搜索正则表达式模式 pattern 第一次出现的位置，flags 是可选标识符。若匹配成功，则返回一个匹配对象，否则返回 None
findall (pattern, string)[a]	在字符串 string 中搜索正则表达式模式 pattern 所有出现（不计重复）的位置，返回所有匹配对象构成的列表
finditer (pattern, string)[b]	与 findall()类似，只是 finditer()返回的是迭代器而不是列表。对于每个匹配，这个迭代器返回一个匹配对象
split(pattern,string,max=0)	根据正则表达式模式 pattern 中的分隔符把字符串 string 分隔为一个列表，返回最后匹配成功的列表，共分隔 max 次
sub(pattern,repl,string,max=0)	把字符串 string 中所有匹配正则表达式模式 pattern 的地方替换成字符串 repl，若没有给出 max 的值，则对所有匹配的地方进行替换

compile()函数的编译功能类似 C++的编译功能，只是用正则表达式编译后称为 regex 对象。如果某一正则表达式需要多次匹配后用于比较，则使用 compile()函数后只编译一趟，反之，不使用 compile()函数每次匹配都会进行编译，这极大地浪费了 CPU 资源和内存空间。既然正则表达式的编译是必需的，不如提前预编译，于是 compile()函数的作用也就显而易见了。

5.2 使用正则表达式模块

本节以同一段英文短文作为正则表达式匹配示例（短文如下）。先把正则表达式模块导入，然后将它存放在变量 str 中。5.2.1 节中的代码是本节示例代码中共有的部分（篇幅较长），在后面的示例中将省略这段代码。

5.2.1　匹配对象方法 group()和 groups()的用法

用 group()匹配含有“er”的单词，示例代码如下：

```
Import re
str = '''The Gift of Life
On the very first day, God created the cow. He said to the cow, "Today I have
created you! As a cow, you must go to the field with the farmer all day long.
You will work all day under the sun! I will give you a life span of 50 years."
The cow objected, "What? This kind of a tough life you want me to live for 50
years? Let me have 20 years, and the 30 years I'll give back to you." So God
agreed.
On the second day, God created the dog. God said to the dog, "What you are
supposed to do is to sit all day by the door of your house. Any people that
come in, you will have to bark at them! I'll give you a life span of 20 years."
The dog objected, "What? All day long to sit by the door? No way! I'll give
you back my other 10 years of life!" So God agreed.
On the third day, God created the monkey. He said to the monkey, "Monkeys
have to entertain people. You've got to make them laugh and do monkey tricks.
I'll give you 20 years life span."
The monkey objected. "What? Make them laugh? Do monkey faces and tricks? Ten
years will do, and the other 10 years I'll give you back." So God agreed.
On the fourth day, God created man and said to him, "Your job is to sleep,
eat, and play. You will enjoy very much in your life. All you need to do is
to enjoy and do nothing. This kind of life, I'll give you a 20 year life
span."
The man objected. "What? Such a good life! Eat, play, sleep, do nothing? Enjoy
the best and you expect me to live only for 20 years? No way, man! Why don't
we make a deal? Since the cow gave you back 30 years, and the dog gave you
back 10 years and the monkey gave you back 10 years, I will take them from
you! That makes my life span 70 years, right?" So God agreed.
AND THAT'S WHY…
In our first 20 years, we eat, sleep, play, enjoy the best and do nothing
much. For the next 30 years, we work all day long, suffer and get to support
the family. For the next 10 years, we entertain our grandchildren by making
monkey faces and monkey tricks. And for the last 10 years, we stay at home,
sit by the front door and bark at people!
'''
result = re.search('(' '[a-zA-Z])*?(ea)([a-zA-Z]' ')*?', str).group()
print(result)
```

输出结果：

```
created
Process finished with exit code 0
```

先简要地讲解一下这个正则表达式的含义，可以把它分为 3 段，第一段为(' '[a-zA-Z])*?，其中，“()*?”表示匹配满足其之前括号里给出的条件的字符串全部长度，也可以匹配 0 次（例如，单词 eat，在 ea 之前没有其他字母，此时就是匹配 0 次的情况，而且这也是符合要求的，也需要匹配）。

由于单词是由空格划分的，所以按照这个正则表达式，会把空格也匹配进去。因为(' '[a-zA-Z])表示的含义是：“空格”后跟着若干个字母，大写和小写都可以。

再看第三段：([a-zA-Z]' ')*?。同样地“*?”表示匹配满足其之前括号里给出的条件的字符串全部长度，这里只是把空格调到了最后([a-zA-Z]' ')，因为单词结尾也有空格。

第二段表示匹配含有“ea”的单词，用括号单独把“ea”括了起来，所以这一段的含义就是匹配所有含有“ea”这两个连续字母的英文单词。

可以看到，上述代码用 group()方法成功返回了第一个带有“ea”这两个连续字母的英文单词，是这篇短文的第 11 个单词 created。当然，如果想要返回所有带有“ea”这两个连续字母的英文单词，可以使用 findall()或者 finditer()函数，它们的不同之处在于，前者返回的是一个字符串列表，而后者返回的是一个迭代器。先使用 findall()函数，示例代码如下：

```
result1 = re.findall('([a-zA-Z])*(ea)([a-zA-Z])*', str)
print(type(result1))
print(result1)
for i in result1:
print(i)
```

输出结果：

```
<class 'list'>
[('r', 'ea', 'd'), ('r', 'ea', 'd'), ('y', 'ea', 's'), ('y', 'ea', 's'), ('y',
'ea', 's'), ('y', 'ea', 's'), ('r', 'ea', 'd'), ('y', 'ea', 's'), ('y', 'ea',
's'), ('r', 'ea', 'd'), ('y', 'ea', 's'), ('y', 'ea', 's'), ('y', 'ea', 's'),
('r', 'ea', 'd'), ('', 'ea', 't'), ('y', 'ea', 'r'), ('y', 'ea', 's'), ('d',
'ea', 'l'), ('y', 'ea', 's'), ('y', 'ea', 's'), ('y', 'ea', 's'), ('y', 'ea',
's'), ('y', 'ea', 's'), ('', 'ea', 't'), ('y', 'ea', 's'), ('y', 'ea', 's'),
('y', 'ea', 's')]
('r', 'ea', 'd')
('r', 'ea', 'd')
('y', 'ea', 's')
('y', 'ea', 's')
…
```

```
('y', 'ea', 's')
('', 'ea', 't')
('y', 'ea', 's')
('y', 'ea', 's')
('y', 'ea', 's')
Process finished with exit code 0
```

可以看到，返回的结果并不是我们想要的结果。使用 type()函数后，findall()函数返回的是一个列表。通过 print(result1)打印后可以看到，列表的每个元素都是一个元组。元组和列表都是没有 group()方法的，而在上一个示例中成功显示了第一个单词 created，是因为使用了 group()方法。如果读者还有疑惑，请看下面这个示例：

```
for i in range(1, 4):
print(re.search('([a-zA-Z])*(ea)([a-zA-Z])*', str).group(i))
```

输出结果：

```
r
ea
d
Process finished with exit code 0
```

从该示例中不难发现，输出结果和在上一个示例中输出的第一个元组('r','ea','d')如出一辙，可以发现，r 是单词“created”前一段“cr”的最后一个字母；而元组中的第三个字母 d 是单词 created 后一段“ted”的最后一个字母。

由此可见，若要显示全部单词，必须使用 group()方法，但是元组和列表类型都不可能使用 group()方法，所以应该把视线转向返回迭代器的 finditer()函数，示例代码如下：

```
result2 = re.finditer('([a-zA-Z])*(ea)([a-zA-Z])*', str)
print(type(result2))
print(result2)
for i in result2:
print(i.group())
```

输出结果：

```
<class 'callable_iterator'>
<callable_iterator object at 0x03980670>
created
created
years
years
years
…
years
```

```
eat
years
years
years
Process finished with exit code 0
```

从示例代码和返回结果中可以看出，返回的是一个迭代器（根据<class 'callable_iterator'>），这个迭代器的起始位置是 0x03980670（根据<callable_iterator object at 0x03980670>）。

本示例最后打印出的单词和在上一个示例中打印出的元组是符合之前的结论的，即最后打印的单词前一段的最后一个字母是一个元组中显示的第一个字母，而元组中的第三个字母，是最后显示的单词后一段的最后一个字母。前一段和后一段是根据中间给出的两个连续字母“ea”来划分的。

使用 match()函数的示例如下：

```
result2 = re.match('(T)([a-zA-Z]' ')*', str).group()
print(result2)
```

输出结果：

```
The
Process finished with exit code 0
```

因为 str 字符串是以字母 T 开头的，所以使用 match()函数只能匹配以字母 T 开头的内容。现在解释这个正则表达式的含义：(T)指明匹配以字母 T 开头的内容；结尾的*是指匹配前面括号里的内容 0 次或多次，前面括号里的内容是([a-zA-Z]' ')，即以英文字母（不区分大小写）构成的字符串，后面跟一个空格意味着由不区分大小写的英文字母构成的字符串要以空格结尾。

5.2.2 使用管道符进行匹配

本节介绍如何使用管道符“|”提供多个匹配条件。管道符是位于 Shift 键上方的那个竖杠，它表示数学里的“或”操作，或者称为“析取”，又称为“并”操作。类似 C++中的“||”或 Python 中的“or”。有了这个操作符，正则表达式可以更灵活地匹配。以满足给出的条件中的任意一个条件的匹配结果为例，代码如下：

```
str1 = 'for|from|form'
str2 = 'form|for|from'
aimStr = 'format'
result1 = re.search(str1, aimStr).group()
result2 = re.search(str2, aimStr).group()
```

```
print(result1)
print(result2)
```

输出结果：

```
for
form
Process finished with exit code 0
```

可以看到，result1 的输出结果是 for，而 result2 的输出结果是 form。读者也许会有所疑惑，str1 和 str2 只是颠倒了三个单词的顺序，为什么会导致 result1 和 result2 的结果不同呢？

事实上，无论是管道符、C++的逻辑符号“||”还是 Python 的“or”操作符，都遵循“短路原理”，即有满足的条件后，即使后面还有很多管道符，都将不再查看它，这样做的初衷是节约 CPU 资源和内存，但是如果程序员不注意这些规则，往往会导致一些意外的 Bug 产生。

因为 str1 中的第一个单词 for 已经满足条件了，所以结果就是 for。而 str2 中第一个单词 form 也是第一个满足条件的，所以结果就是 form。如果再加一个 str3，示例如下：

```
str3 = 'from|form|for'
```

那么结果应该是 form，因为第一个是 from，与 aimStr='format'无法匹配，所以转到第二个 form，此时成功匹配并输出 form，示例如下：

```
str3 = 'from|form|for'
aimStr = 'format'
result3 = re.search(str3, aimStr).group()
print(result3)
```

输出结果：

```
form
Process finished with exit code 0
```

5.2.3　使用*、+、?、{}符号实现多个条件匹配

*、+、?是常用的正则表达式符号，它们分别表示匹配字符串模式出现 1 次或多次、出现 0 次或多次、出现 0 次或 1 次的字符串。这些操作符匹配的都是其左边的符号，人们也称这种操作符为 Kleene 闭包操作符。

下面介绍大括号操作符{}，大括号里可以是单个值，表示匹配规定的出现次数，也可以是由逗号分隔的两个数字，表示匹配规定的出现次数的范围。例如，{N}表示匹配出现 N 次的字符串；而{M,N}则表示匹配出现 M～N 次的字符串。

有时候为了匹配符合要求的最短字符串，一些被匹配的字符串往往会使用重叠的符号，

这时正则表达式就会尽量匹配更多的字符，将自动使用“贪心算法”进行匹配操作。类似“()、.、*、?”这样的操作符。“?”表示尽量少地匹配字符串，留下更多的字符串给后面的模式，示例如表 5-5 所示。

表 5-5　多个符号重叠的正则表达式示例

<table>
<tr><th>正则表达式模式</th><th>解释</th></tr>
<tr><td>[an]other?</td><td>有 4 个结果：ao、aot、no、not。想想为什么“?”表示匹配 1 次或 0 次</td></tr>
<tr><td>1[0-9]?</td><td>表示匹配 10～19 的任意数字</td></tr>
<tr><td>[0-9]{18}|[0-9]{17}X</td><td>用于匹配 18 位身份证号码，可以以 X 结尾</td></tr>
<tr><td></?[^>]+></td><td>用于匹配所有的 HTML 标签</td></tr>
<tr><td>[KQRBNP][a-h][1-8]-[a-h][1-8]</td><td>“长代数”记谱法的国际象棋棋谱，匹配的是每个棋子的移动步骤</td></tr>
</table>

5.2.4　一些特殊格式的正则表达式匹配模式

一些特殊格式的正则表达式匹配模式包括反义字符等。例如，[0-9]用于表示 0～9 这 10 个整数，但是也可以用\d 来简记；而\W 用来表示整个字符和数字的字符集，和[a-zA-Z0-9]的作用相同；\s 表示空格；\D 表示非十进制整数，与[^0-9]的作用相同。下面列出几个常见的使用了反义字符的正则表达式模式，如表 5-6 所示。

表 5-6　使用了反义字符的正则表达式模式

<table>
<tr><th>正则表达式模式</th><th>解释</th></tr>
<tr><td>\w+\d+</td><td>一串以字母或数字开头，以数字结尾的密码</td></tr>
<tr><td>[A-Za-z]\w*|[A-Za-z]_</td><td>第一个字符是字母，其余字符是字母、数字或下画线</td></tr>
<tr><td>86-\d{4}-\d{8}</td><td>中国苏州某座机号码，如 86-0512-58****63</td></tr>
<tr><td>\w+@\w+\.com</td><td>电子邮箱的一般格式</td></tr>
</table>

6

第 6 章 使用 Pandas 库处理数据

本章着重介绍常用的第三方库 Pandas，以及如何使用 Pandas 库对大量数据进行整理和处理。

本章涉及的知识点如下。

◎ Pandas 库的主要作用。

◎ 用 Pandas 库处理 CSV 文件。

◎ 用 Pandas 库处理 TXT 文件。

◎ 用 Pandas 库处理 Excel 文件。

◎ Pandas 库的其他常用操作。

6.1 Pandas 库简述

6.1.1 Pandas 库能做什么

Pandas 库是在 NumPy 库的基础上衍生而来的。确切地说，Pandas 是基于 NumPy 库的一个工具性的第三方库，用于更加便捷地处理数据、整理数据，使得去重、去空这些基本操作可以更加便捷。

可以说 Pandas 是为了简化数据分析的烦琐过程而诞生的第三方库。除此之外，Pandas 库还纳入了大量其他的库和一些标准的数据模型，是一个高效的操作大型数据集所需的工具。用户可以用 pip 来安装 Pandas 库。

用户既可以在 cmd（“命令提示符”窗口）中安装 Pandas 库，也可以在 pycharm 的虚拟环境中安装。本章介绍在 pycharm 的虚拟环境中安装 Pandas 库的步骤。由于工作环境往往有多个 Python 版本，因此一般都会使用像 pycharm 这样的集成开发环境。

先打开 pycharm 软件，选择“File→New Project”命令，新建一个工程，如图 6-1 所示。

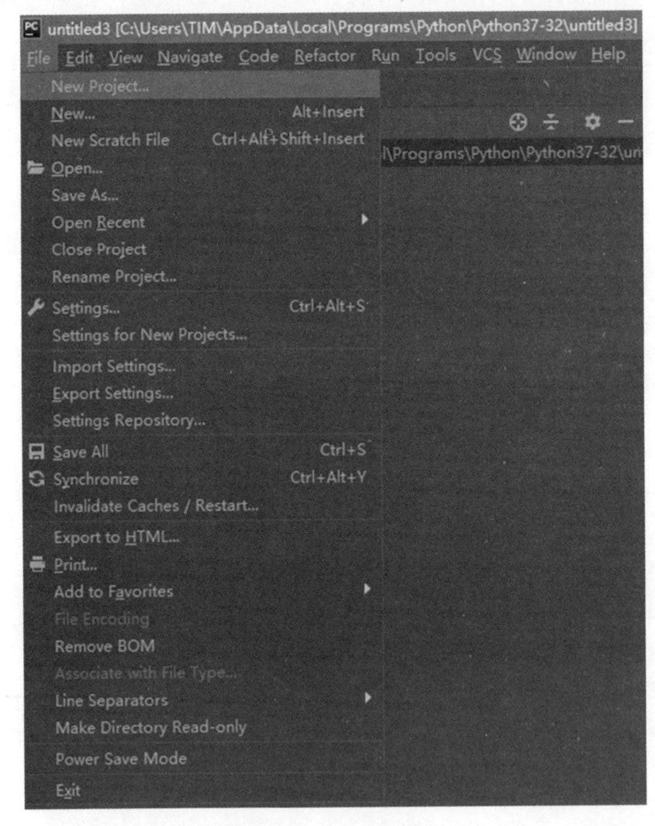

图 6-1　新建工程

弹出“Create Project”对话框，因为笔者的计算机中只有 Python 3.6 版本，所以这里选择的是已存在的 Python 解释器，如图 6-2 所示。如果读者有多个版本的 Python，建议建立虚拟环境。

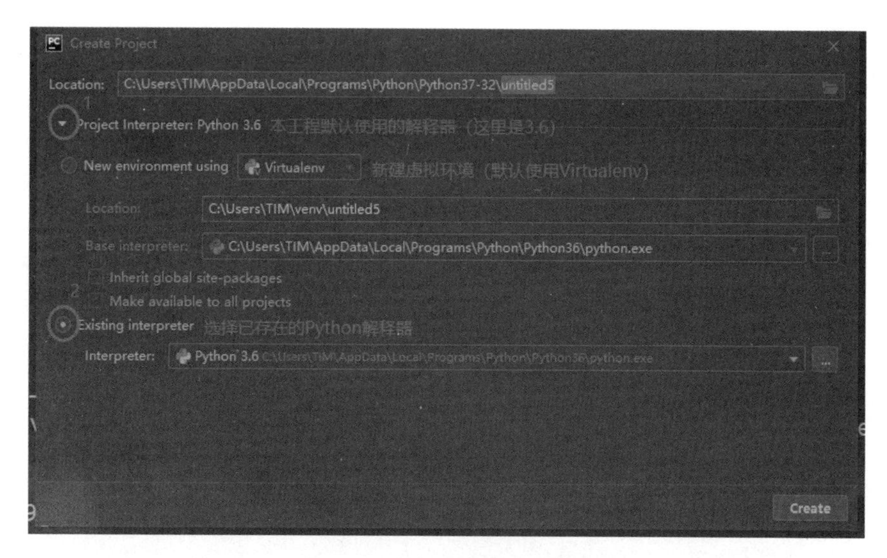

图 6-2　选择 Python 解释器

单击“Create”按钮，弹出“Open Project”对话框，如图 6-3 所示。这时会让用户选择如何处理新工程的窗口。用户可以使用现在这个窗口（单击“This Window”按钮），这意味着原来的工程代码会被关闭，只剩下新建的这个窗口；可以使用新窗口（单击“New Window”按钮），即不关闭原来的窗口，重新弹出另一个窗口；可以将原有工程与新建工程放在同一侧栏中（单击“Attach”按钮）；可以放弃新建工程（单击“Cancel”按钮）。

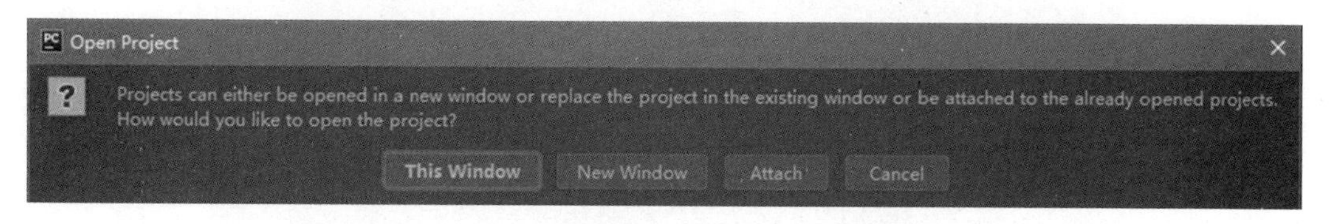

图 6-3　“Open Project”对话框

找到你建立的工程（本例在 untitled4 目录下），然后右击，在弹出的快捷菜单中选择“New→Python File”命令建立新的文件后就可以输入代码了，如图 6-4 所示。

新建完工程后，在 pycharm 中为自己的新建工程添加第三方库 Pandas。选择“File→Settings”命令，在弹出的“Settings”对话框中选择“Project TIM→Project Interpreter”选项，然后选择新建的工程，并单击右上角的加号，如图 6-5 所示。

进入添加第三方库的对话框，如图 6-6 所示。在搜索栏中输入想要添加的第三方库的名称（输入“pandas”），然后按回车键，找到并选中“pandas”选项，再单击“Install Package”按钮，等待安装结束即可。读者以后想要在 pycharm 虚拟环境中安装其他第三方库，操作步骤也是一样的。

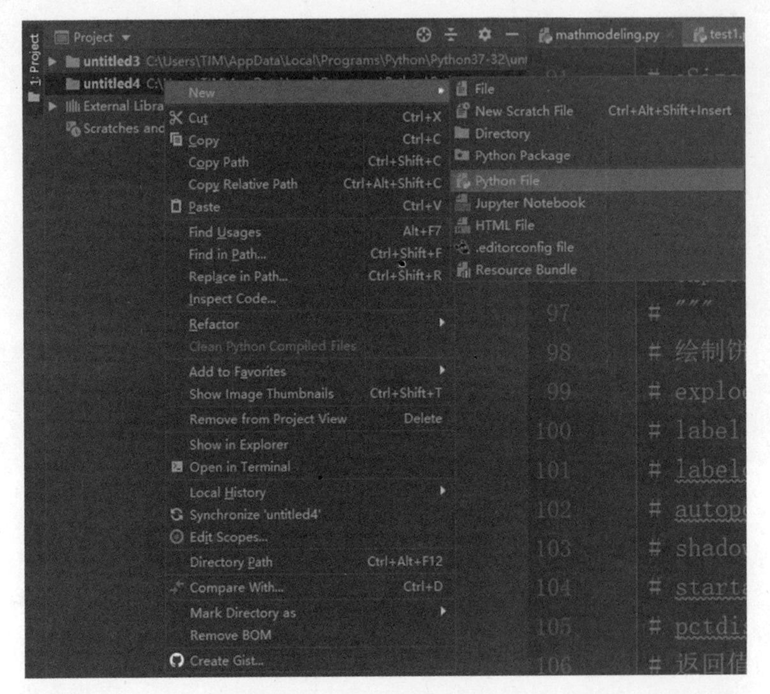

图 6-4　新建 Python 文件

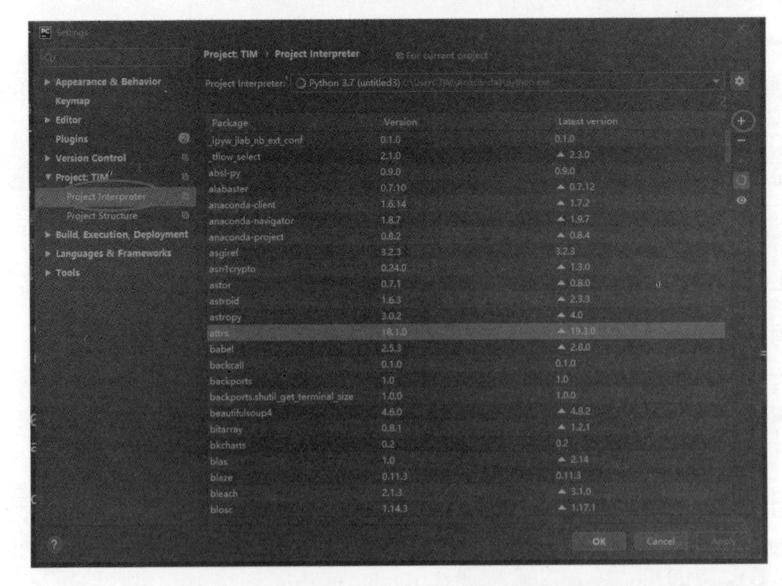

图 6-5　打开添加第三方库的对话框的过程

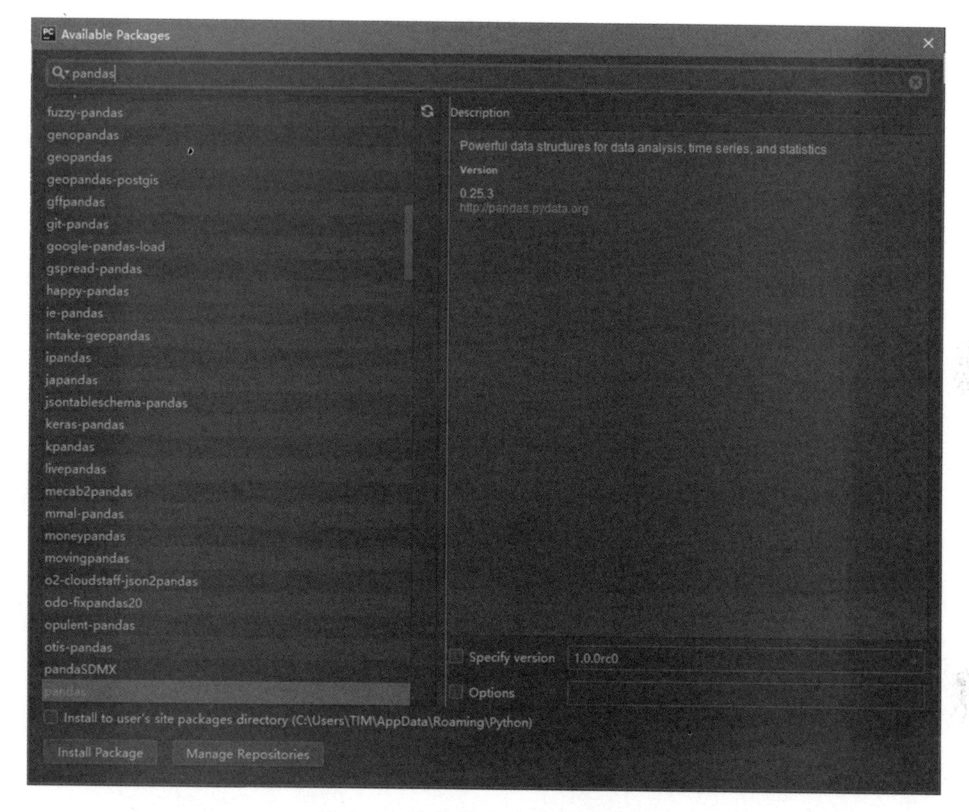

图 6-6　添加第三方库的对话框

6.1.2　Pandas 库功能简述

Pandas 库是基于 NumPy 库构建的，并且专门用来处理数据。它主要构造了两种新的数据结构：Series 和 DataFrame。

Series 原本是属于 NumPy 库的 ndarray 包的一种数据结构，因为 Pandas 库是从 NumPy 库扩展而来的，所以自然是可以使用 NumPy 库定义的数据结构的。Series 的特征是允许存放各种基本的数据类型，如 int、float 等。它类似于字典，是一组键-值对。键和值可以是任意一种数据类型，而且保持一对一的映射关系，是无序的。

与字典不同的是，Series 的 index 和 value 是独立的。也就是说，对 index 排序，只会改变 index 的顺序而不会改变 value 中所存放的数据的顺序。还有一个不同点是，Series 的 index 和 value 都是可变的，而在字典中只有 value 是可变的，它的 key 实质上是元组，所以一旦创建，就不可改变。Series 数据结构示意如图 6-7 所示。

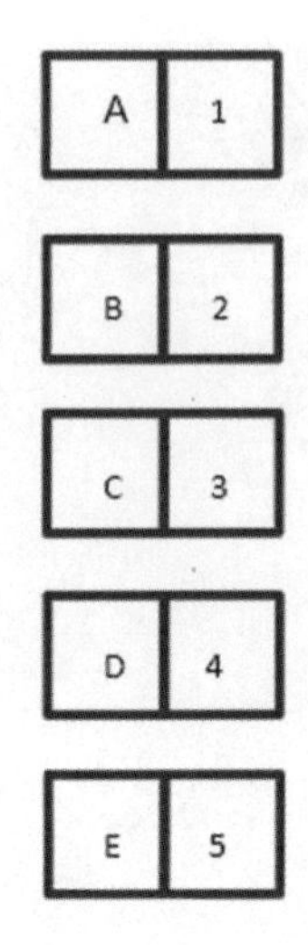

图 6-7　Series 数据结构示意

下面举一个例子，用两种方法创建两个 Series 数据结构，一种是大写字母 A 到 E，另一种是小写字母 a 到 e，代码如下：

```
from Pandas import Series
import Pandas as pd
# 初始化单行 Series 的值
ser1 = pd.Series([1, 2, 3, 4, 5])
# 初始化单行 Series 的键
ser1.index = ['A', 'B', 'C', 'D', 'E']
print(ser1)
# 同时初始化多行 Series 的键与值（这里以两行为例）
ser2 = Series([1, 2, 3, 4, 5], index=['a', 'b', 'c', 'd', 'e'])
print(ser2)
```

运行结果如下：

```
A    1
B    2
C    3
D    4
E    5
dtype: int64
a    1
b    2
c    3
d    4
```

```
e    5
dtype: int64
Process finished with exit code 0
```

DataFrame 与 Series 不同，它更像一张“邻接表”。这张邻接表的行被称为 columns，列则被称为 index，其中，一列的数据结构必须相同，但是不同的列，其数据结构可以相同，也可以不同。

Pandas 库是支持缺失值存在的，统一使用 NaN 表示空值，确切地说，它的英文原意是“Not a Number”（不是一个数字），但是你会发现一个有趣的现象，示例如下：

```
import numpy as np
print(None == None)# None 就是 None
print(np.nan == np.nan)# NaN 不是它本身
print(type(np.nan))# NaN 究竟是什么
```

上述代码的输出结果如下：

```
True
False
<class 'float'>
Process finished with exit code 0
```

你会发现 NaN 不是 NaN。None 在 Python 中的作用与 NULL 在 C/C++中的作用一样，而且 None 就是 None 本身。从输出结果中也可以看出，None==None 对应的结果为 True；np.nan==np.nan 对应的结果为 False；而打印 NaN 的数据类型得出的结果是浮点型。所以实际上，Pandas、NumPy 库只是将一个随机的大浮点数作为 NaN 的“替代品”。因为是随机的、大的浮点数，所以用户在使用时很难用到与这个随机浮点数重复的数字。

这里给出一个关于 DataFrame 数据结构显示的示例代码：

```
import Pandas as pd
# 打开 D 盘目录下的 result.csv 文件
data = pd.read_csv("D:\\result.csv")
# 打印 data 变量的数据类型
print(type(data))
# 打印 data 的全部内容
print(data)
```

上述代码的输出结果如下：

```
<class 'Pandas.core.frame.DataFrame'>
       price     value        brand           model
0    23250.0   19491.0        Toyota           RAV4
1    22320.0    6338.0        Toyota           RAV4
2    28780.0    6890.0        Toyota          Camry
3    19250.0   14354.0        Toyota          Camry
```

```
4       1095.0  124290.0          Dodge              Neon
…
1275    5750.0   72131.0           Saab               9-3
1276    5750.0  121335.0           Ford              F150
1277    5750.0  108469.0  Mercedes-Benz           CLK 350
1278    5750.0   97273.0         Toyota             Yaris
1279    5750.0   86179.0           Ford    Crown Victoria
[1280 rows x 4 columns]
Process finished with exit code 0
```

可以看到，输出结果一共有 1280 条数据，但是它将中间一部分省略了，以节省输出的空间。

再来看代码和输出结果，首先导入 Pandas 库；然后使用 Pandas 库的 read_csv()方法读取一个名为 result.csv 的 CSV 文件，并将其存放在 data 变量中；接着打印 data 变量的数据类型，可以看到显示的是 DataFrame 数据结构；最后打印 data 的全部内容，可以看到这个被读取的 CSV 文件存放的是 DataFrame 数据结构的样式（这完全是一个表格的样式）。

Pandas 库提供了明确的数据对齐特性和标签设定方式，而且 Matplotlib 是基于 Pandas 库衍生的图表绘制库，所以 Matplotlib 库可以调用 NumPy 库和 Pandas 库定义的两种数据结构：Series 和 DataFrame。

Pandas 库还有一个吸引人的地方，即拥有强大的输入/输出工具，方便用户读取并处理 CSV 文件、Excel 文件，以及数据库中的数据。

6.2 三种格式的文件后缀简述

众所周知，.txt 是文本文件的后缀，在 Windows 系统中文本文件也被称为“记事本”。其始于并流行于 DOS 系统占主导地位的时代。没有 Word 文档的 DOS 系统，基本上都是用 TXT 文件来记录操作人员可读的内容的。

Excel 是微软的 Windows 系统自带的表格文件，在早期的版本中，其后缀是.xls，到了 Office 2016 和 Office 365 发布的时候，微软增添了更多功能和更加人机友好的界面，也将原来的后缀改为.xlsx，并支持向后兼容。

6.2.1 什么是 CSV 文件

CSV 文件是什么？CSV 是 Comma-Separated Values 的缩写，意为逗号分隔值，有时也被称为字符分隔值，因为分隔字符也可以不使用逗号。CSV 文件以纯文本形式存储表格数据（数字和文本）。纯文本意味着该文件是一个字符序列，不包含像二进制数那样被解读的数据。CSV 文件由任意数目的记录组成，记录间以某种换行符分隔。每条记录由字段组成，字段间的分隔符可以是除逗号外的其他字符或字符串，常见的有空格或制表符。CSV 文件可以用 Excel 或记事本打开，后缀是.csv。

6.2.2　Python 自带的 CSV 模块

首先，用 csv.reader()方法读取 CSV 文件，这里使用的还是 result.csv 文件。csv.reader()方法的原型如下：

```
csv.reader(csvfile,dialect='excel',**fmtparams)
```

csv.reader()方法用于读取文件，返回一个 reader 对象用于在 CSV 文件内容上进行迭代。参数 csvfile 是文件对象或者 list 对象；参数 dialect 用于指定 CSV 文件的格式，不同的 dialect 输出的 CSV 文件略有不同；fmtparams 是一系列参数列表，用于设置特定的格式，以覆盖 dialect 中的格式。

现在读取 result.csv 文件，并将其打印，示例代码（部分）如下：

```
import csv
# 以'r'模式打开 result.csv 文件，并用 csv.reader()方法读取
csvFile = open("D:\\result.csv", 'r')
data = csv.reader(csvFile)
# 打印 data，发现它显示的不是 result.csv 文件的内容，而是所在文件的地址块
print(data)
# 要打印 data 的内容只能用 for 循环语句遍历
for i in data:
print(i)
```

输出结果：

```
<_csv.reader object at 0x16FC7670>
['price', 'value', 'brand', 'model']
['23250.0', '19491.0', 'Toyota', 'RAV4']
['22320.0', '6338.0', 'Toyota', 'RAV4']
['28780.0', '6890.0', 'Toyota', 'Camry']
['19250.0', '14354.0', 'Toyota', 'Camry']
['1095.0', '124290.0', 'Dodge', 'Neon']
['1200.0', '144805.0', 'Chevrolet', 'Malibu']
['84498.0', '6860.0', 'Cadillac', 'CTS']
['1314.0', '171620.0', 'Pontiac', 'Grand Prix']
['1500.0', '125555.0', 'Ford', 'Taurus']
['1500.0', '110316.0', 'Chevrolet', 'HHR']
```

```
['15500.0', '96801.0', 'Chevrolet', 'Silverado 1500']
['1500.0', '86597.0', 'Ford', 'Taurus']
['1500.0', '162672.0', 'Chevrolet', 'Impala']
['1550.0', '193796.0', 'Mercury', 'Grand Marquis']
```

可以看到，在本例中，输出结果是以列表类型一行行显示的。

创建 CSV 文件并写入，代码如下：

```
Import csv
# 打开示例文件
csvFile = open("D:\\1.csv", 'w')
# 使用 csv.writer()方法来写入
write = csv.writer(csvFile)
# 单行写入
write.writerow([1.0, 1.0, 'exampleOne', 'exampleTwo'])
# 定义多行，以 rows 命名，并将多行内容写入
rows = [[2.0, 2.0, 'exampleThree', 'exampleFour'], [3.0, 3.0, 'exampleFive',
'exampleSix']]
write.writerows(rows)
# 读取并显示文件内容
csvFile = open("D:\\result.csv", 'r')
read = csv.reader(csvFile)
for i in read:
print(i)
```

输出结果：

```
['1.0', '1.0', 'exampleOne', 'exampleTwo']
[]
['2.0', '2.0', 'exampleThree', 'exampleFour']
[]
['3.0', '3.0', 'exampleFive', 'exampleSix']
[]
Process finished with exit code 0
```

下面对上述代码进行解释：在 D 盘目录下创建一个名为 1.csv 的 CSV 文件，“w”意味着“打开文件并使用写入模式”。open()是 Python 自带的一个方法，在当前目录下如果有同名文件，则打开同名文件；如果没有，则重新创建一个。

如果有重名文件“w”，则覆盖写入，原来的同名文件所包含的内容会被全部删除，然后写入新的内容。如果想在原来的文件下直接添加，则需要采用追加模式（add），示例如下：

```
csvFile = open("D:\\1.csv", 'add')
```

使用 CSV 模块的 csv.writer()方法指明进行的写入操作，代码如下：

```
write = csv.writer(csvFile)
```

写入操作有两种方法：一种是一行行写入，即 writerow()方法；另一种是多行写入，即 writerows()方法。示例如下：

```
write.writerow([1.0, 1.0, 'exampleOne', 'exampleTwo'])
rows = [[2.0, 2.0, 'exampleThree', 'exampleFour'], [3.0, 3.0, 'exampleFive',
'exampleSix']]
write.writerows(rows)
```

第 1 行代码是单行写入，第 2 行代码定义了一个 rows 列表，它包含两个子列表，这意味着它包含两行数据。双击打开 D 盘目录下的 1.csv 文件可以看到需要的结果，也可以右击该文件，在弹出的快捷菜单中，选择“用 Excel 打开该 CSV 文件”命令打开 1.csv 文件，如图 6-8 所示。

	A	B	C	D	E
1	1	1	exampleO	exampleTwo	
2					
3	2	2	exampleTh	exampleFour	
4					
5	3	3	exampleFi	exampleSix	
6					
7					
8					

图 6-8　用 Excel 打开 CSV 模块的写入结果

可以看到，Python 自带的 CSV 模块可以简单地处理 CSV 文件，但这明显是远远不够的。

6.2.3　为什么要将 TXT 和 Excel 文件转化为 CSV 文件

为什么要将 TXT 和 Excel 文件转化为 CSV 文件呢？因为 CSV 文件更适合用 Python 代码进行操作，这主要是依托了 Python 强大的第三方库 Pandas。它对 CSV 文件操作（如显示指定的行、列，计算均值，计算最大值和最小值，去重，去空等）有着特别的优化并提供了各种方法。

6.3　处理.csv 格式的数据

相比使用 Python 自带的 CSV 模块处理 CSV 文件，使用 Pandas 库处理 CSV 文件更快捷。本节介绍使用 Pandas 库处理 CSV 文件的具体方法。

6.3.1 用 read_csv()和 head()读取 CSV 文件并显示其行/列

下面读取一个名为 result.csv 的 CSV 文件，该文件内容含有中文，一定要加上解码方式 GBK。这个文件是存放在 D 盘目录下的，所以直接传入文件存放路径即可，代码如下：

```
idInfo=pd.read_csv("D:\\result.csv",encoding='gbk')
```

要显示读取的数据，可使用 head()方法，该方法默认显示前 5 行，括号里的参数 3 就是改为显示前三行的意思，代码如下：

```
# 打印前三行
print(idInfo.head(3))
```

输出结果：

```
    price    value   brand  model
0  23250.0  19491.0  Toyota   RAV4
1  22320.0   6338.0  Toyota   RAV4
2  28780.0   6890.0  Toyota  Camry
Process finished with exit code 0
```

6.3.2 查看列数、维度以及切片操作

显示文件总共的列数，可使用 columns 方法，代码如下：

```
# 打印列的表头
print(idInfo.columns)
```

输出结果：

```
Index(['price', 'value', 'brand', 'model'], dtype='object')
Process finished with exit code 0
```

显示维度（几行几列），可使用 shape 方法，其与 NumPy 库中的 shape 方法的作用一样，代码如下：

```
# 打印行/列数
print(idInfo.shape)
```

输出结果：

```
(1280, 4)
Process finished with exit code 0
```

获取第 *n* 条数据，示例中的 *n* 为 0，用户也可以用切片来读取中间的几条数据，代码如下：

```
# 切片操作示例
print(idInfo.loc[0])
print(idInfo.loc[2:4])
```

输出结果：

```
price     23250
value     19491
brand    Toyota
model      RAV4
Name: 0, dtype: object
     price     value   brand  model
2  28780.0    6890.0  Toyota  Camry
3  19250.0   14354.0  Toyota  Camry
4   1095.0  124290.0   Dodge   Neon
Process finished with exit code 0
```

6.3.3　读取特定的列以及列的改值操作

读取名为 value 和 model 的两列，代码如下：

```
# 读取名为 value 和 model 的两列
print(idInfo[["value", "model"]])
```

输出结果：

```
         value                model
0      19491.0                 RAV4
1       6338.0                 RAV4
2       6890.0                Camry
3      14354.0                Camry
4     124290.0                 Neon
5     144805.0               Malibu
6       6860.0                  CTS
…
1275   72131.0                  9-3
1276  121335.0                 F150
1277  108469.0              CLK 350
1278   97273.0                Yaris
1279   86179.0      Crown Victoria
[1280 rows x 2 columns]
Process finished with exit code 0
```

下面介绍列的改值操作，以某一整列数据除以 100 为例，代码如下：

```
# 修改列数据
c = idInfo["value"]/100
# 保存到原来的列
idInfo["value"] = c
```

```
# 打印结果
print(idInfo["value"])
```

输出结果：

```
0        194.91
1         63.38
2         68.90
3        143.54
4       1242.90
…
1275     721.31
1276    1213.35
1277    1084.69
1278     972.73
1279     861.79
Name: value, Length: 1280, dtype: float64
Process finished with exit code 0
```

6.3.4　求某一列的最大值、最小值、算术平均数以及数据的排序

求 DataFrame 数据结构的数据的最大值、最小值、算术平均数的方法和 NumPy 库中的类似，示例如下：

```
print(idInfo["price"].max())# 最大值
print(idInfo["price"].min())# 最小值
print(idInfo["price"].mean())# 算术平均数
```

输出结果：

```
84498.0
0.0
8004.209375
Process finished with exit code 0
```

数据的排序，使用 sort_values()方法。以 value 列为例，先升序后降序，且都不覆盖数据，代码如下：

```
# 随序号升序，不修改对象中的内容
print(idInfo.sort_values("value", inplace=False, ascending=True))
# 随序号降序，不修改对象中的内容
print(idInfo.sort_values("value", inplace=False, ascending=False))
```

其中，inplace 参数的值为 True 时会覆盖数据，而为 False 时，只是单纯地将数据打印至屏幕；ascending 参数的值为 True 时，表示升序排列，反之，则表示降序排列。

输出结果：

```
              price         value      brand         model
611         22288.0           0.0      Honda        Accord
610             0.0           0.0      Honda          HR-V
608             0.0           0.0      Honda        Accord
194         29950.0        2728.0        Kia       Stinger
1059        26488.0        3725.0      Honda        Accord
…
992          6998.0      209019.0      Lexus        IS 250
1184         6998.0      209019.0      Lexus        IS 250
81           2500.0      210000.0     Toyota        Celica
26           1995.0      229511.0     Nissan        Maxima
1181         5500.0      238744.0        BMW          535i
[1280 rows x 4 columns]
              price        value       brand        model
1181         5500.0      238744.0        BMW          535i
26           1995.0      229511.0     Nissan        Maxima
81           2500.0      210000.0     Toyota        Celica
1184         6998.0      209019.0      Lexus        IS 250
576          6998.0      209019.0      Lexus        IS 250
…
1059        26488.0        3725.0      Honda        Accord
194         29950.0        2728.0        Kia       Stinger
608             0.0           0.0      Honda        Accord
610             0.0           0.0      Honda          HR-V
611         22288.0           0.0      Honda        Accord
[1280 rows x 4 columns]
Process finished with exit code 0
```

由此可见，用 Pandas 库处理 CSV 文件确实方便、迅速。

6.3.5　Pandas 库的写入操作——to_csv()方法

6.3.1 节已经介绍了 Pandas 库读取 CSV 文件的操作，但没有介绍写入操作。本节单独介绍 Pandas 库的写入操作。该操作一般在所有操作的最后执行，类似保存操作结果的用途，示例代码如下：

```
import Pandas as pd
# 读取文件
file = pd.read_csv('D:\\result.csv')
```

```
# 显示前 10 行
file = file.head(10)
print(file)
# 保存文件
file.to_csv("D:\\result2.csv")
```

输出结果：

```
    price     value      brand       model
0  23250.0   19491.0     Toyota        RAV4
1  22320.0    6338.0     Toyota        RAV4
2  28780.0    6890.0     Toyota       Camry
3  19250.0   14354.0     Toyota       Camry
4   1095.0  124290.0      Dodge        Neon
5   1200.0  144805.0  Chevrolet      Malibu
6  84498.0    6860.0   Cadillac         CTS
7   1314.0  171620.0    Pontiac  Grand Prix
8   1500.0  125555.0       Ford      Taurus
9   1500.0  110316.0  Chevrolet         HHR
Process finished with exit code 0
```

本例使用的还是 result.csv 文件，截取了前 10 行数据，如图 6-9 所示，最后保存为一个名为 result2.csv 的文件。

A	B	C	D	E	F
	price	value	brand	model	
0	23250	19491	Toyota	RAV4	
1	22320	6338	Toyota	RAV4	
2	28780	6890	Toyota	Camry	
3	19250	14354	Toyota	Camry	
4	1095	124290	Dodge	Neon	
5	1200	144805	Chevrolet	Malibu	
6	84498	6860	Cadillac	CTS	
7	1314	171620	Pontiac	Grand Prix	
8	1500	125555	Ford	Taurus	
9	1500	110316	Chevrolet	HHR	

图 6-9　Pandas 库的写入操作

6.4　处理非.csv 格式的数据

6.4.1　用 Pandas 库读取 TXT 文件

将 TXT 文件转化为 CSV 文件并不困难，但并不是所有的 TXT 文件都可以转化为 CSV 文件，前提是这个 TXT 文件满足 CSV 文件的定义，即“以相同的分隔符分隔各个数据”。

如下列举了 TXT 文件转化为 CSV 文件需满足的要求。

（1）开头不留空，以行为单位。

（2）可含或不含列名，若含列名则位于文件第 1 行。

（3）一行数据不跨行，无空行。

（4）以半角逗号作为分隔符，即便列为空也要用空格表达其存在。

（5）列内容若存在半角引号，则将其替换成半角双引号转义，即用半角引号将该字段值引入。

（6）编码格式不限，可为 ASCII、Unicode 或其他。

（7）不支持数字。

（8）不支持特殊字符。

所以，在生成 CSV 文件时要注意先用强制类型转换，将操作对象转换为字符串类型再保存。另外，CSV 也可以被认为是字符分隔值，所以分隔符也可以是空格、制表符等，不要求一定是逗号。

根据上一节示例，将 result.csv 文件转化为 result2.txt 文件，代码如下：

```
import Pandas as pd
file = pd.read_csv('D:\\result.csv')
file = file.head(10)
file.to_csv("D:\\result2.txt")
```

此时，打开 D 盘目录可以看到一个名为 result2.txt 的文件，用记事本打开，如图 6-10 所示。

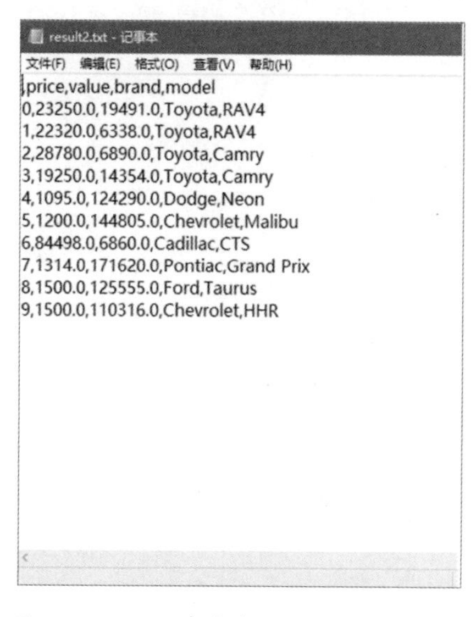

图 6-10　用记事本打开 result2.txt 文件

而将 TXT 文件转换为 CSV 文件很简单，实质上就是把代码中的文件名进行了修改，示例代码如下：

```
import Pandas as pd
file = pd.read_csv('D:\\result2.txt')
file = file.head(10)
file.to_csv("D:\\result3.csv")
```

6.4.2 用 Pandas 库读取 Excel 文件

本节使用的示例文件是一个名为“附件 1.xlsx”的文件，如图 6-11 所示。

	A	B	C	D	E	F	G	H	I	J	K	L
1	2019年寒假期间回家乘坐高铁与普通火车（非高铁）信息调查表											
2	说明:											
3	(1) 本表适合回程路程中、有一段路程同时乘坐高铁和普通火车的学生填写;											
4	(2) 回家路程有一段路程同时乘坐高铁和普通火车，之后换乘其他交通工具的，只填该铁路路程信息。											
5	例如，某同学从南京回家，先从南京坐火车到杭州（高铁、火车都有），再乘汽车到家——绍兴（无高铁），											
6	填表只填南京到杭州（高铁、火车都有）的购票信息;											
7	(3) 普通火车或火车是指非高铁的火车总称，含直达、普客、普快、特快、动车;											
8	(4) 可支配收入是指：每月家庭和亲友给的生活费总和;											
9	(5) 所填信息必须真实可靠，杜绝弄虚作假。											
10	(6) 填好后发送至邮箱：XXXXXX											
11	例											
12	调查内容:	I——高铁或火车的起点与终点；II——里程长度：千米；III——购买高铁票还是火车票？（1代表高铁，0代表火车）；										
13		IV——行驶时间（历时）：小时;										
14		V——想乘高铁但没买到票，只能买火车票？或想乘火车但没买到票，只能买高铁票？（0代表否，1代表是）；										
15		VI——可支配收入：元；VII——购票费自付，还是家庭报销？（1代表自付，0代表家庭报销）；										
16		VIII——购票价格：元；IX——选择这两种交通工具，你是否注重舒适程度？（0代表否，1代表是）；										
17		X——选择这两种交通工具，你是否注重时间成本？（0代表否，1代表是）；										
18												
19	学号	I	II	III	IV	V	VI	VII	VIII	IX	X	
20	9181×××0138	南京一醴陵	824	1	6	0	1800	0	474.5	1	1	
21	9181×××0107	南京一本溪	1621	1	9.07	0	1500	0	651.5	1	1	
22	9181×××1216	南京一安顺	1600	1	10.93	0	2000	1	588	1	1	
23	9181×××0127	南京一丹东	1700	1	10	0	2000	0	525	1	1	
24	9181×××0111	南京一重庆	1361	1	9.75	0	1200	0	470	1	1	
25	9171×××0239	南京一开原	1637	1	8.58	0	1800	0	670	0	1	
26	9181×××1217	南京一宜昌	805	1	5.17	0	1500	0	308	1	1	
27	9181×××0308	南京一上海	301	1	1.58	0	2000	0	134.5	1	1	
28	9181×××1023	南京一长春	2013	1	9.38	1	1500	0	760	1	1	
29	9181×××0111	南京一哈尔滨	2300	1	10.5	0	2000	1	656.5	1	1	
30	9181×××0330	南京一绍兴	299	1	1.87	0	1500	1	137.5	0	1	
31	9171×××0119	南京一青岛	980	0	13	0	1500	0	300	1	1	
32	9181×××0214	南京一广州	1803	1	7.28	0	2000	0	660	1	0	
33	9181×××0207	南京一九江	450	0	7.83	0	2000	1	64	1	0	
34	9171×××0124	南京一太原	1204	0	12	0	500	1	152.5	1	0	
35	9181×××0104	南京一如皋	239	0	2.12	0	1600	0	88.5	1	1	
36	9161×××0339	南京一绵阳	1629	1	9.12	1	2000	0	785	1	0	
37	9171×××0305	南京一北京	1162	1	4	0	1700	1	443.5	1	1	
38	9171×××0103	南京一天津	1024	1	3.83	0	2000	1	393.5	1	1	
39	9181×××0713	南京一安康	1569	0	16.73	1	1800	0	267.5	1	1	
40	9171×××0238	南京一贵阳	2045	0	1.57	1	5000	1	213	0	0	

图 6-11　示例文件

以下的示例代码展示了读取 Excel 文件和打印前 20 行的操作：

```
import Pandas as pd
file = pd.read_excel('D:\\附件 1.xlsx')
print(file.head(20))
```

输出结果：

```
          2019 年寒假期间回家乘坐高铁与普通火车（非高铁）信息调查表  ... Unnamed: 10
0                                                      说明：  ...         NaN
```

```
1    (1) 本表适合回程路程中，有一段路程可选乘高铁或普通火车的学生填写；        ...  NaN
2    (2) 回家路程有一段路程可选乘高铁或普通火车，之后换乘其他交通工具的，      ...  NaN
        只填该铁路路程信息。
3    例如，某同学从南京回家，先从南京坐火车到杭州（高铁、火车都有），...          NaN
        再乘汽车到家——绍兴
4     填表只填南京到杭州（高铁、火车都有）的购票信息；   ...                    NaN
5     (3) 普通火车或火车是指非高铁的火车总称，含直达、普客、普快、特快、动车；    NaN
6     (4) 可支配收入是指：每月家庭和亲友给的生活费总和；    ...                 NaN
7     (5) 所填信息必须真实可靠，杜绝弄虚作假。    ...                          NaN
8     (6) 填好后发送至邮箱：××××××   ...                                   NaN
9                                   NaN  ...        NaN
10                            调查内容：   ...    NaN
11                                  NaN  ...        NaN
12                                  NaN  ...        NaN
13                                  NaN  ...        NaN
14                                  NaN  ...        NaN
15                                  NaN  ...        NaN
16                                  NaN  ...        NaN
17                                  学号  ...          X
18                        9181××××0138  ...          1
19                        9181××××0107  ...          1
[20 rows x 11 columns]
Process finished with exit code 0
```

可以看到，输出结果和示例文件中的内容大致相同。

下面来讨论 read_excel()方法的 sheet_name 参数。需要注意的是，sheet_name 参数是从 0 开始计数的，所以在默认情况下，sheet_name=n 指的是选中第 n-1 张工作表（从 0 开始，所以减 1），这里只有一张工作表。

可以通过将 sheet_name 置为 converters 来强制规定列的数据类型，格式如下：

```
converters = {'学号': str, 'III': int}
```

将“学号”列强制规定为字符串类型（Pandas 库默认将文本类的数据读取为整型），将“III”列强制规定为整型。

当然还有其他的操作。设置 skiprows 参数可以跳过特定行。skiprows= n，表示跳过前 n 行；skiprows = [a, b, c]，表示跳过第 a+1,b+1,c+1 行。例如，只保留附件 1.xlsx 文件中的学生信息，代码如下：

```
import Pandas as pd
# 跳过前 18 行，打印结果的前 20 行
# 实际上打印的是第 19 到第 39 行，共 20 行
file = pd.read_excel('D:\\附件 1.xlsx', skiprows=18)
```

```
print(file.head(20))
```

输出结果：

```
            学号            I       II    III    IV    V    VI    VII   VIII   IX  X
0   9181×××0138   南京—醴陵   824    1    6.00  0  1800    0  474.5   1  1
1   9181×××0107   南京—本溪  1621    1    9.07  0  1500    0  651.5   1  1
2   9181×××1216   南京—安顺  1600    1   10.93  0  2000    1  588.0   1  1
3   9181×××0127   南京—丹东  1700    1   10.00  0  2000    0  525.0   1  1
4   9181×××0111   南京—重庆  1361    1    9.75  0  1200    0  470.0   1  1
…
15  9181×××0104   南京—如皋   239    0    2.12  0  1600    0   88.5   1  1
16  9161×××0339   南京—绵阳  1629    1    9.12  1  2000    0  785.0   1  0
17  9171×××0305   南京—北京  1162    1    4.00  0  1700    1  443.5   1  1
18  9171×××0103   南京—天津  1024    1    3.83  0  2000    1  393.5   1  1
19  9181×××0713   南京—安康  1569    0   16.73  1  1800    0  267.5   1  1
Process finished with exit code 0
```

有跳过固定的行，自然也有读取固定的行。使用 nrows 参数，读取前 n 行，代码如下：

```
import Pandas as pd
# 跳过第 3（2+1）行打印
file = pd.read_excel('D:\\附件 1.xlsx', nrows=2)
# head()没有传入参数，就默认显示前 5 行
print(file.head())
```

输出结果：

```
        2019 年寒假期间回家乘坐高铁与普通火车(非高铁)信息调查表  Unnamed: 1  …  Unnamed:
9  Unnamed: 10
0                              说明：                           NaN … NaN    NaN
1  （1）本表适合回程路程中，有一段路程可选乘高铁或普通火车的学生填写；   NaN … NaN    NaN
[2 rows x 11 columns]
Process finished with exit code 0
```

skipfooter 参数用于跳过表格后 n 行，代码如下：

```
import Pandas as pd
# 跳过后 171 行（170+1）
file = pd.read_excel('D:\\附件 1.xlsx', skipfooter=170)
# 显示结果的前 20 行
# 由于表格只有 180 行
# 跳过了 171 行所以只显示 9 行
# 可以在输出结果的倒数第 2 行看到（9 行*11 列）
print(file.head(20))
```

输出结果：

```
        2019 年寒假期间回家乘坐高铁与普通火车（非高铁）信息调查表  …      Unnamed: 10
```

```
0                                    说明：  ...                                    NaN
1   （1）本表适合回程路程中，有一段路程可选乘高铁或普通火车的学生填写；          ...   NaN
2   （2）回家路程有一段路程可选乘高铁或普通火车，之后换乘其他交通工具的，        ...   NaN
        只填该铁路路程信息。
3   例如，某同学从南京回家，先从南京坐火车到杭州（高铁、火车都有），...              NaN
      再乘汽车到家——绍兴
4   填表只填南京到杭州（高铁、火车都有）的购票信息；    ...                        NaN
5   （3）普通火车或火车是指非高铁的火车总称，含直达、普客、普快、特快、动车；...   NaN
6   （4）可支配收入是指：每月家庭和亲友给的生活费总和；    ...                     NaN
7   （5）所填信息必须真实可靠，杜绝弄虚作假。    ...                               NaN
8   （6）填好后发送至邮箱：××××××    ...                                           NaN
[9 rows x 11 columns]
Process finished with exit code 0
```

可以看到，一共 180 行，略去了 171 行（序号从 0 开始，所以是 170+1=171 行），打印前 20 行时只显示前 9 行。

6.5　Pandas 库的其他常用操作

通过学习用 Pandas 库读取 CSV 文件及其他文件，我们了解了 Pandas 库的大致用法。本节介绍 Pandas 库的其他常用操作。

6.5.1　新增 DataFrame 数据结构的意义

Pandas 库中有两种数据结构，即 Series 和 DataFrame。对 DataFrame 最好的解释是：Pandas 库的数据结构是为了包含更低维度的数据结构 Series，类似一个维度就是一个盒子的容器，它可以包含 n 个一样的、更小的盒子，如同一个高维度可以包含 n 个比它小的维度一样。

Pandas 库的数据结构是多变的，“盒子”包含“盒子”，最里面的盒子还是要存放“物品”的。读者可以把“盒子”理解为“维度”，物品就是每一个不可再分的、最小的“元素”，这些元素可以是 float 型，也可以是 int 型或 complex 型等。“盒子”将这些“元素”一一放入不同的“盒子”里，也就是划分进不同的维度里。

把数据放入 ndarry 中形成一维数组，再一层包一层，形成 n 维数组。Pandas 库提供了 DataFrame 与 Series 转换的方法，Series 原本是属于 NumPy 库的，而 NumPy 库缺少数据分析与统计的方法，它仅仅提供了矩阵运算的快捷方法，所以最终还要依赖 Pandas 库的 DataFrame 来实现数据分析，从而体现出数据的价值。

6.5.2 创建与遍历 DataFrame 数据结构

用户可以用 Series()方法传入一列数字，Pandas 库会自动生成序号，也可以通过直接传递 NumPy 库的 Series 数组创建 DataFrame 数据结构，代码如下：

```
import Pandas as pd
import numpy as np
a = pd.Series([0, 1, 2, 3, 4, np.nan, 6, 7, 8, 9])
print(a)
```

输出结果：

```
0    0.0
1    1.0
2    2.0
3    3.0
4    4.0
5    NaN
6    6.0
7    7.0
8    8.0
9    9.0
dtype: float64
Process finished with exit code 0
```

当然，用户还可以通过传递字典创建 DataFrame 数据结构，index 参数可以指定左边第 1 列的行序号，代码如下：

```
import Pandas as pd
a = pd.DataFrame({'A': 1,
                  'B': 2.0,
                  'C': 3+3j,
                  'D': 'StringExample',
                  'E': pd.Timestamp('20200201')}, index=[1])
print(a)
```

输出结果：

```
   A  B    C          D          E
1  1  2.0  (3+3j)  StringExample 2020-02-01
Process finished with exit code 0
```

用户可以用 dtypes 方法输出 DataFrame 中所有元素的类型，代码如下：

```
import Pandas as pd
a = pd.DataFrame({'A': 1,
                  'B': 2.0,
```

```
                'C': 3+3j,
                'D': 'StringExample',
                'E': pd.Timestamp('20200201')}, index=[1])
print(a.dtypes)
```

输出结果：

```
A            int64
B          float64
C       complex128
D           object
E   datetime64[ns]
dtype: object
Process finished with exit code 0
```

建议用利于理解、可读性强的代码来遍历 Pandas 库中 DataFrame 数据结构的列，代码如下：

```
import Pandas as pd
import numpy as np
a = pd.DataFrame([[0, 1, 2, 3, 4, np.nan, 6, 7, 8, 9],
            [10, 11, 12, 13, 14, np.nan, 16, 17, 18, 19],
            [20, 21, 22, 23, 24, np.nan, 26, 27, 28, 29]]
            )
for col in a.columns:
    print(a[col])
```

输出结果：

```
0     0
1    10
2    20
Name: 0, dtype: int64
0     1
1    11
2    21
Name: 1, dtype: int64
0     2
1    12
2    22
Name: 2, dtype: int64
0     3
1    13
2    23
Name: 3, dtype: int64
0     4
1    14
```

```
2    24
Name: 4, dtype: int64
0   NaN
1   NaN
2   NaN
Name: 5, dtype: float64
0     6
1    16
2    26
Name: 6, dtype: int64
0     7
1    17
2    27
Name: 7, dtype: int64
0     8
1    18
2    28
Name: 8, dtype: int64
0     9
1    19
2    29
Name: 9, dtype: int64
Process finished with exit code 0
```

6.5.3 检索已有的 DataFrame 数据结构

用户可以使用 head(n)方法查看 DataFrame 数据结构开头的 n 行数据；使用 tail(n)方法查看 DataFrame 数据结构结尾的 n 行数据；使用 index 方法查看所有行的序号（行号）；使用 columns 方法查看 DataFrame 数据结构的所有列的序号（列标）。示例代码如下：

```
import Pandas as pd
import numpy as np
dateTime = pd.date_range('20200101', periods=7)
a = pd.DataFrame({'A': 1,
                  'B': 2.0,
                  'C': 3+3j,
                  'D': 'StringExample',
                  'E': np.array([True]*7)}, dateTime)
# 打印全部
print(a)
```

```
print('-'*60)# 分隔用
# 打印前五行
print(a.head(5))
print('-'*60)# 分隔用
# 打印后五行
print(a.tail(5))
print('-'*60)# 分隔用
# 打印行号
print(a.index)
print('-'*60)# 分隔用
# 打印列标
print(a.columns)
print('-'*60)# 分隔用
```

输出结果：

```
            A    B       C              D      E
2020-01-01  1  2.0  (3+3j)  StringExample  True
2020-01-02  1  2.0  (3+3j)  StringExample  True
2020-01-03  1  2.0  (3+3j)  StringExample  True
2020-01-04  1  2.0  (3+3j)  StringExample  True
2020-01-05  1  2.0  (3+3j)  StringExample  True
2020-01-06  1  2.0  (3+3j)  StringExample  True
2020-01-07  1  2.0  (3+3j)  StringExample  True
------------------------------------------------------------
            A    B       C              D      E
2020-01-01  1  2.0  (3+3j)  StringExample  True
2020-01-02  1  2.0  (3+3j)  StringExample  True
2020-01-03  1  2.0  (3+3j)  StringExample  True
2020-01-04  1  2.0  (3+3j)  StringExample  True
2020-01-05  1  2.0  (3+3j)  StringExample  True
------------------------------------------------------------
            A    B       C              D      E
2020-01-03  1  2.0  (3+3j)  StringExample  True
2020-01-04  1  2.0  (3+3j)  StringExample  True
2020-01-05  1  2.0  (3+3j)  StringExample  True
2020-01-06  1  2.0  (3+3j)  StringExample  True
2020-01-07  1  2.0  (3+3j)  StringExample  True
------------------------------------------------------------
DatetimeIndex(['2020-01-01', '2020-01-02', '2020-01-03', '2020-01-04',
               '2020-01-05', '2020-01-06', '2020-01-07'],
              dtype='datetime64[ns]', freq='D')
```

```
------------------------------------------------------------
Index(['A', 'B', 'C', 'D', 'E'], dtype='object')
------------------------------------------------------------
Process finished with exit code 0
```

DataFrame.to_numpy()提供了将 DataFrame 数据结构转换为 NumPy 库的 Series 数据结构的方法，这样既显示了 NumPy 库矩阵运算的优势，也考虑了向前兼容的问题。不过需要注意的是，NumPy 库的 Series 提供了 *n* 维数组的存储类型，但是它要求 Series 中所有元素的类型都相同。而 DataFrame 不同，它对此并没有特殊要求，所以慎用 DataFrame.to_numpy()方法。

用 DataFrame.to_numpy()方法将 DataFrame 数据结构转换为 NumPy 库的 Series 数据结构的示例代码如下：

```
import numpy as np
import Pandas as pd
dateTime = pd.date_range('20200101', periods=7)
a = pd.DataFrame(np.random.randn(7, 5), index=dateTime, columns=list('ABCDE'))
print(a)
print('-'*60)# 分隔用
b = a.to_numpy()
print(b)
```

输出结果：

```
                   A         B         C         D         E
2020-01-01  0.587492 -0.830938  1.025010 -1.137707  0.941895
2020-01-02 -0.734910  0.352178 -0.285925 -0.126547  1.121758
2020-01-03  0.505787 -0.226046 -0.617658  0.612277 -1.081063
2020-01-04  0.051037 -0.182967 -0.607644 -0.369718  0.353023
2020-01-05  1.515881 -1.485158  1.524406  2.120439  0.172867
2020-01-06  0.140497  0.324275  0.883192  1.112663 -0.466424
2020-01-07  2.326455  0.232064  1.281838 -2.531179  0.583565
------------------------------------------------------------
[[ 0.58749242 -0.83093815  1.02500982 -1.13770659  0.94189462]
 [-0.73491001  0.35217834 -0.2859247  -0.12654705  1.12175781]
 [ 0.505787   -0.22604586 -0.61765786  0.612277   -1.08106349]
 [ 0.05103659 -0.18296673 -0.60764386 -0.36971838  0.35302312]
 [ 1.51588052 -1.48515791  1.52440611  2.12043911  0.1728672 ]
 [ 0.14049723  0.32427493  0.88319241  1.11266273 -0.46642423]
 [ 2.32645541  0.23206387  1.28183833 - 2.53117864  0.58356514]]
Process finished with exit code 0
```

需要注意的是，使用 DataFrame.to_numpy()方法进行计算的代价是十分高昂的，所以可以用 describe()方法对数据做大致总结，代码如下：

```
import numpy as np
```

```
import Pandas as pd
dateTime = pd.date_range('20200101', periods=7)
a = pd.DataFrame(np.random.randn(7, 5), index=dateTime, columns=list('ABCDE'))
# 转置矩阵
print(a.T)
print('-'*30)# 分隔用
# 大致总结
print(a.describe())
```

输出结果：

```
  2020-01-01  2020-01-02  2020-01-03 …  2020-01-05  2020-01-06  2020-01-07
A   0.456313    0.863532    1.037676 …   -0.527733   -0.150983    0.733571
B   1.348554    0.742821   -0.970112 …   -0.229897    1.462776   -1.045220
C  -0.342942   -0.003717   -0.489236 …   -1.615098   -0.548427    0.820266
D  -0.420196   -0.284273    0.911655 …   -0.168993    0.852332   -1.381042
E   0.796259    0.416277   -0.989056 …    1.778758   -0.842313    0.968104
[5 rows x 7 columns]
------------------------------------------------------------
              A          B          C          D          E
count  7.000000   7.000000   7.000000   7.000000   7.000000
mean   0.333264   0.138095  -0.312150  -0.235608   0.198562
std    0.591463   1.047234   0.736783   0.885522   1.069661
min   -0.527733  -1.045220  -1.615098  -1.381042  -0.989056
25%   -0.115253  -0.656184  -0.518831  -0.789467  -0.790205
50%    0.456313  -0.229897  -0.342942  -0.284273   0.416277
75%    0.798551   1.045687  -0.004807   0.341669   0.882181
max    1.037676   1.462776   0.820266   0.911655   1.778758
Process finished with exit code 0
```

也可以使用各种排序算法来显示排序的目的，代码如下：

```
import numpy as np
import Pandas as pd
dateTime = pd.date_range('20200101', periods=7)
a = pd.DataFrame(np.random.randn(7, 5), index=dateTime, columns=list('ABCDE'))
# 按行号排序，以第一维度为例
print(a.sort_index(axis=1, ascending=False))
print('-'*30)# 分割用
# 按列标排序，以 A 为例
print(a.sort_values(by='A'))
```

输出结果：

```
                  E          D          C          B          A
2020-01-01  0.543241  -0.240740  -0.718125  -0.470906  -0.289177
```

```
2020-01-02  -0.356361   -0.388195   -0.617514   -1.310291    0.504098
2020-01-03  -0.250108    1.076934   -0.027421 -  2.023798   -0.142328
2020-01-04   0.261610   -1.109051    1.469643    0.893642    1.111661
2020-01-05   0.305888   -0.070673    0.790501   -1.099570    1.103062
2020-01-06  -1.130116    0.867940   -0.837456   -0.298114   -0.583533
2020-01-07  -0.695419   -1.208570   -1.512547    2.059004    0.376517
----------------------------------------------------------------------
                   A           B           C           D           E
2020-01-06  -0.583533   -0.298114   -0.837456    0.867940   -1.130116
2020-01-01  -0.289177   -0.470906   -0.718125   -0.240740    0.543241
2020-01-03  -0.142328   -2.023798   -0.027421    1.076934   -0.250108
2020-01-07   0.376517    2.059004   -1.512547   -1.208570   -0.695419
2020-01-02   0.504098   -1.310291   -0.617514   -0.388195   -0.356361
2020-01-05   1.103062   -1.099570    0.790501   -0.070673    0.305888
2020-01-04   1.111661    0.893642    1.469643   -1.109051    0.261610
Process finished with exit code 0
```

6.5.4 DataFrame 数据结构的选择操作

如果需要选定指定的列，则可使用如下代码：

```
import numpy as np
import Pandas as pd
dateTime = pd.date_range('20200101', periods=7)
a = pd.DataFrame(np.random.randn(7, 5), index=dateTime, columns=list('ABCDE'))
print(a)
print('-'*50)
print(a['A'])# 选定 A 列
print('-'*50)
print(a['C'])# 选定 C 列
```

输出结果：

```
C:\Users\TIM\AppData\Local\Programs\Python\Python37-32\python.exe
C:/Users/TIM/AppData/Local/Programs/Python/Python37-32/untitled3/test1.py
                   A           B           C           D           E
2020-01-01  -0.438038    0.893737   -0.794849    0.201933   -0.600542
2020-01-02   0.614060    1.058913   -0.862189   -3.008621    0.092554
2020-01-03  -0.590483   -1.031710    1.663897   -1.495159    0.398430
2020-01-04  -0.719685    2.058916    0.474462    0.749567   -0.933932
2020-01-05  -0.010545   -0.669527    0.240112    1.665334    0.049318
2020-01-06   1.071595   -1.428144   -0.758324    1.063188    1.473389
2020-01-07  -2.727723   -0.668697   -1.317662   -0.915539   -1.241659
```

```
--------------------------------------------------------------------------
2020-01-01   -0.438038
2020-01-02    0.614060
2020-01-03   -0.590483
2020-01-04   -0.719685
2020-01-05   -0.010545
2020-01-06    1.071595
2020-01-07   -2.727723
Freq: D, Name: A, dtype: float64
--------------------------------------------------
2020-01-01   -0.794849
2020-01-02   -0.862189
2020-01-03    1.663897
2020-01-04    0.474462
2020-01-05    0.240112
2020-01-06   -0.758324
2020-01-07   -1.317662
Freq: D, Name: C, dtype: float64
```

Pandas 库的 DataFrame 数据结构也有和 Python 的列表的切片类似的操作。针对行操作的代码如下：

```
import numpy as np
import Pandas as pd
dateTime = pd.date_range('20200101', periods=7)
a = pd.DataFrame(np.random.randn(7, 5), index=dateTime, columns=list('ABCDE'))
print(a)
print('-'*50)
print(a['20200103': '20200106'])# 选取日期为 03 至 06 号的行
```

输出结果：

```
                   A          B          C          D          E
2020-01-01 -0.869856  -1.106098  -0.931521  -1.182165   1.175733
2020-01-02 -0.114481   1.467991   1.330629   0.174688   1.606616
2020-01-03 -0.243128  -0.035948   2.290312   1.334450   0.587268
2020-01-04 -0.641728   0.707521  -3.675116  -1.015834   1.266297
2020-01-05 -0.255065   0.420022  -0.174346   0.838869   1.447642
2020-01-06  0.661102  -0.341222  -0.485799   1.132393   0.793291
2020-01-07 -1.051804   0.695329  -1.334944   0.631329  -0.446915
--------------------------------------------------------------------------
                   A          B          C          D          E
2020-01-03 -0.243128  -0.035948   2.290312   1.334450   0.587268
2020-01-04 -0.641728   0.707521  -3.675116  -1.015834   1.266297
2020-01-05 -0.255065   0.420022  -0.174346   0.838869   1.447642
```

```
2020-01-06   0.661102   -0.341222   -0.485799   1.132393    0.793291
Process finished with exit code 0
```

用户可以按照行号（列标）的个数来选取行（列）——选取一行（列），也可以选取多行（列），还可以选取部分行、列（先按列选取，再切片来选取具体的行），代码如下：

```
import numpy as np
import Pandas as pd
dateTime = pd.date_range('20200101', periods=7)
a = pd.DataFrame(np.random.randn(7, 5), index=dateTime, columns=list('ABCDE'))
print(a)
print('-'*50)
# 选取 dateTime[1]的行，即 02 号
print(a.loc[dateTime[1]])
print('-'*50)
# 选取多列（选取 B 列和 D 列）
print(a.loc[:, ['B', 'D']])
print('-'*50)
# 同时选取行和列
print(a.loc[dateTime[1]:dateTime[3], ['B', 'D']])
print('-'*50)
```

输出结果：

```
                   A          B          C          D          E
2020-01-01 -0.135223  -1.104396  -1.421256   1.439743  -1.971412
2020-01-02  1.312743   1.053154  -0.271595  -1.398680   1.489993
2020-01-03  0.895069  -0.303818   0.038383   1.506479  -0.032533
2020-01-04  1.043633   0.042070  -1.100843  -0.672534   0.720537
2020-01-05  1.667697   0.447991   0.190218  -0.805824   0.179509
2020-01-06 -1.431186  -0.130705  -0.831937   0.715317  -1.109706
2020-01-07 -0.176569   1.205426  -0.153616   0.202048  -0.729227
--------------------------------------------------
A    1.312743
B    1.053154
C   -0.271595
D   -1.398680
E    1.489993
Name: 2020-01-02 00:00:00, dtype: float64
--------------------------------------------------
                   B          D
2020-01-01 -1.104396   1.439743
2020-01-02  1.053154  -1.398680
2020-01-03 -0.303818   1.506479
```

```
2020-01-04   0.042070   -0.672534
2020-01-05   0.447991   -0.805824
2020-01-06  -0.130705    0.715317
2020-01-07   1.205426    0.202048
--------------------------------------------------
                   B           D
2020-01-02   1.053154   -1.398680
2020-01-03  -0.303818    1.506479
2020-01-04   0.042070   -0.672534
--------------------------------------------------
Process finished with exit code 0
```

从本例中可以知道，用户可以用 loc 方法选取特定的行和列，或者实现切片操作等。用户也可以根据 loc 方法选取的原理来实现矩阵降维，代码如下：

```
import numpy as np
import Pandas as pd
dateTime = pd.date_range('20200101', periods=7)
a = pd.DataFrame(np.random.randn(7, 5), index=dateTime, columns=list('ABCDE'))
print(a)
print('-'*50)
# 两种方式产生的效果一样
# 降维方式一
print(a.loc[dateTime[0], ['A', 'B']])
print('-'*50)
# 降维方式二
print(a.loc['20200101', ['A', 'B']])
print('-'*50)
```

输出结果：

```
                   A          B          C          D          E
2020-01-01   2.138809   0.812201   0.478224  -0.008026   0.074961
2020-01-02   1.042507  -1.146405   0.845304   0.036230   0.896166
2020-01-03   0.998990   1.916507  -0.348119  -0.490109  -0.138775
2020-01-04   0.558091   1.490077   0.268831  -0.195918  -0.220603
2020-01-05  -1.469144  -1.681728   2.293033  -0.543072   0.040527
2020-01-06   0.568786  -1.123256  -1.147099   1.236251  -2.122790
2020-01-07   1.373907   0.209169   0.054433   1.626311   1.140545
--------------------------------------------------
A    2.138809
B    0.812201
Name: 2020-01-01 00:00:00, dtype: float64
--------------------------------------------------
```

```
A    2.138809
B    0.812201
Name: 2020-01-01 00:00:00, dtype: float64
--------------------------------------------------
Process finished with exit code 0
```

本例中的 loc 方法是通过选取标签进行操作的，用户也可以选取行列，通过行的序号或者列的序号进行操作。iloc 方法与 loc 方法的用法类似，代码如下：

```
import numpy as np
import Pandas as pd
dateTime = pd.date_range('20200101', periods=7)
a = pd.DataFrame(np.random.randn(7, 5), index=dateTime, columns=list('ABCDE'))
print(a)
print('-'*50)
# 同之前降维的效果一样
print(a.iloc[0, [0, 1]])
print('-'*50)
# 切片操作
# 切片操作一
print(a.iloc[1:3, [1, 3]])
print('-'*50)
# 切片操作二
print(a.iloc[1:3, 1:4])
print('-'*50)
```

输出结果：

```
                   A          B          C          D          E
2020-01-01 -0.077799   0.657650  -0.227569   1.274905  -0.444785
2020-01-02 -0.775015   0.029973  -0.075666  -0.598615  -0.538503
2020-01-03 -0.667692  -0.310876   3.307804   1.379630   0.666260
2020-01-04  0.337978  -0.345481  -0.652157   1.814569   0.589187
2020-01-05 -1.682310  -1.129776   0.750754  -1.392120   0.342891
2020-01-06  0.171055  -0.545161   0.303630  -0.928421  -1.016924
2020-01-07 -1.875245   1.890658  -0.623356  -1.061267  -1.143465
--------------------------------------------------
A   -0.077799
B    0.657650
Name: 2020-01-01 00:00:00, dtype: float64
--------------------------------------------------
                   B          D
2020-01-02  0.029973  -0.598615
2020-01-03 -0.310876   1.379630
```

```
--------------------------------------------------
                   B          C          D
2020-01-02  0.029973  -0.075666  -0.598615
2020-01-03 -0.310876   3.307804   1.379630
--------------------------------------------------
Process finished with exit code 0
```

用户也可以使用“布尔索引”，即使用比较的方法筛选结果，这里以选出 A 列大于 0 的数，以及全部大于 0 的数为例进行介绍，代码如下：

```
import numpy as np
import Pandas as pd
dateTime = pd.date_range('20200101', periods=7)
a = pd.DataFrame(np.random.randn(7, 5), index=dateTime, columns=list('ABCDE'))
print(a)
print('-'*50)
# A 列大于 0 的数
print(a[a.A > 0])
print('-'*50)
# 全部大于 0 的数
print(a[a > 0])
print('-'*50)
```

输出结果：

```
                   A          B          C          D          E
2020-01-01  0.217740   0.825378  -0.845399  -0.617109  -2.899301
2020-01-02  1.198176  -0.790351   0.135252   0.369923  -0.057706
2020-01-03 -0.052665  -0.125694   1.314164  -0.436655   1.722372
2020-01-04  0.077257  -0.675779   0.023908   0.276176  -0.879660
2020-01-05 -0.408092  -1.855490   0.584413  -0.361926   0.636955
2020-01-06 -0.946614  -0.476369   0.471210  -0.381895   0.473720
2020-01-07  0.394697   0.970674   0.260687  -1.384044  -0.118450
--------------------------------------------------
                   A          B          C          D          E
2020-01-01  0.217740   0.825378  -0.845399  -0.617109  -2.899301
2020-01-02  1.198176  -0.790351   0.135252   0.369923  -0.057706
2020-01-04  0.077257  -0.675779   0.023908   0.276176  -0.879660
2020-01-07  0.394697   0.970674   0.260687  -1.384044  -0.118450
--------------------------------------------------
                   A          B          C          D          E
2020-01-01  0.217740   0.825378        NaN        NaN        NaN
2020-01-02  1.198176        NaN   0.135252   0.369923        NaN
2020-01-03       NaN        NaN   1.314164        NaN   1.722372
```

```
2020-01-04  0.077257        NaN  0.023908  0.276176       NaN
2020-01-05       NaN        NaN  0.584413       NaN  0.636955
2020-01-06       NaN        NaN  0.471210       NaN  0.473720
2020-01-07  0.394697   0.970674  0.260687       NaN       NaN
--------------------------------------------------
Process finished with exit code 0
```

6.5.5 处理 DataFrame 数据结构中的缺失数据

和 NumPy 库一样，Pandas 库也使用 NaN 来标记缺失数据。下面讲解如何处理 DataFrame 数据结构中的缺失数据，一般有 3 种操作方法，即“增”“删”“改”，代码如下：

```
import numpy as np
import Pandas as pd
dateTime = pd.date_range('20200101', periods=7)
a = pd.DataFrame(np.random.randn(7, 5), index=dateTime, columns=list('ABCDE'))
print(a)
# 输出全部大于 0 的数，产生含有 NaN 的 b
b = a[a > 0]
print(b)
# 增（填充法）
# 全部填为 1
print(b.fillna(value=1))
print('-'*50)
# 删
print(b.dropna(how='any'))
print('-'*50)
# 改
# 先用布尔值标记空缺处，再进行修改
print(pd.isna(b))
print('-'*50)
# 修改第 1 行第 1 列
b.iloc[0, 0] = 999
print(b)
```

输出结果：

```
                   A          B          C          D          E
2020-01-01  0.807745  -0.371858  -0.767972  -0.291428   0.815516
2020-01-02 -0.533226  -1.275828  -0.334541   1.904831   0.444823
2020-01-03  0.873370  -0.002607   0.699028   0.456462  -0.556872
2020-01-04 -0.474546   1.986051   1.655065   0.362484  -1.113364
```

```
2020-01-05  1.035371   0.146888   0.988379  -0.006122   0.283390
2020-01-06  0.125901  -0.401697   0.855607   0.229437  -0.408041
2020-01-07  1.208624   0.152162  -0.885821  -1.057518  -1.385460
                   A          B          C          D         E
2020-01-01  0.807745        NaN        NaN        NaN  0.815516
2020-01-02       NaN        NaN        NaN   1.904831  0.444823
2020-01-03  0.873370        NaN   0.699028   0.456462       NaN
2020-01-04       NaN   1.986051   1.655065   0.362484       NaN
2020-01-05  1.035371   0.146888   0.988379        NaN  0.283390
2020-01-06  0.125901        NaN   0.855607   0.229437       NaN
2020-01-07 1.208624    0.152162        NaN        NaN      NaN
                   A          B          C          D         E
2020-01-01  0.807745   1.000000   1.000000   1.000000  0.815516
2020-01-02  1.000000   1.000000   1.000000   1.904831  0.444823
2020-01-03  0.873370   1.000000   0.699028   0.456462  1.000000
2020-01-04  1.000000   1.986051   1.655065   0.362484  1.000000
2020-01-05  1.035371   0.146888   0.988379   1.000000  0.283390
2020-01-06  0.125901   1.000000   0.855607   0.229437  1.000000
2020-01-07  1.208624   0.152162   1.000000   1.000000  1.000000
-----------------------------------------
Empty DataFrame
Columns: [A, B, C, D, E]
Index: []
-----------------------------------------------------
                A      B      C      D      E
2020-01-01 False  True   True   True   False
2020-01-02 True   True   True   False  False
2020-01-03 False  True   False  False  True
2020-01-04 True   False  False  False  True
2020-01-05 False  False  False  True   False
2020-01-06 False   True  False  False  True
2020-01-07 False  False  True   True   True
-----------------------------------------------------
                     A          B         C         D         E
2020-01-01  999.000000        NaN       NaN       NaN  0.815516
2020-01-02         NaN        NaN       NaN  1.904831  0.444823
2020-01-03    0.873370        NaN  0.699028  0.456462       NaN
2020-01-04         NaN   1.986051  1.655065  0.362484       NaN
2020-01-05    1.035371   0.146888  0.988379       NaN  0.283390
2020-01-06    0.125901        NaN  0.855607  0.229437       NaN
2020-01-07    1.208624   0.152162       NaN       NaN       NaN
Process finished with exit code 0
```

7

第 7 章 使用 Matplotlib 库实现数据可视化

本章着重介绍常用的第三方库 Matplotlib，以及如何使用 Matplotlib 库绘制可视化图表。本章涉及的知识点如下。

◎ Matplotlib 库简述。

◎ Matplotlib 库中各元素的定义，主要包括颜色和样式。

◎ 使用 Matplotlib 库绘制柱状图。

◎ 使用 Matplotlib 库绘制直方图。

◎ 使用 Matplotlib 库绘制散点图。

◎ 使用 Matplotlib 库绘制饼状图。

◎ 使用 Matplotlib 库绘制折线图。

7.1 Matplotlib 库简述

什么是 Matplotlib 库？在进行数据分析时，Matplotlib 库能做些什么？

Matplotlib 是基于 Python 脚本的 2D 绘图库，可见，它只能绘制平面图形，一般情况下并不能绘制 3D 图形。也就是说，它只能绘制 *xOy* 直角坐标系图，当要绘制空间直角坐标系图时并不会考虑使用 Matplotlib 库。

7.1.1　Matplotlib 库的安装

在绘制各种平面图表（如直方图、条形图、散点图等）时，Matplotlib 库给出了大量方法，程序员通过修改方法或者方法所调用的函数的传入参数，便可轻松实现所需功能。

首先安装 Matplotlib 库，只需要打开“命令提示符”窗口，然后输入：

```
pip install Matplotlib
```

按 Windows+R 快捷键，打开“运行”对话框（见图 7-1），输入“cmd”后按回车键。

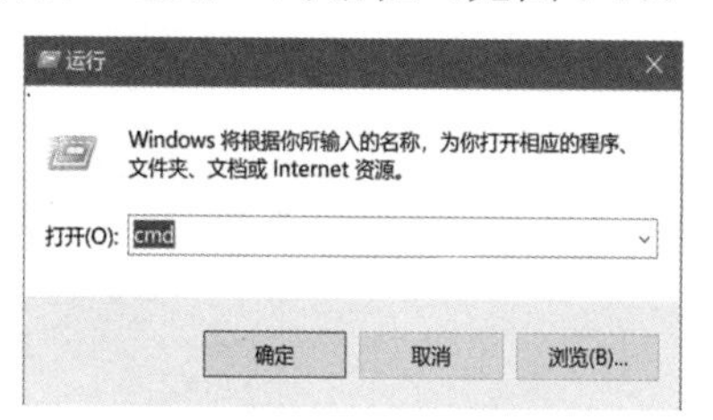

图 7-1　“运行”对话框

或者在 Windows 10 系统桌面左下角的搜索栏中直接输入“cmd”后按回车键，也会打开“命令提示符”窗口，如图 7-2 所示。

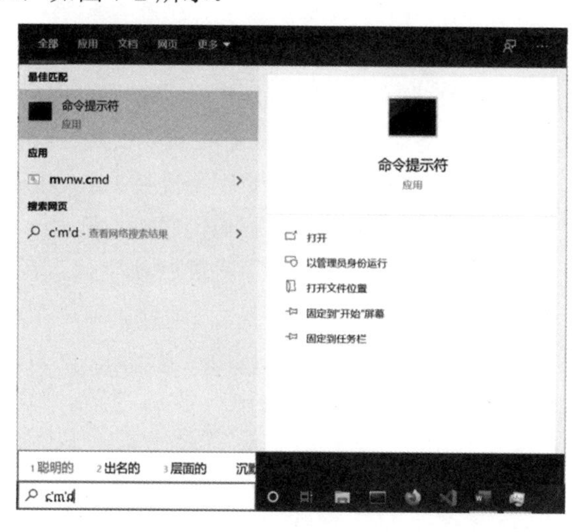

图 7-2　在搜索栏中直接输入“cmd”

7.1.2 Matplotlib 库常见的问题

Matplotlib 库用于制作图表，可将抽象的数据转化为更直观、更容易理解的图表（直方图、直角坐标系图等）。所有的图表都有几个基本的元素，即 x 轴和 y 轴所表示的数据的名称、x 轴和 y 轴所表示的数值范围（包括起始刻度的数值、结束刻度的数值，以及间隔大小），以及这张图表的大标题（让查看图表的人知道这张图表所表示的大致内容）。

如果一张图表（以折线图为例）有多条折线，那么这张图表还需要设置图例，以标注清楚两条折线分别表示的内容。当然，用户还可以设置图表样式，用来修改折线（实线、虚线、点画线等）和点（实心圆点、空心圆点、三角形的点，甚至还有其他形状的点）的种类和颜色。

这里需要特别注意，在用 Matplotlib 库制作图表，写一些名称性的东西时（如图表的大标题、x 轴和 y 轴所表示的数据的名称），其默认是不支持中文的。示例如图 7-3 所示。

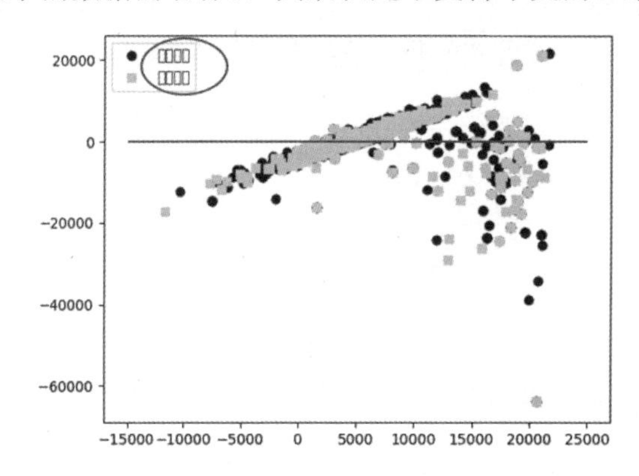

图 7-3　Matplotlib 库默认状态下不支持中文

从图 7-3 中可以看出，左上角圆圈圈出的部分都显示成了矩形框。关于不显示中文的原因也是值得商榷的，Matplotlib 库是支持中文使用的 UTF-8 的 Unicode 编码的，那为什么还是不能正确显示中文呢？实际上，即使 Matplotlib 库不支持 Unicode 编码，显示出来的也不应该是矩形框，应该是一串乱码。显示为矩形框的原因是 Matplotlib 库的默认字体中没有我们常用的中文字体，我们的计算机里没有安装它原来的默认字体，用户可以用下面的代码修改显示的字体：

```
mpl.rcParams['font.sans-serif'] = ['SimHei']
```

用户也可以直接找到配置文件中 font.sans-serif 一栏的定义，在它后面加上 SimHei，代码如下：

```
font.sans-serif    : Bitstream Vera Sans, Lucida Grande, Verdana, Geneva,
Lucid, Arial, Helvetica, Avant
Garde, sans-serif, SimHei
```

不过，这么做会出现另一个问题——不显示负号，如图 7-4 所示。

从图 7-4 中可以看出，左上角圆圈圈出的部分显示了中文名称，而其他两处圆圈圈出的部分的负号变成了矩形框。这时，需要将 axes.unicode_minus 这一项设置为 False（默认为 True）：

```
mpl.rcParams['axes.unicode_minus'] = False
```

用户依然可以通过修改配置文件来解决这个问题，代码如下：

```
axes.unicode_minus : False
```

所以在使用 Matplotlib 库绘制图形时，用户需要在入口处添加上述提到的两行代码：

```
mpl.rcParams['font.sans-serif'] = ['SimHei']
mpl.rcParams['axes.unicode_minus'] = False
```

如果采取修改配置文件的方法，则可以达到一劳永逸的效果，不用每次进行动态修改。最终显示结果如图 7-5 所示。

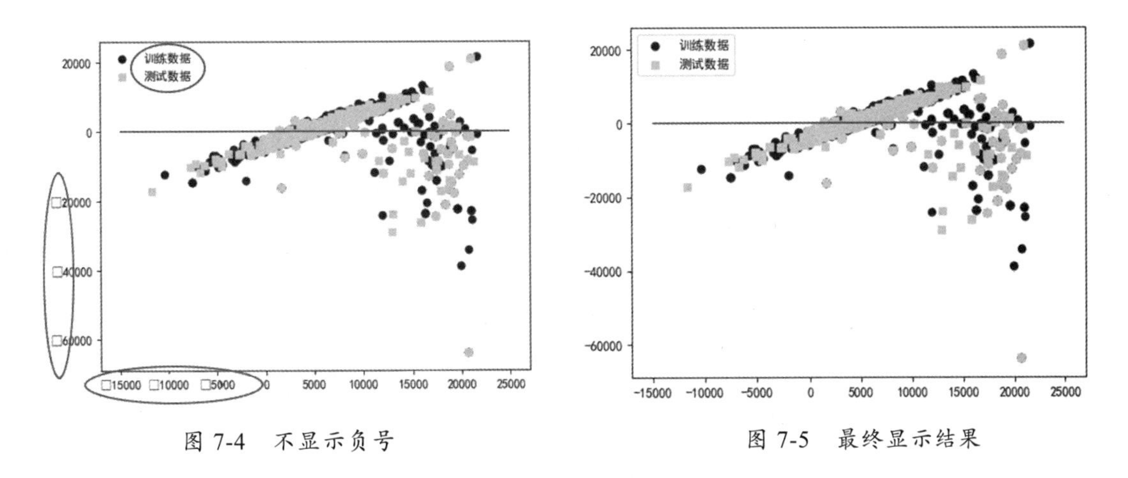

图 7-4　不显示负号　　　　图 7-5　最终显示结果

7.2　Matplotlib 库的基本方法

上一节讲述了如何在 Matplotlib 库中显示中文，并介绍了一张图表包含的基本元素，还提到了图例、图表标题、线条、点的形状与颜色等。本节将叙述修改这些元素的具体操作步骤。

7.2.1　设定 *x* 轴与 *y* 轴的相关内容

一般使用 Matplotlib 库里的 pyplot 来设定 *x* 轴与 *y* 轴的相关内容，在导入它的时候，操作者会将其简写为 plt。“简写”的原因是 Matplotlib.pyplot 比较长。用户也可以把它命名为其他内容，但为了使别人能一眼看懂你的代码，也方便以后自己查看时方便，建议使用 plt 代指 Matplotlib.pyplot。导入 pyplot 的代码如下：

```
import Matplotlib.pyplot as plt
```

as 语句用于将 Matplotlib.pyplot 简单地记为 plt。Matplotlib 库往往与 NumPy 和 Pandas 库配合使用。在绘制图表之前，先要给出画布的大小。画布大小和图表大小有什么不同呢？一张画布并不是只能画一张图表，示例如图 7-6 所示。

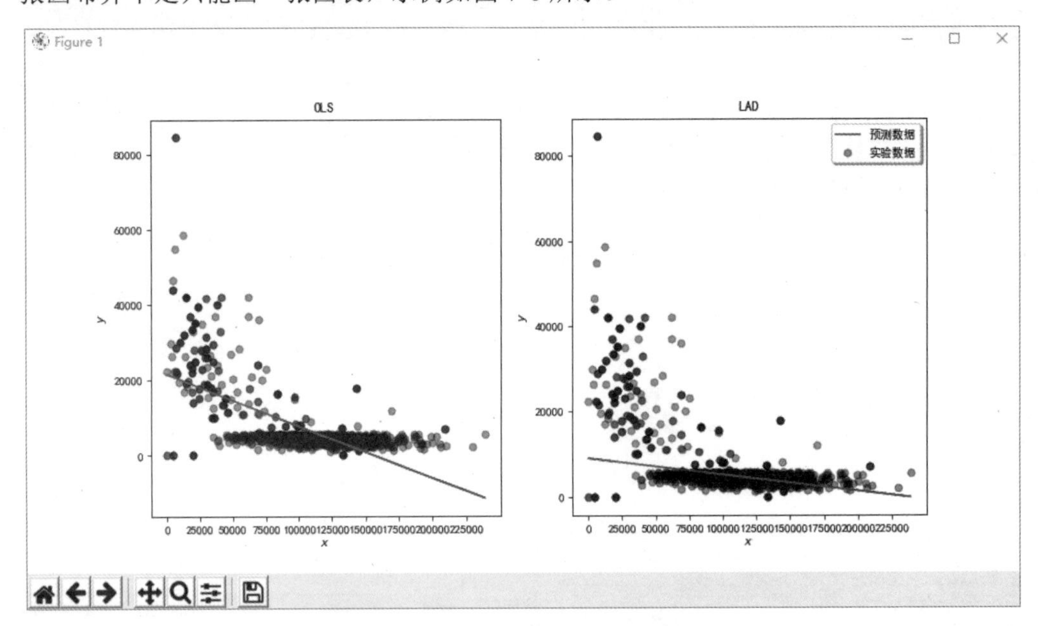

图 7-6　在一张画布上画两张图表

如图 7-6 所示的两张图表的具体实现代码如下：

```
def visualizeModel(x, y, ols, lad):
    fig = plt.figure(figsize=(12, 6), dpi=80)
    ax2 = fig.add_subplot(121)
    ax3 = fig.add_subplot(122)
    ax2.set_xlabel("$x$")
    ax2.set_xticks(range(0, 250000, 25000))
    ax2.set_ylabel("$y$")
    ax2.set_title('OLS')
    ax3.set_xlabel("$x$")
    ax3.set_xticks(range(0, 250000, 25000))
    ax3.set_ylabel("$y$")
```

```
    ax3.set_title('LAD')
    ax2.scatter(x, y, color="b", alpha=0.4, label='实验数据')
    ax2.plot(x, ols, label='预测数据')
    ax3.scatter(x, y, color="b", alpha=0.4, label='实验数据')
    ax3.plot(x, lad, label='预测数据')
    plt.legend(shadow=True)
plt.show()
```

上述代码中的第 1 行定义了一个可视化函数，专门用于绘制、显示图表：

```
def visualizeModel(x, y, ols, lad):
```

这种用一个函数专门显示图表的方式很常见，只需传入列表类型的实际参数，即可批量生成图表。上述代码中传入的 4 个参数 x、y、ols、lad 分别是 4 个列表，其中，列表 x 和列表 y 表示点的 *x* 轴和 *y* 轴坐标，用于绘制点；而列表 ols 和列表 lad 是这张图表中用于表示蓝色线条的点集的 *y* 轴坐标。列表 x 和列表 ols 用于绘制左边标题为 OLS 图表中的蓝色直线；而列表 x 和列表 lad 则用于绘制右边标题为 LAD 图表中的蓝色直线。调用函数，可以大大提高代码的重复利用率，程序员阅读代码的时候也会一目了然。

第 2 行代码则用于定义与画布相关的参数。设置画布大小及其显示时的分辨率的方法原型如下：

```
fig = plt.figure(figsize=(a, b), dpi=dpi)
```

其中，figsize 参数传入一个元组，包含两个元素 a 和 b，分别表示画布的长和宽，单位是英寸；dpi 则用来设定显示图像的分辨率。将设定结果存放在一个名为 fig 的变量中。从示例代码可见，画布大小是 12 英寸×6 英寸，分辨率是 80dpi。

第 3 行和第 4 行代码给出了两张图表在画布上放置的位置，并将图表命名为 ax2 和 ax3，使用的是 add_subplot()方法。

```
ax2 = fig.add_subplot(121)
ax3 = fig.add_subplot(122)
```

add_subplot()方法传入的是一个 3 位数的 int 型变量，这个变量的百位（记为 1）、十位（记为 *m*）、个位（记为 *n*）分别表示将画布划分为 1 行 *m* 列，在第 *n* 个区域放置该图表。所以 121 表示将画布划分为 1 行 2 列，ax2 在第 1 个区域，即左边。同样地，122 表示将该画布划分为 1 行 2 列，ax3 在第 2 个区域，即右边。

第 5 行～第 12 行代码主要用于设置 *x* 轴、*y* 轴和图表大标题的名称，以及 *x* 轴和 *y* 轴所表示的数值范围。

使用 set_xlabel()方法设定图表 ax2 *x* 轴的名称为 x。同理，使用 set_ylabel()方法设定图表 ax2 *y* 轴的名称为 y。

```
ax2.set_xlabel("$x$")
ax2.set_ylabel("$y$")
```

使用 set_title()方法设定图表 ax2 的大标题为 OLS，显示在图表正上方。

```
ax2.set_title('OLS')
```

使用 set_xticks()方法设置刻度，传入的 range()方法中有 3 个参数，分别表示起始坐标的刻度值、终止坐标的刻度值，以及刻度间的间隔大小。由此可见，输出的图表的 x 轴刻度值的范围为 0～250 000，每个刻度间隔 25 000，一共有 10 个刻度（9 个间隔）。ax2 指明所作用在的图表是 ax2（不止一张图表）。

```
ax2.set_xticks(range(0, 250000, 25000))
```

再来看下面的 4 行代码：

```
    ax3.set_xlabel("$x$")
    ax3.set_xticks(range(0, 250000, 25000))
    ax3.set_ylabel("$y$")
    ax3.set_title('LAD')
```

ax3 与 ax2 相比，只是大标题的名称不同，ax3 的大标题显示 LAD，而 ax2 的大标题则显示 OLS。

介绍了 x 轴和 y 轴的常见设定后，下面介绍图表的点、线样式的设定。先来看下面的 2 行代码：

```
    ax3.scatter(x, y, color="b", alpha=0.4, label='实验数据')
    ax3.plot(x, lad, label='预测数据')
```

上述 2 行代码设定了图表 ax3 的点、线样式。图表 ax2 的样式设定和 ax3 是一样的。plot()方法用于设定线条的样式，而 scatter()方法用于设定点的样式。

plot()方法传入了实际参数 x 和 lad，分别表示组成线条点集的 x 轴坐标和 y 轴坐标，lad 是预测值的 y 轴坐标集合，x 则是原来的测试值的 x 轴坐标集合。

scatter()方法传入的参数 x 和 y 是两个列表，用于说明所要绘制的所有点的 x 轴坐标和 y 轴坐标。它们的长度必须一样，否则会报错。color="b"表示将点的颜色设置为蓝色（blue），取其英文首字母 b 而得。当然，用户也可以使用其他颜色，Matplotlib 库中 scatter()方法常用颜色的缩写如表 7-1 所示。

表 7-1　Matplotlib 库中 scatter()方法常用颜色的缩写

符号	颜色
b	蓝色
g	绿色
r	红色
c	青色
m	品红色

续表

符号	颜色
y	黄色
k	黑色
w	白色

但是绝大多数颜色是没有缩写的，scatter()方法一共有 140 种颜色，这里只列举了 10 个，如表 7-2 所示。

表 7-2　scatter()方法的 color 参数可传入的完整颜色值

颜色值	颜色对应的十六进制编码
aliceblue	#F0F8FF
antiquewhite	#FAEBD7
aqua	#00FFFF
aquamarine	#7FFFD4
azure	#F0FFFF
beige	#F5F5DC
bisque	#FFE4C4
black	#000000
blanchedalmond	#FFEBCD
blue	#0000FF

当然，有不少人认为这几种颜色太少了，应该使用 RGB 调色。不过，Matplotlib 库暂时不支持 RGB。Matplotlib 库在设计之初其作者也考虑了这个问题，他使用了基于 Matplotlib 库的 Seaborn 扩展库。所谓“扩展库”，是指它不能独立使用，需要配合其他一些现有的第三方库。这里需要注意的是，Seaborn 库不仅需要依赖 Matplotlib 库，还需要依赖另一个第三方库 SciPy。此处依然使用 pip 来进行安装。

```
pip install seaborn
pip install scipy
```

SciPy 库主要提供与线性代数计算相关的方法，如傅里叶变换、稀疏矩阵等。本节并不使用它。读者需要注意的是，即使使用不到 SciPy 库，也需要安装，因为 Seaborn 库是基于 Matplotlib 和 SciPy 库的，这意味着不安装 SciPy 库，在运行时会报错。

Seaborn 库通过使用其方法 xkcd_rgb 中封装的字典映射来提取 RGB 颜色，显示效果如图 7-7 所示，示例代码如下：

```
import seaborn, Matplotlib
ax2.scatter(x,y,color=seaborn.xkcd_rgb['baby pop green'],alpha=0.4')
```

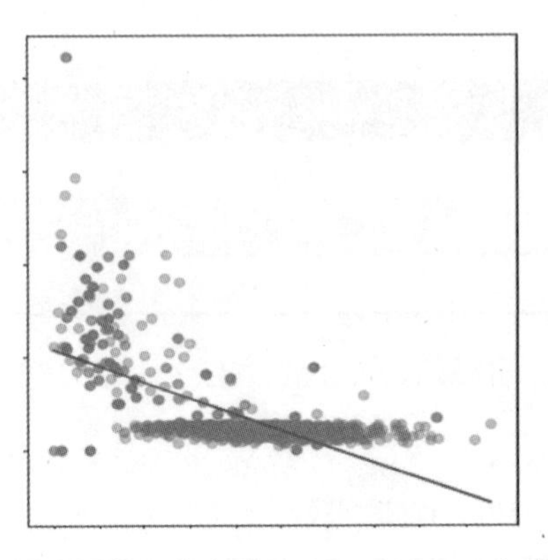

图 7-7 使用 Seaborn 库中的 baby pop green 颜色绘制图表

从图 7-7 中可以看出，图中点的颜色已经变成了名为“baby pop green”的颜色（实际效果请读者查看软件中的显示）。

下面来看本节开头示例代码中的最后 2 行：

```
plt.legend(shadow=True)
plt.show()
```

第 1 行代码将 shadow 参数的值设置为 True，表示启用阴影。第 2 行代码则用于告知计算机，当 Python 代码运行到此行时在屏幕上输出已定义好样式的图表。

7.2.2 “点”和“线”样式的设定

在上一节讲到 scatter()方法时，引入了形式参数 color 来改变“点”的颜色，同时列举了常用颜色的完整颜色值，并且一些常见的颜色可以使用其英文单词首字母替代。

下面介绍用于指定“点”样式的另一个形式参数 marker。marker 参数示例如表 7-3 所示。

表 7-3 marker 参数示例

符号	对应点的样式
o	圆点
^	角朝上的三角形
>	角朝右的三角形
<	角朝左的三角形
v	角朝下的三角形
1	角朝下的三脚架
2	角朝上的三脚架

续表

符号	对应点的样式
3	角朝左的三脚架
4	角朝右的三脚架
s	正方形
P	五边形
h	六边形 1
H	六边形 2
8	八边形
D	宽菱形
d	小菱形
*	以星号作为点
x	以乘号作为点
+	以加号作为点
-	以短横线作为点

使用 marker 参数绘制小菱形和宽菱形的点的示例效果如图 7-8 所示，观察宽菱形 D（黄色）与小菱形 d（蓝色）样式的点，示例代码如下：

```
ax2.scatter(x, y, color='b', marker='d', alpha=0.4, label='实验数据')
ax3.scatter(x, y, color='y', marker='D', alpha=0.4, label='实验数据')
```

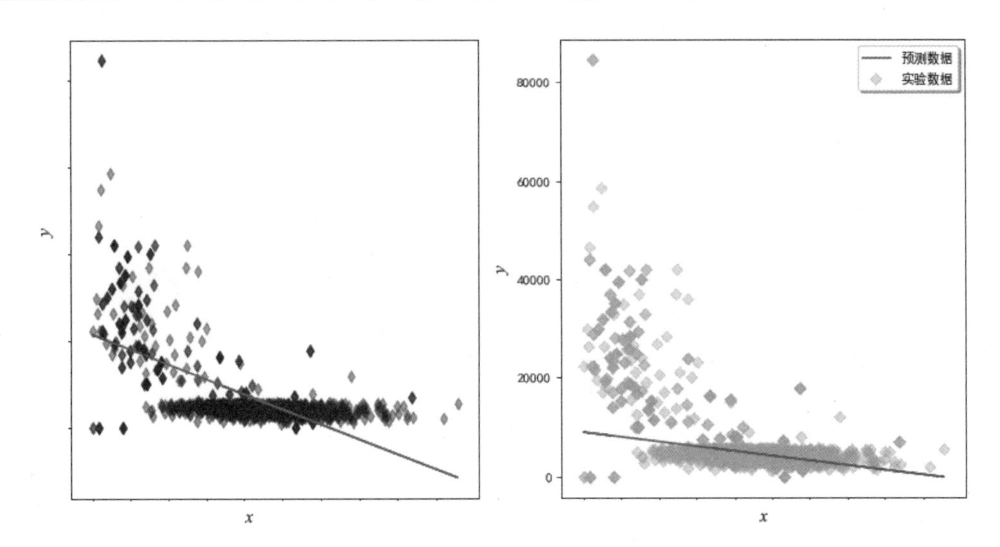

图 7-8　使用 marker 参数绘制小菱形和宽菱形的点的示例效果

线条的样式，可以使用 linestyle 参数将其传入并进行修改，linestyle 参数只有 6 种样式，如表 7-4 所示。

表 7-4　linestyle 参数示例

符号	对应的线条样式
-	实线
--	虚线
-.	点画线
:	点线
.	点
,	像素点

使用 linestyle 参数绘制图表的示例效果如图 7-9 所示。

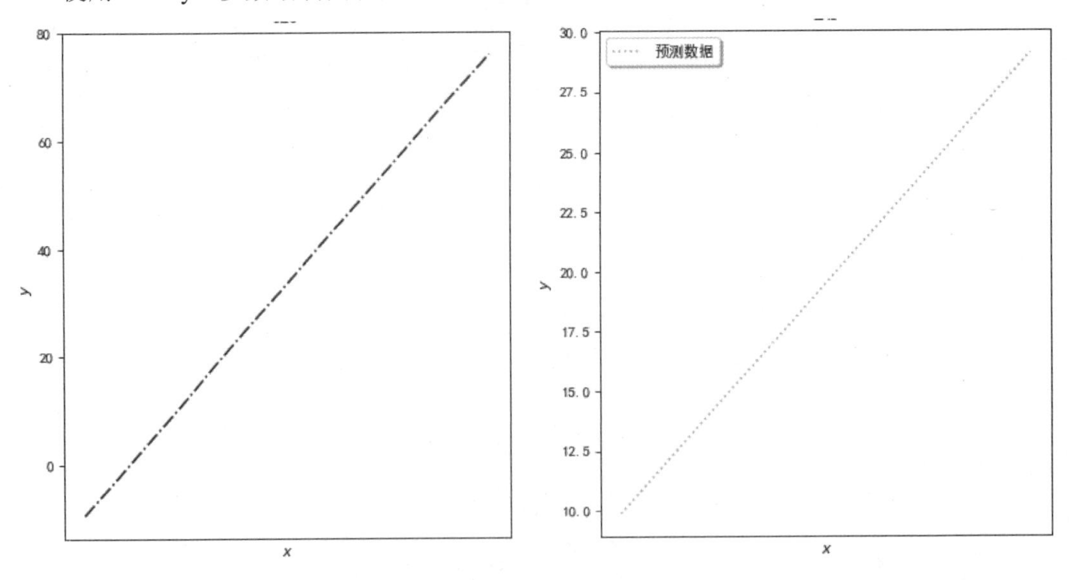

图 7-9　使用 linestyle 参数绘制图表的示例效果（蓝色代表点画线；黄色代表点线）

7.3　使用 Matplotlib 库绘制图表

从获得数据到完成数据的分析，如果最终列出的是一堆数据，则不能使人们更直观地了解数据背后的含义。此时就需要借助相关图表将其直观地展现出来，也可以称为“可视化”。

7.3.1　绘制柱状图

柱状图是一种常见的图表，它常常用来比较两组或多组数据，通过柱体的高度可以直观地展示数据的大小或多少。图 7-10 所示为柱状图的绘制示例，数据由 Random 库随机生成，范围为 1～100。

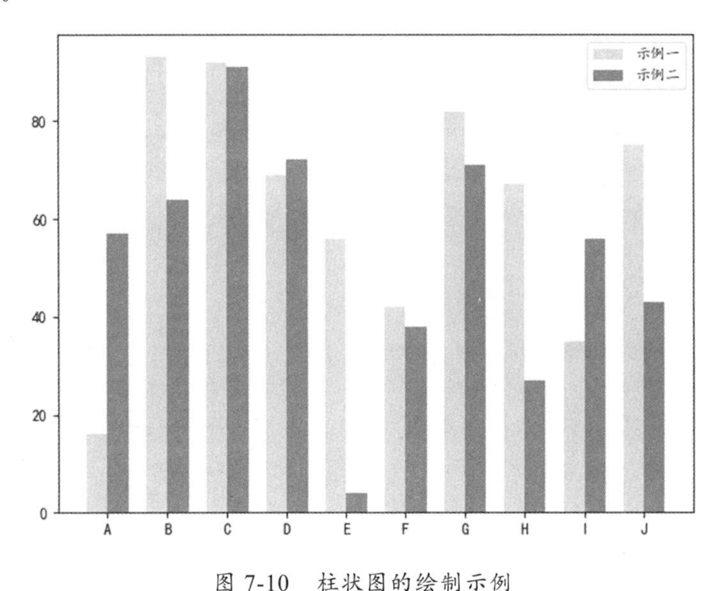

图 7-10　柱状图的绘制示例

示例代码如下：

```
import Matplotlib.pylab as plt
import random as ra
import numpy as np
import Matplotlib as m
m.rcParams['font.sans-serif'] = ['KaiTi']
m.rcParams['font.serif'] = ['KaiTi']
plt.figure(3)
x_index = np.arange(10)
x_data = ('A', 'B', 'C', 'D', 'E', 'F', 'G', 'H', 'I', 'J')
y1_data = ()
y2_data = ()
for i in range(10):
    y1_data += (ra.randint(1, 100),)
    y2_data += (ra.randint(1, 100),)
bar_width = 0.35
rects1 = plt.bar(x_index, y1_data, width=bar_width, alpha=0.4, color='y',
```

```
label='示例一')
rects2 = plt.bar(x_index + bar_width, y2_data, width=bar_width, alpha=0.5,
color='b', label='示例二')
plt.xticks(x_index + bar_width/2, x_data)
plt.legend()
plt.tight_layout()
plt.show()
```

前 4 行代码导入了相关必要的库：Matplotlib 库用于绘图；Random 库用于生成随机数据；NumPy 库用于辅助 Matplotlib 库传入实验数据；再次导入 Matplotlib 库并简写为 m 是为了在下面 2 行代码中将语言选项设定为中文，以防止出现乱码。具体的代码如下：

```
import Matplotlib.pylab as plt
import random as ra
import numpy as np
import Matplotlib as m
m.rcParams['font.sans-serif'] = ['KaiTi']
m.rcParams['font.serif'] = ['KaiTi']
```

figure()方法用于设置画布，使用默认值；x_index = np.arange(10)表示使用 arange()方法设置 x 轴序号为 1～10，说明测试数据共有 10 组；x_data()用 A～J 作为 10 个 x 轴刻度的标识，数据被存放在元组中。具体的代码如下：

```
plt.figure(3)
x_index = np.arange(10)
x_data = ('A', 'B', 'C', 'D', 'E', 'F', 'G', 'H', 'I', 'J')
```

第 10 行和第 11 行代码定义了两行空元组，用于存放 y 轴数据和 x 轴数据。for 循环语句共 3 行，主要用 randint()函数初始化测试数据，范围为 1～100。bar_width 参数用于表示每个柱体的宽度，这里设定为 0.35 英寸。具体的代码如下：

```
y1_data = ()
y2_data = ()
for i in range(10):
    y1_data += (ra.randint(1, 100),)
    y2_data += (ra.randint(1, 100),)
bar_width = 0.35
```

rects1 用于定义第 1 组数据柱体的样式，使用了 bar()方法。bar()方法的原型如下：

```
Matplotlib.pyplot.bar(left, height, alpha=1, width=0.8, color=, edgecolor=,
label=, lw=3)
```

其中，left 参数用来传入 x 轴的位置序列（左偏移，即到 x 轴左端的距离，单位是英寸，一般用一组连续的 int 型数字表示）；height 参数用来传入 y 轴柱体高度；alpha 参数表示透明度，值越小越透明，范围为 0～1；width 参数用于定义柱体的宽度，默认值为 0.8；label 参数可以传入一个字符串来命名图例；用户不仅可以修改边缘线的颜色，还可以通过 lw 参数修改边缘线的宽度，其默认值为 3。

最后 6 行代码如下：

```
rects1 = plt.bar(x_index, y1_data, width=bar_width, alpha=0.4, color='y',
label='示例一')
rects2 = plt.bar(x_index + bar_width, y2_data, width=bar_width, alpha=0.5,
color='b', label='示例二')
plt.xticks(x_index + bar_width/2, x_data)
plt.legend()
plt.tight_layout()
plt.show()
```

可以看到，rects1 中的 x_index 参数传入了 x 轴每组数据的序号，而在 rects2 中，x_index + bar_width 用来修改左偏移，在原有的位置序号 x_index 基础上增加了一个柱体的宽度，使得与第一组和第二组相对应的两组数据正好紧贴在一起。xticks()方法设定了 x 轴刻度到 x 轴原点的距离，使其正好在两个紧贴的柱体中间（刻度线默认对准一个柱体 xticks 的中心，再加上半个柱体宽度）。

后 3 行代码是关于图像显示的。legend()方法用于显示图例，tight_layout()方法的作用是自动调整子图参数，使其填充整个图像区域。plt.show()将最终绘制的图表显示出来。

7.3.2　绘制直方图

直方图不同于柱状图。柱状图一般用来直观地表现多个类别出现的频数（次数），或者将多个类别堆叠在一起进行比较，一般 x 轴表示不同的类别，y 轴（或者可以认为是条形的长度）则表示频数。直方图是严格的统计学使用的图表，虽然看起来也是由一个个矩形组成的，但从定义来看是不同于柱状图的：由于直方图的每个矩形的面积表示频数，所以矩形的高度表示频数/组距，矩形的宽度表示组距。由此可见，直方图的矩形的长和宽都是有其相应的数学意义的。

直方图示例如图 7-11 所示。

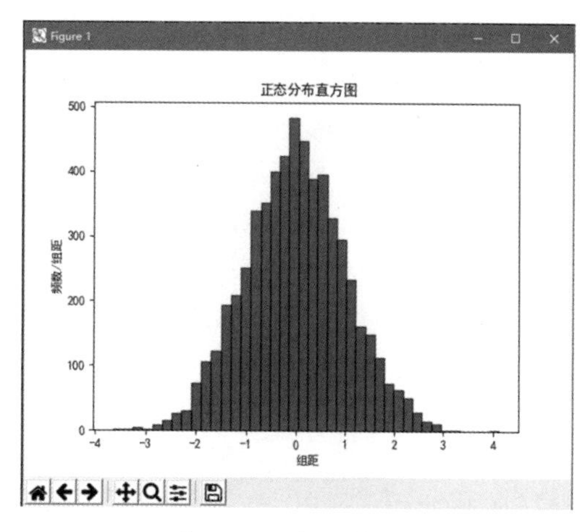

图 7-11　直方图示例

图 7-11 所示为正态分布直方图，它的测试样本是由 NumPy 库的 random.randn()方法随机生成的 1000～10 000 条的数据，示例代码如下：

```
import Matplotlib.pyplot as plt
import numpy as np
import Matplotlib
import random as ra
Matplotlib.rcParams['font.sans-serif'] = ['SimHei']
Matplotlib.rcParams['axes.unicode_minus'] = False
a = ra.randint(1000, 10000)
data = np.random.randn(a)
plt.hist(data, bins=40, normed=0, facecolor="blue", edgecolor="black", alpha=0.4)
plt.xlabel("组距")
plt.ylabel("频数/组距")
plt.title("正态分布直方图")
plt.show()
```

上述代码的前 4 行导入了 3 个库：plt 用于绘图；np 用于生成和存放测试数据；ra 则用于生成随机数。具体的代码如下：

```
import Matplotlib.pyplot as plt
import numpy as np
import Matplotlib
import random as ra
```

第 5 行和第 6 行代码用于解决 Matplotlib 库的中文显示和负号显示问题。具体的代码如下：

```
Matplotlib.rcParams['font.sans-serif'] = ['SimHei']     # 用黑体显示中文
Matplotlib.rcParams['axes.unicode_minus'] = False       # 正常显示负号
```

randint()函数用于随机生成 1000～10 000 的一个数字，命名为变量 a 并传入下一个 NumPy 库的 random.randn()方法中，这里简述一下 randn()方法的具体用法。

randn()方法的原型如下：

```
np.random.randn(d0,d1,d2…dn)
```

其中，dn 代表测试样本的第 n 个维度有 dn 个数据。例如，np.random.randn(3,4)返回一个 3 行 4 列的矩阵，符合正态分布。关于 randn()方法，读者要注意以下 4 点。

（1）它返回的数据是一个 *n* 维矩阵。

（2）这个矩阵的数据符合正态分布。

（3）输入参数是 int 型的，但如果传入了一个浮点数，它不会报错，而是直接截断（即舍去小数部分）。

（4）如果传入的参数只有一个（记为 a），则意味着它只有一维度，所以这时它返回的是一个秩为 1 的数组（即 1 行 a 列），其不可以表示任何维度的向量或者矩阵，它的数学意义只是一个数组。在示例中传入了参数 a，而 a 是由 randint()函数随机生成的 1000～10 000 的一个数字，这意味着这个数组有 a 个（1000～10 000）元素，具体代码如下：

```
a = ra.randint(1000, 10000)
data = np.random.randn(a)
```

hist()方法用于绘制直方图，这里给出它的原型：

```
plt.hist(data,bins=10,normed=0, facecolor,edgecolor,alpha)
```

hist()方法有以下 6 个参数。

（1）data 是必选参数，用于传入绘图数据。

（2）bins 参数用于传入直方图的矩形数目，可以略去，默认值为 10。

（3）normed 参数也可略去，用于表示是否将得到的直方图向量归一化，默认值为 0。当值为 0 时，表示不归一化，显示频数；当值为 1 时，表示归一化，显示频数。

（4）facecolor 参数用于传入矩形的颜色。

（5）edgecolor 参数用于传入矩形边框的颜色。

（6）alpha 参数用于改变图像的透明度，值的范围为 0～1。

相应代码如下：

```
plt.hist(data, bins=40, normed=0, facecolor="blue", edgecolor="black", alpha=0.4)
plt.xlabel("组距")
plt.ylabel("频数/组距")
plt.title("正态分布直方图")
plt.show()
```

可以看到，矩形颜色被设定为蓝色，边框为黑色，透明度为 0.4。在最后 4 行代码中，前 3 行代码分别定义了 x 轴标签、y 轴标签和图表大标题，show()用于显示图表。

7.3.3　绘制散点图

散点图的一般定义：在回归分析中，数据点在直角坐标系平面上的分布图。散点图表示因变量随自变量而变化的大致趋势，据此用户可以选择合适的函数对数据点进行拟合。

用两组数据构成两个维度的坐标或者用多组数据构成多个维度的坐标，从而考查坐标点的分布，判断两个变量之间是否存在某种关联或总结坐标点的分布模式。散点图将序列显示为一组点，值由点在图表中的位置表示；类别由图表中的不同标记表示。散点图通常用于比较跨类别的聚合数据。

散点图示例如图 7-12 所示。

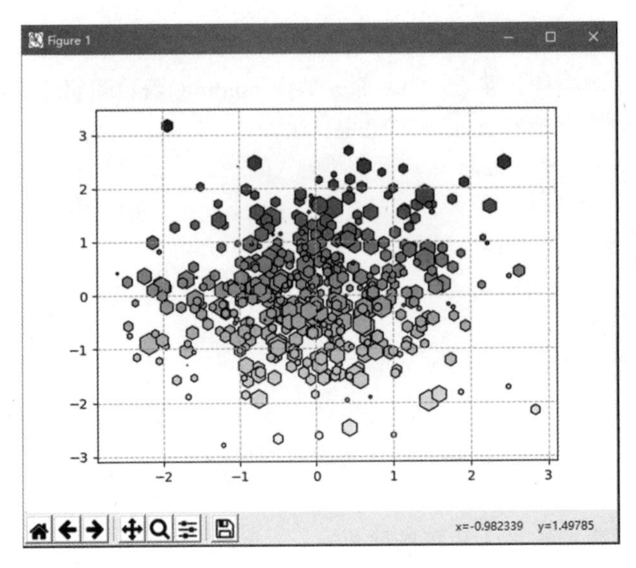

图 7-12 散点图示例

这里主要使用了 scatter()方法，它的原型如下：

```
plt.scatter(x,y,s=20,c=None, marker=,cmap= None,norm=None,vmin=None,vmax=None,
alpha=None,linewidths=None,verts=None,edgecolors=None,hold=None,data=None,**
kwargs)
```

散点图主要用在数据清洗期间，显示出大致的数据分布，以供工作人员筛选出需要的数据。示例代码如下：

```
import Matplotlib.pyplot as plt
import numpy as np
x = np.random.randn(1000)
y = np.random.randn(1000)
plt.scatter(x, y, marker='h', s=np.random.randn(1000)*100, cmap='Blues',c=y,
edgecolor='black')
plt.grid(True, linestyle='--')
plt.show()
```

前 2 行代码表示导入相应的库。从图 7-12 中可以看出，数据的 *x* 轴坐标和 *y* 轴坐标都是由 NumPy 库自带的 Random 库产生的，randn()方法使得生成的数据呈正态分布，具体的代码如下：

```
x = np.random.randn(1000)
y = np.random.randn(1000)
```

在 scatter()方法中，marker='h'表明该图表使用六边形的点；s 是用来控制点大小的参数，s=np.random.randn(1000)*100 使得六边形点的大小随之改变；cmap 和 c 用来传入控制点的颜色；edgecolor='black'用于设置六边形边框的颜色为黑色。具体的代码如下：

```
plt.scatter(x, y, marker='h', s=np.random.randn(1000)*100, cmap='Blues',c=y,
edgecolor='black')
```

grid()方法用于设置网格线，本例将网格线设置为虚线。show()用于显示图表。

7.3.4　绘制饼状图

饼状图一般可以将同一个研究对象的几种情况放在一起，直观地显示每种情况所占的比例。饼状图示例如图 7-13 所示。

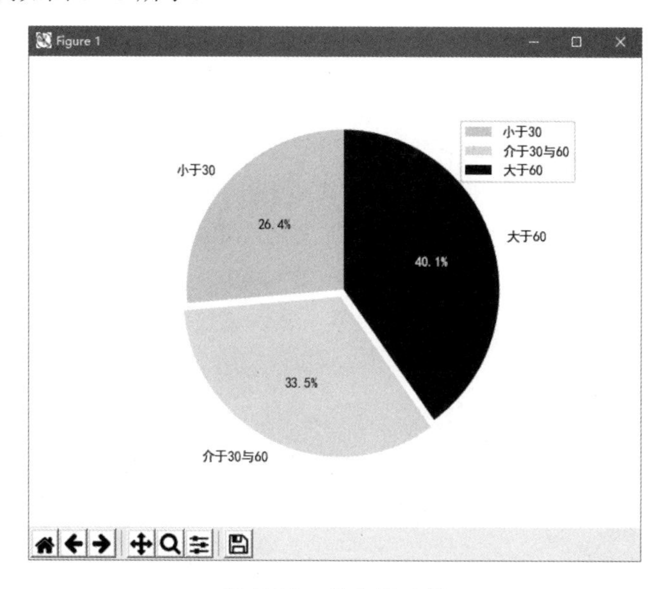

图 7-13　饼状图示例

示例代码如下：

```
import Matplotlib.pyplot as plt
import Matplotlib
import random as ra
Matplotlib.rcParams['font.sans-serif'] = ['SimHei']
Matplotlib.rcParams['axes.unicode_minus'] = False
data = [ra.randint(0, 100) for i in range(1000)]
a = [i for i in data if i < 30]
b = [i for i in data if i >= 30 and i<=60]
c = [i for i in data if i > 60]
aSize = len(a)/1000
```

```
bSize = len(b)/1000
cSize = len(c)/1000
label_list = ["小于 30", "介于 30 与 60", "大于 60"]
size = [aSize, bSize, cSize]
color = ["pink", "yellow", "blue"]
explode = [0, 0.05, 0]
patches, l_text, p_text = plt.pie(size, explode=explode, colors=color,
labels=label_list, labeldistance=1.1, autopct="%1.1f%%", shadow=False,
startangle=90, pctdistance=0.6)
plt.axis("equal")
plt.legend()
plt.show()
```

示例代码的前 5 行用于导入相应的库并设置 Matplotlib 库使图表可以正常显示。第 6 行～第 12 行代码主要用于生成 1000 个测试数据，且范围为 0～100，需要统计小于 30、大于 60、介于 30 与 60 的数据所占的比例。

第 6 行代码使用 for 循环语句和 range()方法生成了 1000 个数据，使用 ra.randint(0,100) 将其数值范围限定在 0～100，并存放在 data 列表中。紧接着下面的 3 行代码将 data 列表划分为 a、b、c 3 个子列表，标准是小于 30，介于 30 与 60，大于 60，分别对应 a、c、b。aSize、bSize、cSize 分别用于计算列表 a、b、c 的元素个数占总数的百分比。具体的代码如下：

```
data = [ra.randint(0, 100) for i in range(1000)]
a = [i for i in data if i < 30]
b = [i for i in data if i >= 30 and i<=60]
c = [i for i in data if i > 60]
aSize = len(a)/1000
bSize = len(b)/1000
cSize = len(c)/1000
```

label_list 用于定义 3 部分的名称，分别为“小于 30”、“介于 30 与 60”和“大于 60”。

color 对应 3 个颜色，分别为粉色（pink，对应“小于 30”）、黄色（yellow，对应“介于 30 与 60”）和蓝色（blue，对应“大于 60”）。

explode 用于突出显示，由于黄色对应 0.05，其他两个颜色对应的值都是 0，所以从图 7-13 中可以看出，黄色区域被突出显示了。

plt.pie()函数用于绘制饼状图，其中，explode 参数用于设置突出部分；labels 参数用于设置各部分的标签；labeldistance 参数用于设置标签文本距圆心的距离；autopct 参数用于设置圆内文本；shadow 参数用于设置是否开启阴影；startangle 参数用于设定起始角度，默认从 0 开始逆时针旋转；pctdistance 参数用于设定圆内文本距圆心的距离。返回值有两个，即 l_text 和 p_text。l_text 表示圆内文本；p_text 表示标签文本。具体的代码如下：

```
patches, l_text, p_text = plt.pie(size, explode=explode, colors=color,
labels=label_list,
labeldistance=1.1, autopct="%1.1f%%", shadow=False, startangle=90,
pctdistance=0.6)
```

Matplotlib 库很多时候为了把 x 轴和 y 轴的信息表达得更明显，会使 x 轴单位的实际长度和 y 轴单位的实际长度不一样，但如果设定 plt.axis("equal")这行代码后，可以强制 x 轴单位的实际长度和 y 轴单位的实际长度一样。这是根据使用者的意愿决定的。

7.3.5　绘制折线图

用户可以使用排列在工作表中的数据绘制折线图。折线图可以显示随时间（根据常用比例设置）而变化的连续数据，因此非常适用于显示在相等时间间隔下数据的变化趋势。折线图示例如图 7-14 所示。

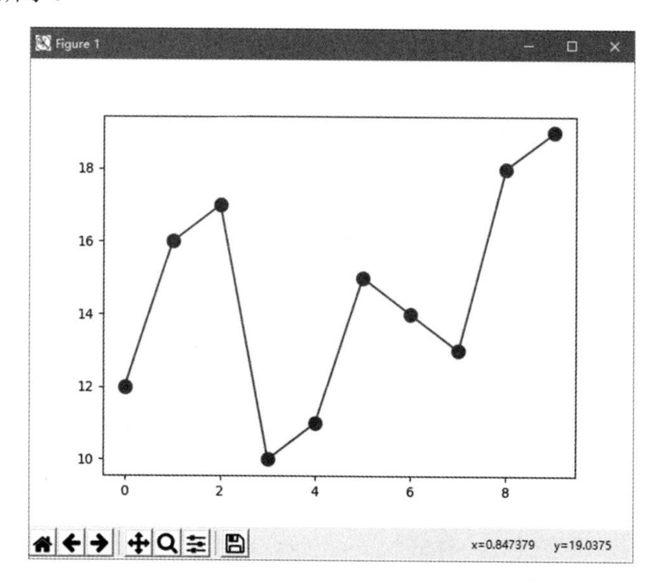

图 7-14　折线图示例

示例代码如下：

```
import random as ra
import Matplotlib.pyplot as plt
x = ra.sample(range(0, 10), 10)
y = ra.sample(range(10, 20), 10)
x.sort()
plt.plot(x, y, 'ro-')
```

```
plt.show()
```

前 2 行代码用于导入 Random 和 Matplotlib 库。Random 库用于生成 10 对数字作为折线图的数据。生成数据的代码如下：

```
x = ra.sample(range(0, 10), 10)
y = ra.sample(range(10, 20), 10)
```

这里需要注意的是，用户要将 *x* 轴的数据升序排列（可以直接用 Python 自带的 sort()函数），如果未进行升序排列，则会出现如图 7-15 所示的效果。

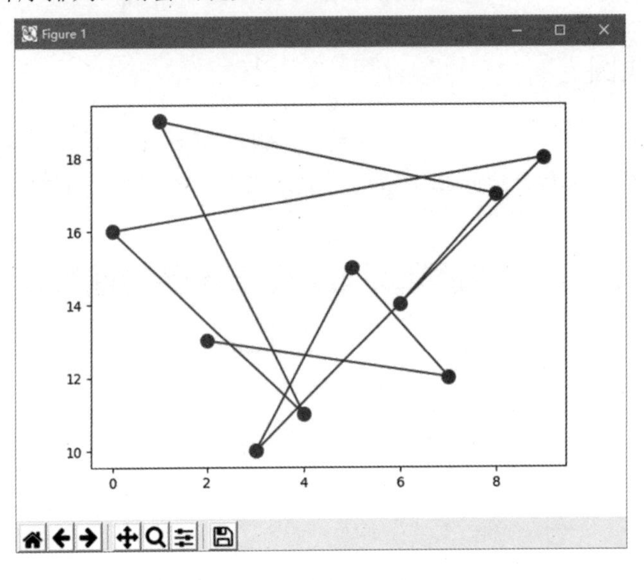

图 7-15　*x* 轴的数据未进行升序排列的折线图

从图 7-15 中可以看出，折线图是按照 *x* 轴列表的数据依次连接的，用户一定要进行有序化操作。

```
plt.plot(x, y, 'ro-')
```

上面一行代码表示设定折线的样式为 ro-，即红色（r）、圆点（o）、直线（-）。show()用于显示图表。

8

第 8 章
数学模型与数理统计

本章主要介绍数据分析中常见的数学模型，还有一些必要的数理统计知识。如果说 Python 是建筑工具，那么 Python 的第三方库就是伟大的建筑师，而数学模型与数理统计则是数据分析的基石。

本章主要涉及的知识点如下。

◎ 数学模型的概念及建立数学模型的一般步骤。

◎ 数理统计的基础定义。

◎ 3 个重要的分布（即 χ^2 分布、t 分布、f 分布）的概念。

◎ 点估计、矩估计与区间估计的概念。

◎ 全概率公式的概念。

◎ 贝叶斯公式的概念。

◎ 依概率收敛的概念。

◎ 切比雪夫不等式的概念。

8.1 走进数学模型

优秀的模型可以使数据分析与预测更加精准。当然，没有了数学的支撑，模型很难建立，数据分析也举步维艰。本章着重介绍数学知识，更说明了它是必不可少的。如果不能很好地理解概率统计的基本知识，用户就很难应用它进行数据分析，解决实际问题。

8.1.1 什么是数学模型

19 世纪，众所周知的第二次工业革命正在进行。其间，涌现出了各种发明，与此同时出现了众多闻名世界的科学工作者和科学理论。比如，法拉第发现了“磁生电”现象。在“电生磁”现象被发现以后，众多学者认为磁与电有着必然的联系，并开始探索“电生磁”这个过程是否可逆（即是否可以实现“磁生电”）。而法拉第在切割马蹄形磁铁的时候发现电流表偏转，并证明了“磁生电”这一猜测的存在。

分析这一过程，可知发现现实世界的一些结论或者科学定律的一般过程。

（1）通过观察发现了一些实际存在的行为与情况，然后对其进行简化、总结（发现“电生磁”现象，认为磁与电有着必然的联系）。

（2）猜测各个现象之间的联系（众多学者认为磁与电有着必然的联系）。

（3）通过分析得出结论（认为“电生磁”这个过程是可逆的，寻找实现“磁生电”的方法）。

（4）验证结论，分析是否可以用结论解释这些现象（法拉第在切割马蹄形磁铁的时候发现电流表偏转，并证明了“磁生电”这一猜测的存在）。

上述 4 个步骤可以用图 8-1 来描述。

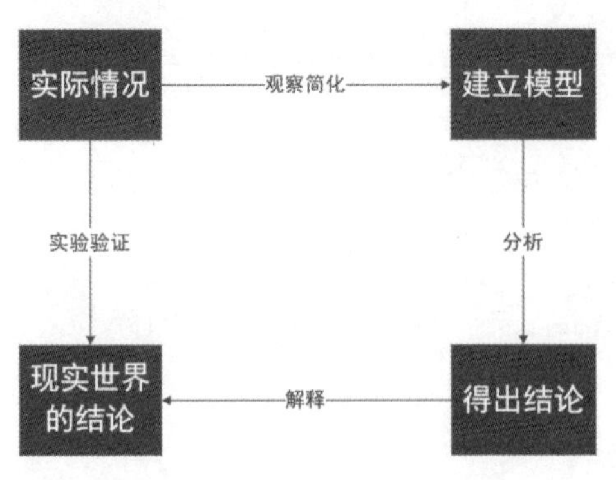

图 8-1　发现现实世界的一些结论或者科学定律的一般过程

而数学建模的过程也可以简化为与上述类似的 4 个基本步骤。

（1）将得到的实际问题的数据简化。

（2）猜测因素之间的关系，并建立模型。

（3）将数学分析用于模型。

（4）借助实际问题来解释数学的结论。

上述 4 个步骤可以用图 8-2 来描述。

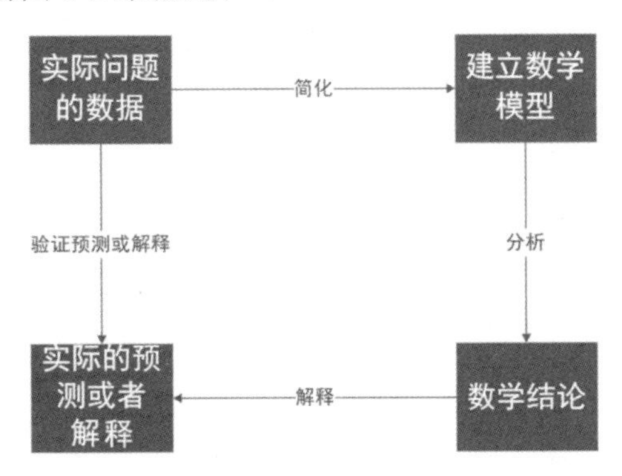

图 8-2　数学建模的基本步骤

通过上面的介绍，可以得出“数学模型”的一般定义：为了研究特定的实际系统或现象而设计的数学结构。其中，图示、符号、模拟和实验结构都包含在内。

当现有的一些数学模型恰好与某个特殊的实验现象（或者实验的数据分布）大体一致的时候，便可以用这个数学模型来研究该现象。如果不能找到一个与实验现象类似，或者与实验相似度较高的数学模型，研究者便可以尝试自己构建一个新的数学模型，但这样的模型往往只能适用于这一种情况。所以研究者在建模的时候不仅需要考虑模型的精准性，还要考虑它的灵活性。当研究者搜集到所需要的数据后，也要考虑当一些其他因素发生改变后是否会对模型预测结果有明显的影响。

在建模时要考虑以下 3 点。

（1）保真性：所建立的数学模型可以精准地反映情况。

（2）灵活性：模型要在诸多其他因素改变的情况下依然适用。

（3）成本：要考虑控制实验费用。

8.1.2 建立数学模型的一般步骤

1. 认清问题的本质

首先思考，自己要解决一个什么样的问题？是一个回归问题还是一个分类问题？有些读者可能不是很了解“回归问题”与“分类问题”这两个词语的含义。

当你发现输入变量（因变量）和输出变量（自变量）之间呈现一定的关系时，尤其是在随着因变量的变化，自变量也会随之发生改变的情况下，可以粗略地认为这是一个回归问题。这样可以尝试寻找因变量和自变量之间的定量关系，并尝试用一个等式来给出因变量与自变量的变化关系。需要明确的是，在机器学习的范畴中，回归问题属于监督式学习的一种，读者只需要了解即可，关于机器学习这里不再赘述。

还有一种是分类问题，它也是监督式学习的一种。无论输入值（因变量）怎么改变，输出值（自变量）都是固定的几个有限的离散值，例如，是与否这种问题，可以认为输出值是 0 与 1 两个，这些值画在 xOy 直角坐标系图里不会有连续的趋势。而且要注意“有限”这个词，离散值的个数是有限的，也就是说，不可以是无穷多个。分类问题又被称为“逻辑回归问题”，这两个词是一个意思，但需要注意的是，逻辑回归是分类问题，不是回归问题。虽然它的名字里有“回归”两个字，但由于历史原因，逻辑回归沿用了比它出现更早的“线性回归”中的“回归”一词。所以，“逻辑回归”虽有“回归”二字，但它和回归没有关系。

2. 做出假设

在一般情况下，不要指望用一个数学模型来解决所有问题，这是不可能的。我们要做的是，通过减少所要考虑的因素来简化问题。在简化模型后，观察余下的变量之间是否存在一定的关系。通过再次做出假设，问题的复杂性就大大降低了。

如何减少所要考虑的因素（因变量）呢？先比较各个因素（因变量）对结果（自变量）的影响的重要程度，基本没有太大影响的可以略去；其次，相互之间有联系，以相同方式影响原则的因素，也可以略去，比如，在影响动车车票销售价格的因素中，同一种车型的里程长度和旅途时间，可以略去其中一项，因为默认同一种车型的行驶速度是一样的，所以里程长度和旅途时间都按照一样的规律变化。

3. 求解或解释模型

当用户在第 2 步得到了一个数学模型或者几个子模型以后，紧接着要做的就是观察这些模型，看看从中可以得到什么信息。这些数学模型可能是一个方程、一个等式，也可能是一个不等式。总之，这些式子可能包含要寻找或者验证的信息、结果，或者各个变量之间的某种联系。这时往往需要求解模型的最优解，一般会用到规划、回归知识。

在实际建模过程中，很多情况下，会卡在这一步：用户往往会发现得到了一个无法求解的式子，或者这个式子在预料之外（与事先所认为的结果偏差较大）。导致的结果是建立模型的人无法解释自己得到的模型及它的表达式。遇到这种情况后，用户应该回过头审视一下自己在建模的时候哪个步骤出现了问题，是自己期望的预测结果有问题，还是自己建立的模型有问题。一般情况下是自己建立的模型出了差错。也许是一开始所选择的因变量出现了问题，主要是在简化模型这一步，审视一下是不是略去了不该略去的变量，或者遗漏了哪些影响结果（自变量）的重要因素（因变量）。

4. 验证模型

当用户得到了一个可以求解的模型和它的代数表达式，并且觉得结果和之前想要的结果差不多时，就已经完成了比较烦琐的一步，但对于建模而言，这远远不够，一个完整的模型需要验证和继续改进。在使用该模型之前，先要检验这个模型的可用性，并进行必要的模型评估。

在评估模型时，用户不仅要思考这个模型和自己想要的结果是不是相近，还要思考这个模型的适用范围是不是可靠（普遍适用还是有什么约束条件），而验证模型所需要的数据是否可以得到，得到的数据的数量是否够用这些都是需要思考的点。在认真思考后即可计算模型的可信程度。

5. 实施并维修模型

将模型应用到实际情况中。对比自己用模型预测到的结果和实际最后发生的情况相差多大，然后分析影响预测结果的因素，并改进模型。这里所说的改进模型，一般是通过改变各个因变量的权重，或者添加惩罚项的方式来实现的。需要注意的是，不要将模型越弄越复杂。经验证明，越复杂的模型，其评估结果越趋近理想，但它的普适度会越来越低，并且不能很好地解释各个变量间的联系。

用图 8-3 来更直观地展示上面陈述的 5 个步骤。

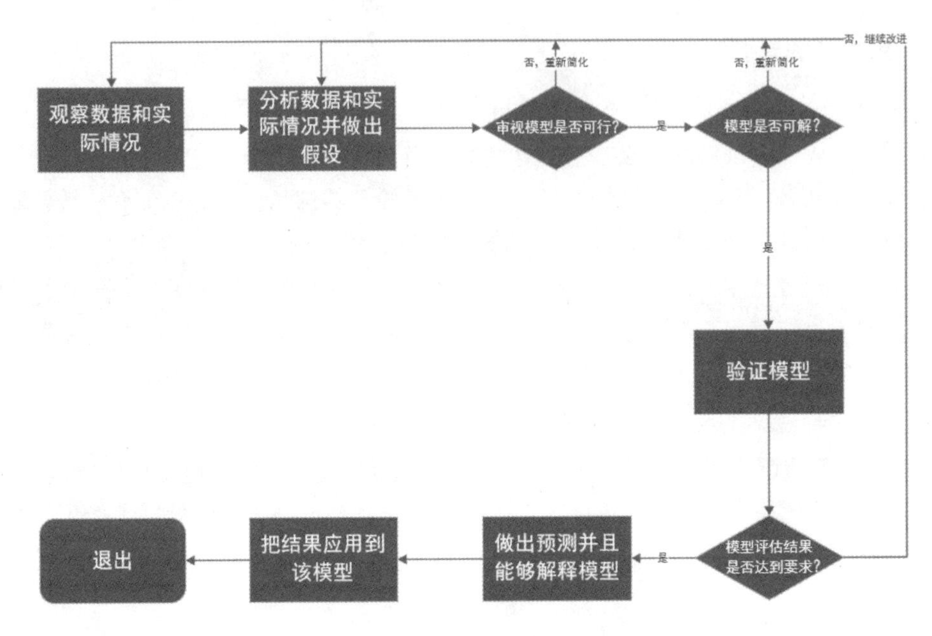

图 8-3　建立数学模型的一般步骤

8.1.3　数学模型示例

下面举一些与数学模型相关的经典且易于理解的例子。先来讲“汽车刹车问题”，许多数学建模教材和课程一般都会采用它来作为第一节课的引入话题，因为它简单易懂，不需要较高的数学基础，就可以使人对“建立数学模型”的全部过程有一个直观而深刻的了解。

“汽车刹车问题”主要讨论的是汽车停止距离。比如，“当司机发现前方有紧急状况后刹车，车子以固定加速度 a 减速……”，很明显这是一种过于理想的情况，并没有考虑司机的反应时间。而在一般情况下发生车祸的部分原因是车速过快，高速行驶的车辆会在司机发现状况到开始制动这段过程中继续行驶（以车辆行驶速度是 200km/h 为例，假设司机在公路上的平均反应时间为 1s），于是在最初的时候研究者就提出了一个公式作为刹车问题的数学模型：

$$\text{总共的刹车距离} = \text{反应时间行驶距离} + \text{正常刹车距离}$$

经过调查，反应时间行驶距离与当时的速度和开始制动所用的反应时间有关，可以写成：

$$\text{反应时间行驶距离} = f\left(\text{反应时间，速率}\right)$$

简化问题，可以假设反应时间行驶距离只是当时的行驶速率和反应所用时间的乘积：

$$d_{\text{反应}} = t_{\text{反应}} \times v$$

而正常刹车距离可以直接使用物理学的动能定理公式，可以看出刹车距离与汽车及车内所有物品、乘员的质量和当时的行驶速率有关：

$$F \cdot d_{刹} = \frac{1}{2}mv^2$$

又因为牛顿第二定律：

$$F = m \cdot a$$

可见，力与质量成正比。结合上面的动能定理公式，不难得出：

$$d_{刹} \propto v^2$$

所以可以建立如下数学模型：

$$d_{总} = d_{反应} + d_{刹} = a_1 \cdot v + a_2 \cdot v^2$$

到此为止，模型假设的步骤基本完成。下一步是验证模型。根据测试数据得到了 3 张图作为拟合结果，分别是反应时间滑行距离 $d_{反应}$ 与行驶速率 v 的拟合结果，如图 8-4 所示；正常刹车距离 $d_{刹}$ 与 v^2 的拟合结果，如图 8-5 所示；总的刹车距离 $d_{总} = a_1 \cdot v + a_2 \cdot v^2$ 的拟合结果，如图 8-6 所示。

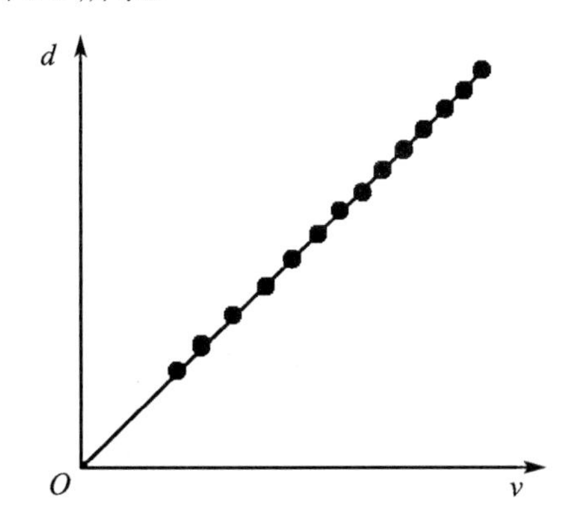

图 8-4　反应时间行驶距离 $d_{反应}$与行驶速率 v 的拟合结果

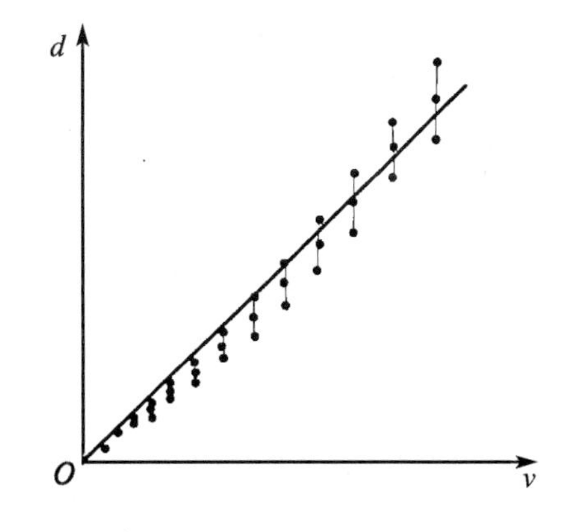

图 8-5　正常刹车距离 $d_{刹}$与 v^2 的拟合结果

从图 8-4 和图 8-5 中可以看出，$d_{刹}$ 和 $d_{反应}$ 的拟合结果都比较理想，但从图 8-6 中可以看出，$d_{总}$ 的拟合似乎偏离了想要的结果，在汽车行驶速率较低的前两段中拟合结果还是比较理想的，但随着汽车的行驶速率越来越高，图中的点与直线的偏离程度越来越大。这时需要改进模型。既然图像在一部分极短的速率区间中拟合程度较高，那么可以采用分段的方式，如图 8-7 所示。

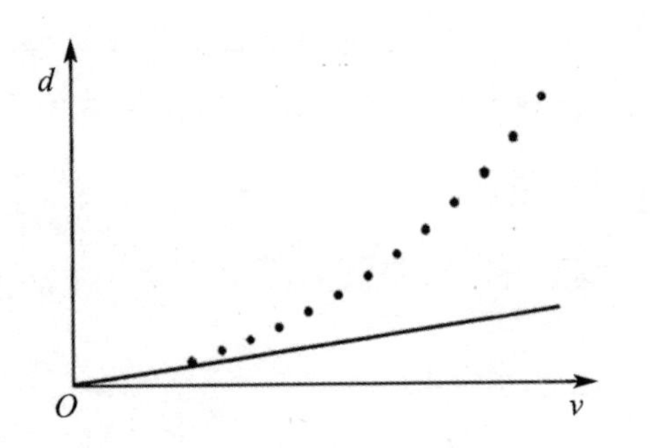

图 8-6　总的刹车距离 $d_{总}=a_1 \cdot v+a_2 \cdot v^2$ 的拟合结果

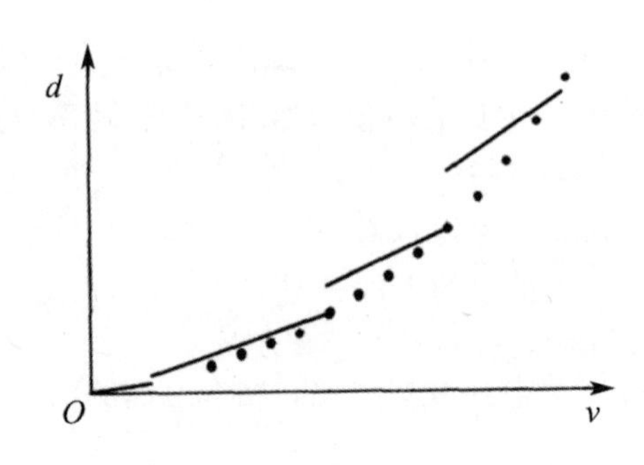

图 8-7　一种改进模型的方案

8.2　必要的数理统计知识

数理统计与概率分析是数据分析的理论基石，正是有了统计学，数据分析才会大放光彩。

8.2.1　样本、总体、个体、统计量

首先由一个例子引入样本的概念，某个白炽灯生产厂商宣称自己公司生产的灯泡的平均寿命不低于 5000 小时。由于灯泡寿命检测的实验具有破坏性，所以在检测灯泡的质量时，不可能将整批灯泡逐一检测，而是通过抽取一部分灯泡进行检测，从而推测整批灯泡的平均寿命。

与数理统计与概率分析一样，数据分析也采用与上例类似的方式实现数据分析及可视化，即以部分数据信息来推测整体的位置参数和结果。接下来介绍总体与个体的概念。

“总体”是指研究对象的全体，在数据分析中则是指要进行分析的对象是所有数据组成的全体。

“个体”是指“总体”中的成员，即所有数据中的某个数据，或者某项中的所有数据，选择哪一种情况需要根据用户所认为的“总体”来决定。

而“总体的容量”指的是总体中所包含的个体数，可以认为是总共的数据的个数（或条数，一个数据可能包含几个数字，也可能一个数字就是一个个体，依据具体情况而定）。根据总体的容量是否有无限多个，分为“有限总体”和“无限总体”。当然，一般情况下会把容量非常大的总体近似看成无限总体来处理。

以一个公司为例，所有员工可以看成一个“总体”，其中“个体”就是每名员工，但是

一名员工包含工号、姓名、年龄、职位、工资、绩效等多个数据。而一般在分析时只会分析某名员工的某个或某几个数据。比如，在公司裁员时，一般会根据年龄、工资、绩效来判定是否裁掉这名员工。

根据示例可以看出，往往是从总体中抽取一部分个体，在这部分个体的基础上进行分析，而被抽取的那部分个体则叫作总体的一个“样本”。在一般情况下，用部分个体数据推断总体的统计特性时，要求抽取的样本满足以下两点：一是具有代表性，即每个样本的个体都要与总体同分布；二是独立性，即样本中的每个个体都是相互独立、互不影响的随机变量。越符合这两个条件，结果越趋于理想。这样的样本也被称为“简单随机样本”。

为了从样本中提取出有用的信息来研究总体的分布和各种特征数，可以构造“统计量”。关于样本的不含任何未知参数的函数称为“统计量”。具体用数学公式解释为：设抽取到 N 个样本 $(X_1,X_2,\cdots,X_n)$，若可用不含任何未知参数的函数 $g(X_1,X_2,\cdots,X_n)$ 来表示，就称 $g(X_1,X_2,\cdots,X_n)$ 为“统计量”。也就是说，有了样本观测值 $X_1,X_2,\cdots,X_n$ 就可以计算出统计量 $g(X_1,X_2,\cdots,X_n)$ 的具体值。常用的统计量有样本均值 $\bar{X}$、样本方差 S^2 及样本标准差 S。

样本均值：

$$\bar{X}=\frac{1}{n}\sum_{i=1}^{n}X_i$$

样本方差：

$$S^2=\frac{1}{n-1}\sum_{i=1}^{n}\left(X_i-\bar{X}\right)^2$$

样本标准差：

$$S=\sqrt{S^2}$$

所以，当总体的均值、方差等未知时，会用样本的均值和方差估计总体的均值和方差。统计量的分布又被称为“抽样分布”，分布一般有指数分布、均匀分布、正态分布等。

8.2.2 3 个重要的分布：χ^2 分布、t 分布、f 分布

首先介绍 χ^2 分布。设随机变量 $X_1,X_2,\cdots,X_n$ 相互独立，且都服从标准正态分布。求 $X_1,X_2,\cdots,X_n$ 的平方并取其和作为一个新的随机变量，记为 χ^2，读作“卡方”，所以 χ^2 分布又被称为“卡方分布”。服从自由度为 n 的 χ^2 分布式子：

$$\chi^2=\sum_{i=1}^{n}X_i^2$$

服从自由度为 n 的 χ^2 分布简单记为 $\chi^2\sim\chi^2(n)$。自由度 n 指的是独立变量 X_i 的个数。

再给出 χ^2 分布 $\chi^2(n)$ 的概率密度公式：

$$f_n(x)=\begin{cases}\dfrac{1}{2\Gamma(n/2)}\cdot\left(\dfrac{x}{2}\right)^{\frac{n}{2}-1}, & x>0\\ 0, & x\leqslant 0\end{cases}$$

$\Gamma(\alpha)$ 函数是一个常数，上式中的 α 值为 $\dfrac{n}{2}$，得到的结果也是一个常数。其中，$\Gamma(\alpha)$ 函数的具体表达式为

$$\Gamma(\alpha)=\int_0^{+\infty}x^{\alpha-1}\mathrm{e}^{-x}\mathrm{d}x$$

关于 χ^2，读者还要记住，它的期望 $E(\chi^2)=n$，方差 $D(\chi^2)=2n$。

t 分布是由数学家威廉·戈塞提出的。起初，论文的主要内容是对小样本中平均数比例的标准误差分布所做的研究。t 分布得名于威廉·戈塞当时发布论文时使用的笔名 Student（学生）的末尾字母 t，所以 t 分布也被称为“学生分布”。

t 分布的定义：设 $X\sim N(0,1), Y\sim\chi^2(n)$，且 X 和 Y 是相互独立的，则称随机变量

$$T=\frac{x}{\sqrt{Y/n}}$$

服从自由度为 n 的 t 分布，记为 $T\sim t(n)$。其分布密度函数如下：

$$f(x;n)=\frac{\Gamma\left(\frac{n+1}{2}\right)}{\sqrt{n\pi}\,\Gamma\left(\frac{n}{2}\right)}\left(1+\frac{x^2}{n}\right)^{-\frac{n+1}{2}},-\infty<x<+\infty$$

当 n=1 时，称这样的 t 分布为柯西分布。可见柯西分布实际上是 t 分布的一种特殊情况。柯西分布公式如下：

$$f(x;1)=\frac{1}{\pi(1+x^2)},-\infty<x<+\infty$$

可见，当 t 分布的 n 趋向无穷大时，即

$$\lim_{n\to\infty}f(x;n)=\frac{1}{\sqrt{2\pi}}\cdot\mathrm{e}^{-\frac{x^2}{2}},-\infty<x<+\infty$$

这个式子正是标准正态分布的概率密度函数。

f 分布的定义：设 $X\sim\chi^2(n_1), Y\sim\chi^2(n_2)$，且 X 和 Y 相互独立，则称随机变量

$$f=\frac{X/n_1}{Y/n_2}$$

服从自由度为 (n_1,n_2) 的 f 分布，记为 $f\sim f(n_1,n_2)$。其中，n_1 称为第一自由度，n_2 称为第二

自由度。需要注意的是，f 分布的倒数还是服从 f 分布的。

若

$$f \sim f\left(n_1, n_2\right)$$

则

$$\frac{1}{f} \sim f\left(n_2, n_1\right)$$

$f\left(n_1, n_2\right)$ 分布的概率密度函数为

$$f\left(x; n_1, n_2\right)=\begin{cases}\dfrac{1}{B\left(\dfrac{n_1}{2}, \dfrac{n_2}{2}\right)} n_1^{\frac{n_1}{2}} n_2^{\frac{n_2}{2}} x^{\frac{n_1}{2}-1}\left(n_2+n_1 x\right)^{\frac{n_1+n_2}{2}}, & x>0 \\ 0, & x \leqslant 0\end{cases}$$

其中

$$B(a, b)=\int_0^1 x^{\alpha-1}(1-x)^{b-1} \mathrm{d} x=\frac{\Gamma(a) \Gamma(b)}{\Gamma(a+b)}$$

8.2.3　点估计、矩估计与区间估计

首先要明确参数的概念。参数一般是式子里的一个不同于自变量和因变量的常数。这些参数可以是合格率、均值、方差等。总而言之，参数往往都是有实际意义或者有数学含义的，但一般参数都是未知的，所以需要设法将其求出，这样式子表示的模型才可以正常使用。求未知参数的方法有“点估计”和“区间估计”两种。顾名思义，“估计“一词说明求得的参数是它的估计值而不是实际值。

简言之，点估计类似 8.2.1 节里举的例子，即根据采集到的样本计算样本统计量来预测总体的参数。由于一个样本统计量可以用数轴上的一个点来表示，并且其估计结果也可以用一个点的数值来表示，所以称作“点估计”。

在数学中，点估计的定义为：如果一个总体 X 有未知参数 θ，$X_1, X_2, \cdots, X_n$ 是总体 X 的简单随机样本。需要构造适合的统计量 $\hat{\theta}=\hat{\theta}\left(X_1, X_2, \cdots, X_n\right)$ 以估计未知参数 θ，这里的 $\hat{\theta}$ 就称为参数 θ 的点估计量。将样本观测值 $X_1, X_2, \cdots, X_n$ 带入后，所得到的 $\hat{\theta}\left(X_1, X_2, \cdots, X_n\right)$ 被称为参数 θ 的点估计值。

除了点估计，常常还会用到矩估计法、最小二乘法、极大似然估计法等。这里先介绍“矩估计法”，最小二乘法和极大似然估计法将在第 9 章详细讲解。

根据辛钦大数定律和依概率收敛的性质，矩估计法的大致思路是：以样本矩估计总体

矩，以样本矩的函数估计总体矩的函数。

假设总体矩 $\mu_j = E\left(X^j\right)$ 存在，且 $j=1,2,\cdots,k$。根据辛钦大数定律，当样本容量 $n \to \infty$ 时，样本矩 $\hat{\mu}_j = A_j = \frac{1}{n}\sum_{i=1}^{n} X_i^j$，$j=1,2,\cdots,k$ 会依概率收敛相应的总体矩 μ_j，$j=1,2,\cdots,k$。而对应的函数 $h\left(\mu_1,\mu_2,\cdots,\mu_k\right)=h\left(A_1,A_2,\cdots,A_k\right)$ 也会依概率收敛到 $h\left(\mu_1,\mu_2,\cdots,\mu_k\right)$。

已知总体有 k 个未知参数 $\left(\theta_1,\theta_1,\cdots,\theta_k\right)$ 和 n 个总体样本 $\left(X_1,X_2,\cdots,X_n\right)$，并且总体的前 k 阶矩都存在。

矩估计的具体操作步骤如下：

首先建立 $\left(\theta_1,\theta_1,\cdots,\theta_k\right)$ 与 $\left(\mu_1,\mu_2,\cdots,\mu_k\right)$ 之间的联系，求出总体前 k 阶关于 k 个参数的函数 $\mu_i = E\left(X^i\right) = h\left(\theta_1,\theta_2,\cdots,\theta_k\right)$，$i=1,2,\cdots,k$。

再求各个参数关于 k 阶矩的反函数 $\theta_i = g_i\left(\mu_1,\mu_2,\cdots,\mu_k\right)$，$i=1,2,\cdots,k$。

再以样本各阶矩 $A_1,A_2,\cdots,A_k$ 代替总体 X 各阶矩 $\mu_1,\mu_2,\cdots,\mu_k$，得到参数的矩估计 $\hat{\theta}_i = g_i\left(A_1,A_2,\cdots,A_k\right)$，$i=1,2,\cdots,k$。

也有讨巧的办法：使用总体中心矩 v_i 替换总体原点矩 μ_i，用样本中心矩 B_i 估计总体中心矩 v_i。这样求解更加方便，但是采用的矩不同，所得到的矩估计也不同，而两个不同的矩计算得到的结果是相近的。

除了点估计和矩估计，还有一个估计方法是区间估计。使用点估计最后会计算出一个明确的数值，而使用区间估计则是在点估计的基础上，通过给出的总体参数估计出一个大致区间范围，再由置信区间等来判定其正确度。可以看出，区间估计是为了弥补点估计无法判断预测出的估计值的真实性而被提出来的。先简单地介绍一下置信区间，按照伯努利大数定律，当抽样次数足够多时，在这些区间中，包含实际值 θ 的比例约为 $1-\alpha$，所以置信区间的表达式是 $P\left\{\underline{\theta}<\theta<\overline{\theta}\right\}=1-\alpha$。

8.2.4 全概率公式和贝叶斯公式

要谈贝叶斯公式，还得从一个经典的抽签问题引出的全概率公式说起。一个暗箱里一共有 n 个形状大小一模一样的球，它们分为黑色与白色两种颜色。白色球有 a 个，黑色球有 b 个，所以有 $n=a+b$。现在的问题是不放回地抽取 n 次，计算第 2 次抽取到白球的概率。

首先要注意，是“不放回”地抽取。这意味着抽取一次就少一个球，第一次抽取有 n 个球，第二次有 $n-1$ 个，第三次有 $n-2$ 个，依次减少。很明显第一次抽取到白球的概率是 $\frac{a}{n}$，抽取到黑球的概率是 $\frac{b}{n}$，所以要分成两种情况：一是第一次抽取到黑球且第二次抽取到白球；二是两次都抽取到白球。由于这两种情况是独立的，所以将两次的计算结果相加，即可得到最后的结果：$\frac{b}{n}\times\frac{a}{n-1}+\frac{a}{n}\times\frac{a-1}{n-1}=\frac{a}{n}$。计算很简单，但这只是在抽取了两次的情况下，如果要求 n=200，即计算第 200 次抽取到白球的概率，这么算就很麻烦了。先分析一下计算过程，记第 n 次抽取到白球的事件为 A_n，所以第 n 次没抽取到白球的事件为 $\overline{A_n}$。第二次抽取概率的式子可以表示为

$$P(A_2)=P(A_1A_2)+P(\overline{A_1}A_2)$$

$P(a|b)$ 的意思是在 b 发生的前提下 a 发生的概率，计算过程的数学表达式如下：

$$P(A_1A_2)=P(A_1)P(A_2|A_1)=\frac{a}{n}\times\frac{a-1}{n-1}$$

$$P(\overline{A_1}A_2)=P(\overline{A_1})P(A_2|\overline{A_1})=\frac{b}{n}\times\frac{a}{n-1}$$

$$P(A_2)=P(A_1)P(A_2|A_1)+P(\overline{A_1})P(A_2|\overline{A_1})=\frac{a}{n}$$

$P(A_2)=P(A_1)P(A_2|A_1)+P(\overline{A_1})P(A_2|\overline{A_1})$ 为全概率公式。在介绍全概率公式的定义之前先要介绍“划分”的概念。

当满足 $B_1\cup B_2\cup\cdots\cup B_n=S$ 且 $B_iB_j=\varnothing$，即 S 完全由 $B_1,B_2,\cdots,B_n$ 组成且 $B_1,B_2,\cdots,B_n$ 之间互不重叠时，满足“划分”的要求，示意图如图 8-8 所示。

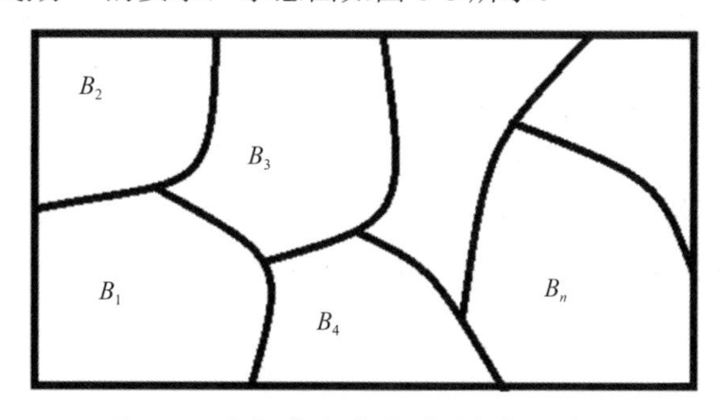

图 8-8　全概率公式的“划分”示意图

于是，可以得到如下的全概率公式定理：设 $B_1,B_2,\cdots,B_n$ 为 S 的一个划分且 $P(B_i)>0$，则有

$$P(A)=\sum_{j=1}^{n}P(B_j)\cdot P(A|B_j)$$

上式的含义为 A 事件发生的概率是 A 事件与 $B_1,B_2,\cdots,B_n$ 的交集之和，即如图 8-9 所示的所有灰色部分之和。

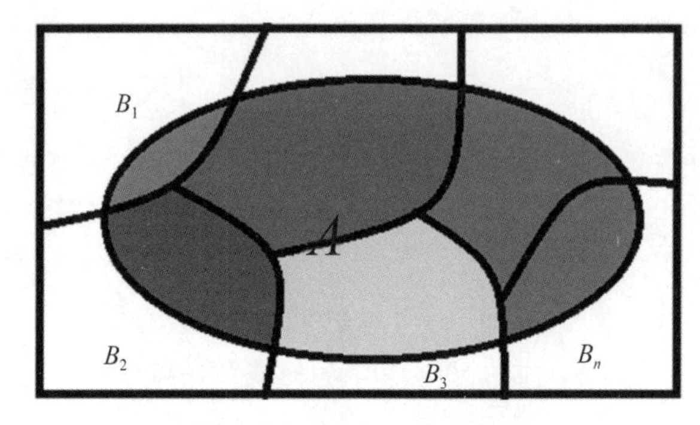

图 8-9　贝叶斯公式示意图

设 $B_1,B_2,\cdots,B_n$ 为 S 的一个划分且 $P(B_i)>0$，对 $P(A)>0$ 有如下公式成立：

$$P(B_i \mid A)=\frac{P(B_i)P(A \mid B_i)}{\sum_{j=1}^{n}P(B_j)P(A \mid B_j)}$$

即贝叶斯公式。

8.2.5　依概率收敛与切比雪夫不等式

当 $Y_1,Y_2,\cdots,Y_n$ 为某一随机变量序列，c 为常数时，若对于 $\forall\varepsilon>0$，有

$$\lim_{n\to+\infty}P\{|Y_n-c|\geqslant\varepsilon\}=0$$

成立，则称随机变量 $\{Y_n,\ n\geqslant 1\}$ 依概率收敛于 c。也可以写成：当 $n\to+\infty$ 时，$Y_n\xrightarrow{P}c$。依概率收敛还有如下这些结论，这些结论稍做了解即可。

若有 $X_n\xrightarrow{P}a$，$Y_n\xrightarrow{P}b$，当 $n\to\infty$ 时，函数 $g(x,y)$ 在点 (a,b) 处连续，那么当 $n\to\infty$ 时，$g(X_n,Y_n)\xrightarrow{P}g(a,b)$。值得一提的是，若 $X_n\xrightarrow{P}a$，$f(x)$ 在点 a 处连续，则有当 $n\to\infty$ 时，$f(X_n)\xrightarrow{P}f(a)$。

而切比雪夫不等式主要的应用场景是在随机变量分布未知，仅知道数学期望 $E(X)$ 和方差 $D(X)$ 的情况下估计出概率 $P\{|X-E(X)|<\varepsilon\}$ 的界限，其适用范围很广。切比雪夫不等式具体的数学表达如下所示。

设随机变量 X 的数学期望 $E(X)=\mu$，方差 $D(X)=\sigma^2$，对于 $\forall\varepsilon>0$，有

$$P\{|X-\mu| \geqslant \varepsilon\} \leqslant \frac{\sigma^2}{\varepsilon^2}$$

同理，取其补集得到另一个等价的表达式：

$$P\{|X-\mu| < \varepsilon\} > \frac{\sigma^2}{\varepsilon^2}$$

切比雪夫不等式要表达的意思可以理解为：当给出一个随机变量 X 与其均值之间的偏差超过 ε 时，可以计算得到这个事件发生的概率的上界，当给出一个随机变量 X 与其均值之间的偏差小于 ε 时，可以计算得到这个事件发生的概率的下界。由此可以得出对于随机变量落在期望附近的区域内或外给出一个大致界限的估计。

9

第 9 章 线性回归

本章介绍线性回归的概念，以及相应的 Python 代码。线性回归是数据分析、数学建模和统计建模的基础。

本章主要涉及的知识点如下。

◎ 线性回归的定义。

◎ OLS 回归模型与最小二乘法。

◎ LAD 回归模型与切比雪夫准则。

◎ 极大似然估计。

◎ 假设检验与置信区间。

9.1 最小二乘法与切比雪夫准则

“线性回归”顾名思义是回归分析的一种，回归分析是用来确定两组数据或者多组数据之间的定量关系的一种统计学方法。而“线性”一词则说明了这种关系可以用某一个线性方程来表示。

9.1.1　最小二乘法的数学原理

最小二乘法又被称为最小二乘准则。无论是使用切比雪夫准则还是使用最小二乘准则，求得的扰动项的值越小，说明这条直线越趋近真实的情况。

举个例子，$y=a\cdot x+b$ 是常见的一元线性方程。y 是因变量，x 是自变量，也被称为解释变量，但是从该式中并不能知道这个函数参数 a 和 b 的具体值，不过用户可以分别测得两组关于 x 与 y 的数据，这些数字都一一对应，可以在 xOy 直角坐标系中画出大致的图像，如图 9-1 所示。

可以看到，图 9-1 中点的大致分布可以用一条直线画出，如图 9-2 所示。

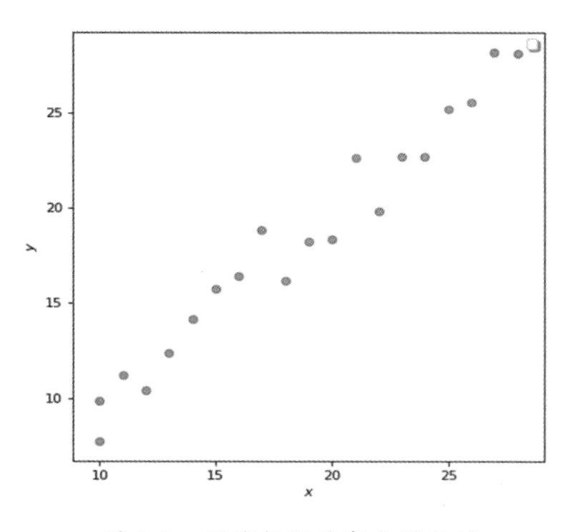

图 9-1　测试数据的散点图示例

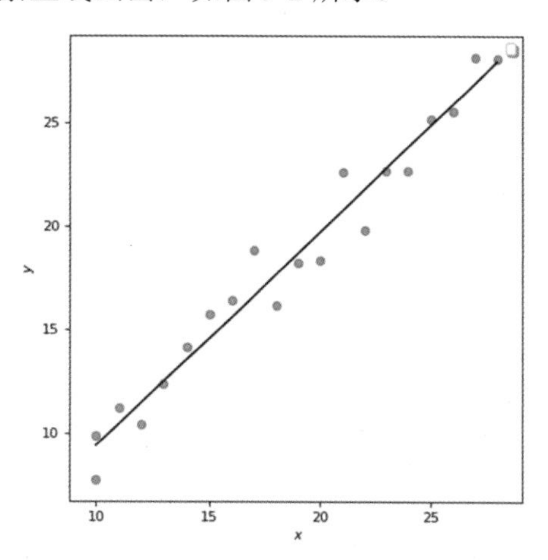

图 9-2　线性拟合结果示例

线性回归实际上就是为了得到一条直线（本实例是直线，也可以是其他图像）表示的方程来作为数据之间联系的定量关系。在通常情况下，获得的数据都是测量出来的。为了说明图 9-2 中画出的曲线的误差，在方程后面添加一个误差项 ε_i。用“误差方程”来计算这些“误差项”。计算误差项的常用方法有两种：切比雪夫准则和最小二乘准则。使用这两种准则的线性回归分别叫作“LAD 回归”和“OLS 回归”，不过，OLS 回归（最小二乘准则）在数据分析中更常用。

在之前的介绍中，无论是 OLS 回归还是 LAD 回归，都是围绕一元线性回归展开的。一元线性回归只有一个 x，而多元线性回归是由多个 x_i 构成的：

$$y=\theta_1\cdot x_1+\theta_2\cdot x_i+\cdot\ \cdots\ \cdot+\theta_n\cdot x_n+\theta_0$$

其中，θ_0 是常数项，$\theta_1,\theta_2,\cdots,\theta_n$ 被称为“偏回归系数”。这里的 θ_n 也被认为是各个因变量的权重。

可以把回归方程定义为

$$h(\boldsymbol{x})=\sum_{i=0}^{n}\boldsymbol{\theta}_i\cdot\boldsymbol{x}_i=\boldsymbol{\theta}^{\mathrm{T}}\boldsymbol{x}$$

式中，$\boldsymbol{\theta}$ 和 $\boldsymbol{x}$ 是向量，n 是样本数量。

OLS 回归的损失函数使用的是最小二乘准则：

$$\sum_{i=1}^{m}\left(h\left(x^{(i)}\right)-y^{(i)}\right)^2$$

最小二乘准则的几何解释是将每个测量点与画出直线沿 y 轴水平距离值的平方叠加起来。所谓水平距离，是指图 9-3 中画出的短黑线长度的数值。

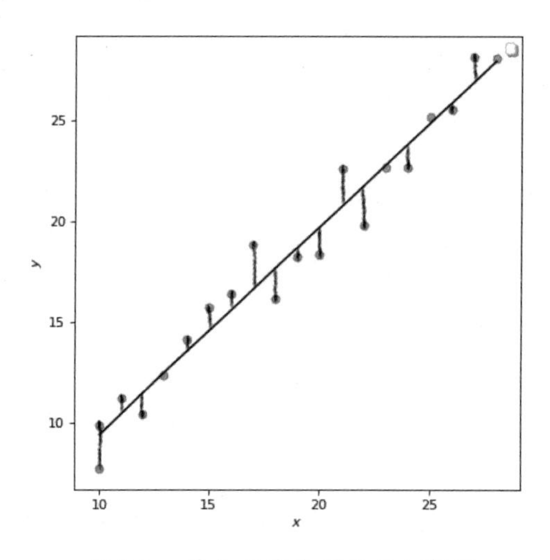

图 9-3　最小二乘准则的几何解释

最小二乘准则的公式如下：

$$\sum_{i=1}^{m}\left|y_i-f\left(x_i\right)\right|^2$$

式中，m 是这组数据的总个数；y_i 是每个点的 y 轴坐标；$f\left(x_i\right)$ 则是相应点对应到线上那一点的 y 轴坐标；绝对值自然就是用来求两者 y 轴方向的水平距离的。当然也可以这么理解：y_i 是实际值，而 $f\left(x_i\right)$ 是由线性回归得到的预测值，要求的是实际值和预测值之间的差距，即它们对应的 y 轴坐标值之差的绝对值。

现在用 Python 代码来实现，首先定义一个参数未知的模型函数，模型函数就是线性回归最后预测出的那个定量关系。

```
def model(a, b, x):
    return a * x + b
```

上述代码定义了一个最普通的一元线性回归方程：$y = a \cdot x + b$。最小二乘准则的实现代码如下：

```
import numpy as np
def cost_function(a, b, x, y):
    return (np.square(y-a*x-b)).sum()
```

cost function 的中文含义即上文提到的“损失函数”。第 1 行代码用于导入 NumPy 库并将其重命名为 np；第 2 行代码用于定义传入的参数和函数名，4 个形式参数 a，b，x，y 和上一段定义的回归方程 $y = a \cdot x + b$ 里的对应参数一致；最后一行代码用于定义返回函数 return()，括号里表示的正是最小二乘准则的公式，square 用于求平方，np.square(x)的作用类似于 math 模块的 pow(x,2)。众所周知，$(-x)^2 = (x)^2$，所以代码中没有使用绝对值函数。y_i 对应 y，$f(x_i)$ 对应 a*x−b，求和则使用了 sum()函数。

9.1.2　切比雪夫准则的数学原理

切比雪夫准则的公式如下：

$$\sum_{i=1}^{m} \left| y_i - f(x_i) \right|$$

从上式中可以看到，切比雪夫准则与最小二乘准则只差了一个平方，但是意义却差之千里。切比雪夫准则与最小二乘准则类似，它是取所有实际值与预测值的 y 轴坐标之差的绝对值，即它沿着 y 轴方向的水平距离叠加起来，并不求平方。

以下是切比雪夫准则的实现代码：

```
import numpy as np
def cost_function(a, b, x, y):
    return (np.fabs (y-a*x-b)).sum()
```

很容易想到，np.fabs()是 NumPy 库的求绝对值函数。与之前的最小二乘准则的代码相比，唯一不同的是，该代码将 np.square()函数改为了 np.fabs()函数。

9.2　OLS 回归模型

在用最小二乘准则或者切比雪夫准则定义好了损失函数以后，现在要求出之前定义的模型函数 $y = a \cdot x + b$ 的两个参数 a 和 b。这个过程叫作“拟合”。无论使用哪种准则定义损失函数，都需要找到一种可行的方法来不断调整 a 与 b 的值，直到损失函数的计算结果最小，这被称为“优化方法”，这样才能得到最后所需要的结果。

9.2.1 OLS 回归模型的概念

早期使用的“优化方法”是“梯度下降法”，然而由于计算的复杂度越来越大，随后又出现了“随机梯度下降法”这一优化方法。什么是 OLS 回归模型呢？即使用了最小二乘法来计算损失函数的线性回归模型。

9.2.2 如何生成测试数据

先给出具体代码，读者可以根据代码思考一下。generate_data()函数的全部实现代码如下：

```
import numpy as np
import Pandas as pd
def generate_data():
    np.random.seed(4889)
    x = np.array([10] + list(range(10, 29)))
    error = np.round(np.random.randn(20), 2)
    y = x + error
    x = np.append(x, 29)
    y = np.append(y, 29 * 10)
    return pd.DataFrame({"x": x, "y": y})
```

想要生成测试数据，则要用到 NumPy 和 Pandas 库。总体思路是：NumPy 库借助其自带的随机库 Random 的 seed()方法来生成 x 和 y 两个列表作为测试数据，并加入适量的误差数据，这样就基本可以满足要求了。返回值是一个 DataFrame 数据结构的表格，方便下一步用 Pandas 库来实现。

首先导入 NumPy 和 Pandas 库：

```
import numpy as np
import Pandas as pd
```

用 import-as 语句将 numpy 简写为 np，将 Pandas 简写为 pd。紧接着定义 generate_data()函数。请看下面这行代码：

```
np.random.seed(4889)
```

可能有的读者不熟悉 seed(4889)的含义。首先，读者要了解伪随机与真随机的概念，伪随机实际上是用一组公式将原来的一个数字转化为另外一个数字，将转化后的数字作为随机数返给用户。然而在计算机中有一组数字会不停地变化，即显示的时间。不过由于计算机使用的是机器时间，是一个整型，它会一直变，因此如果不人为地增加 seed()括号里的值，计算机在调用 Random 库时就会以机器时间作为默认值，时间会不停地转，这样用户就得到了不同的返回值。

而真随机顾名思义，它不依赖 seed()，返回的是真正的随机数。一般出于安全考虑，一些对隐私加密要求较高的程序是不会使用伪随机的。上述代码的含义是将种子选定为 4889 这个数。

下面这行代码表示生成测试用的 x 数据：

```
x = np.array([10] + list(range(10, 29)))
```

其中，range(10,29)用于生成 10～29 的整数，确切地说是包含左端的数字，而不包含右端的数字。所以生成的序列为 10 11 12…28。list()表示将这些数字依次填入列表。[10] + list(range(10, 29)则表示在上面生成的那串数字前再加一个 10。所以现在这个序列应是 10 10 11 12…28。用户可以在“命令提示符”窗口中交互，并打印 x 列表进行确认。

```
>>> import numpy as np
>>> x = np.array([10] + list(range(10, 29)))
>>> print(x)
[10 10 11 12 13 14 15 16 17 18 19 20 21 22 23 24 25 26 27 28]
```

```
error = np.round(np.random.randn(20), 2)
y = x + error
```

上述代码表示生成 y 的测试数据。randn(x)用于生成一组有 x 个数据的随机数，并且呈正态分布。round(a,x)用于将浮点数 a 精确到小数点后 x 位，并将结果保存在变量 error 中。需要注意的是，这里不是简单地直接截断（丢弃 x 位以后的数），而是用四舍五入的方式确定第 x 位。

y = x + error 表示直接把 error 与 x 相加作为测试值 y。很明显，如果没有 error，则方程为 y=x。其实这组数据就是预先设计好在 y=x 上下浮动的。

```
x = np.append(x, 29)
y = np.append(y, 29 * 10)
```

上述代码表示增加一个误差值（29，290），这个点很明显与方程 y=x 相差很远。这样做是有原因的，在后面的内容中会介绍。

```
return pd.DataFrame({"x": x, "y": y})
```

上述代码表示调用 Pandas 库以 DataFrame 数据结构返回，方便后续的操作。DataFrame 是 Pandas 库用于操作表格的，一般在本地都会保存为.csv 文件。{"x": x, "y": y}是{表头：列表数据}格式的键-值对，以此形式初始化 DataFrame 数据结构。用户可以尝试打印，在练习时不要忘记导入 Pandas 库，接着上面的步骤在“命令提示符”窗口中交互。

```
>>> error = np.round(np.random.randn(20), 2)
>>> y = x + error
>>>
>>> print(error)
```

```
[-2.82  1.54 -0.37 -0.5  -0.4  -1.88 -0.76 -0.84 -0.74  0.05 -1.92  0.08
  0.74 -0.27  0.43 -0.76 -0.72  0.39  0.61 -2.03]
>>>
>>> print(y)
[ 7.18 11.54 10.63 11.5  12.6  12.12 14.24 15.16 16.26 18.05 17.08 20.08
 21.74 21.73 23.43 23.24 24.28 26.39 27.61 25.97]
>>>
>>> x = np.append(x, 29)
>>> y = np.append(y, 29 * 10)
>>>
>>>
>>>
>>> import Pandas as pd
>>> test = pd.DataFrame({"x": x, "y": y})
>>> print(test)
    x       y
0  10    7.18
1  10   11.54
2  11   10.63
3  12   11.50
4  13   12.60
5  14   12.12
6  15   14.24
7  16   15.16
8  17   16.26
9  18   18.05
10 19   17.08
11 20   20.08
12 21   21.74
13 22   21.73
14 23   23.43
15 24   23.24
16 25   24.28
17 26   26.39
18 27   27.61
19 28   25.97
20 29  290.00
```

从上述代码中可以看出，打印出了中间值 error 和 y，最后输出了由 x 和 y 组成的 DataFrame 数据结构的数据。下面这段输出展示的是一个 DataFrame 数据结构的数据：

```
>>> print(test)
```

```
    x       y
0   10    7.18
1   10   11.54
2   11   10.63
3   12   11.50
4   13   12.60
5   14   12.12
6   15   14.24
7   16   15.16
8   17   16.26
9   18   18.05
10  19   17.08
11  20   20.08
12  21   21.74
13  22   21.73
14  23   23.43
15  24   23.24
16  25   24.28
17  26   26.39
18  27   27.61
19  28   25.97
20  29  290.00
```

9.2.3　OLS 回归模型的代码实现和可视化

在实际操作过程中，用户并不需要自己写损失函数和优化方法的代码，一般在数据分析中都会借助第三方库 Sklearn 进行数据拟合与预测。Sklearn 库封装了大量的方法，使得用户进行建模、拟合、预测等操作更加快捷、准确。先给出 OLS 回归模型的实现代码：

```
from Sklearn import linear_model
def train_OLS(x, y):
    model = linear_model.LinearRegression()
    model.fit(x, y)
    re = model.predict(x)
    return re
```

第 1 行代码从 Sklearn 库中导入了专门用于线性回归操作的 linear_model。第 2 行代码定义了函数 train_OLS()。model = linear_model.LinearRegression()调用了线性回归模型模块。LinearRegression 是“线性回归”一词的英文。model.fit(x,y)是用于拟合的。re = model.predict(x)用于返回预测值，用户可以通过与原来的值进行比较来评估模型。

整个过程只需要 6 行代码即可，如果用其他脚本（编程语言）来实现，仅损失函数和优化方法，用 60 行代码都不一定可以完成。如果读者想要了解每一步的工作原理，则建议把之前的代码全部实现一遍。

下面是可视化的步骤，先给出全部的代码及可视化的结果：

```
import Matplotlib.pyplot as plt
def visualize_model(x, y, ols):
    fig = plt.figure(figsize=(6, 6), dpi=80)
    ax = fig.add_subplot(111)
    ax.set_xlabel("$x$")
    ax.set_xticks(range(10, 31, 5))
    ax.set_ylabel("$y$")
    ax.scatter(x, y, color="b", alpha=0.4)
    ax.plot(x, ols, 'r--', label="OLS")
    plt.legend(shadow=True)
    plt.show()
if __name__ == "__main__":
    data = generate_data()
    features = ["x"]
    label = ["y"]
    ols = train_OLS(data[features], data[label])
    visualize_model(data[features], data[label], ols)
```

运行后得到 OLS 回归模型的拟合结果，如图 9-4 所示。

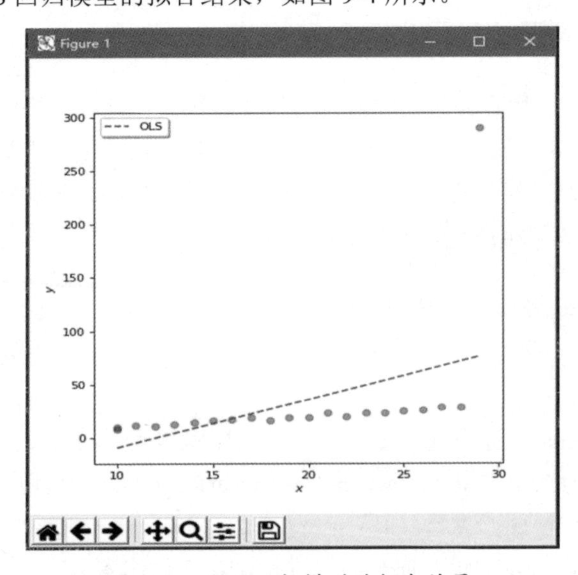

图 9-4　OLS 回归模型的拟合结果

import Matplotlib.pyplot as plt 导入了 Matplotlib 库的 pyplot，并将其重命名为 plt。visualize_model(x, y, ols)定义了可视化函数的代码。

fig = plt.figure(figsize=(6, 6), dpi=80)定义了最后显示出来的图片大小和分辨率。

ax = fig.add_subplot(111)括号里的参数 111 表示将画布划分为 1 行 1 列，显示 1 张图表。所以 122 表示将画布划分为 1 行 2 列，显示 2 张图表（水平显示），而 212 则表示将画布划分为 2 行 1 列，显示 2 张图表（垂直显示）。

```
ax.set_xlabel("$x$")
ax.set_xticks(range(10, 31, 5))
ax.set_ylabel("$y$")
```

上面的 3 行代码表示设置 x 轴与 y 轴显示的名称。第 2 行代码给出了 x 轴起始坐标（10）、结束坐标（30）及每一段的间隔（5）。

```
ax.scatter(x, y, color="b", alpha=0.4)
```

scatter()方法定义了点的相关参数，其中，color="b"表示点的颜色为蓝色（blue）；alpha=0.4 表示透明度是 0.4（半透明）。

```
ax.plot(x, ols, 'r--', label="OLS")
```

plot()方法定义了线的相关参数，其中，'r--'指明使用红色（red）的虚线（--）；label="OLS" 表示在图表左上角显示“OLS”及其线段的样式。

```
plt.legend(shadow=True)
```

Shadow 的作用是添加阴影。

plt.show()用于将最终的结果显示在屏幕上，期间图片将阻断程序的运行，直至所有的图片被关闭为止。当然，用户可以在 Python shell 里面设置参数"block=False"，使阻断失效。

if __name__ == "__main__":是文件的入口。__name__是 Python 的一个内置变量，表示当前模块的名字。后面的"__main__"指的是 Python 的入口文件，一般被命名为__main__.py，类似于 C/C++的 main()函数的作用。当然，上述可视化代码更常见的写法如下：

```
def visualize_model(x, y, ols):
    fig = plt.figure(figsize=(6, 6), dpi=80)
    ax = fig.add_subplot(111)
    ax.set_xlabel("$x$")
    ax.set_xticks(range(10, 31, 5))
    ax.set_ylabel("$y$")
    ax.scatter(x, y, color="b", alpha=0.4)
    ax.plot(x, ols, 'r--', label="OLS")
    plt.legend(shadow=True)
    plt.show()
def main():
```

```
    data = generate_data()
    features = ["x"]
    label = ["y"]
    ols = train_OLS(data[features], data[label])
    visualize_model(data[features], data[label], ols)
if __name__ == "__main__":
    main()
```

显然，这里的main()已经失去了在C++里直接作为入口函数的作用，而只有放在“if __name__ == "__main__":”的下面才能起到应有的作用。

```
if __name__ == "__main__":
```

```
data = generate_data()
```

上述代码表示调用了生成随机实验数据的函数。

```
features = ["x"]
```

上述代码表示将标签 x 命名为 features。

```
label = ["y"]
```

上述代码表示将标签 y 命名为 label。

```
ols = train_OLS(data[features], data[label])
```

data[label]表示传入 DataFrame 数据结构变量 data 中表头为 x 的那一列；同理，data[features]表示传入 data 中表头为 y 的那一列。拟合结果返回值被存放在变量 ols 中。

```
visualize_model(data[features], data[label], ols)
```

上述代码用于传入点坐标（两个名为 data 的变量）和拟合结果（变量 ols）来绘制最后的可视化图。

9.3 LAD 回归模型

LAD 回归模型指的是以切比雪夫准则作为损失函数的线性回归，它是数据分析的一个经典示例，也是数理统计学中的一个里程碑。

9.3.1 LAD 回归模型的概念

LAD 回归模型与 OLS 回归模型的区别在于使用的损失函数不同，前者使用的是切比雪夫准则，后者则使用的是最小二乘准则，但是两者的区别也不能完全由此定义。

9.3.2　LAD 回归模型的代码实现和可视化

本节使用的实验数据是在 9.2.2 节中生成的测试数据。在使用同一组数据的情况下，OLS 回归模型和 LAD 回归模型生成的最终图像在对比时更有可比性。下面先给出相应的实现代码：

```
import Statsmodels.api as sm
from Statsmodels.regression.quantile_regression import QuantReg
import numpy as np
import Pandas as pd
def train_LAD(x, y):
    X = sm.add_constant(x)
    model = QuantReg(y, X)
    model = model.fit(q=0.5)
    re = model.predict(X)
    return re
```

可以看到，上述代码导入了 Statsmodels 库用于实现 LAD 回归模型。导入的 QuantReg 原本是分位数回归模型，而切比雪夫准则是分位数回归的一种特殊情况。分位数回归是一个较为复杂的统计概念。

分位数回归大致的思路是：分位数一般记为τ，当有多元回归的情况下，拟合曲线之上的点的权值被赋为τ，而拟合曲线之下的点的权值则是 $1-\tau$。当$\tau=0.5$时，所有点的权值都会成为 0.5。其损失函数如下：

$$\rho_\tau(u)=\left(\tau-I\left(u<0\right)\right)$$

其中，$I(Z)$是示性函数，Z 是指示关系，τ是分位数。

分位数回归的概念具体展开过于冗长，也不在本章的讨论范围之内。总而言之，读者只需要知道一点：将$\tau=0.5$代入，最后推导出的结果与切比雪夫准则的表达式相同。

Statsmodels 库还定义了很多与概率统计相关的模型，用户使用它可以十分方便地建立经典概率模型。除此之外，常用的统计模型还有贝叶斯方法和方差分析方法等，在第三方库 Statsmodels 中都有。下面一一解释代码：

import Statsmodels.api as sm 导入了 Statsmodels 库并将其重命名为 sm。

from Statsmodels.regression.quantile_regression import QuantReg 用于引入分位数回归模型。

def train_LAD(x, y): 和之前的命名方式一样，定义了 LAD 回归模型的训练函数。

X = sm.add_constant(x)用于生成一个常数数列，该常数数列所有的常数值都为 1。因为在之前定义的回归方程 $y=a\cdot x+b$ 中，常数 b 的系数是 1。那一定会有读者疑惑，为什么 OLS 回归模型代码里没有这一行呢？这是因为之前 OLS 回归模型使用 Sklearn 库来实现的。

train_OLS()函数中的第 1 行代码如下：

```
model = linear_model.LinearRegression()
```

LinearRegression()已经默认将 *b* 的参数设为 1 了。当然，Statsmodels 库也可以实现 OLS 回归模型，9.2.3 节中的 OLS 回归模型的实现代码可以改为如下内容：

```
import Statsmodels.api as sm
from Statsmodels.stats.outliers_influnence import summary_table
def train_OLS(x, y):
    X = sm.add_constant(x)
    model = sm.OLS(x,y)
    model.fit(x,y)
    re = model.predict(x)
    return re
```

上述代码的第 5 行 model = sm.OLS(x,y)直接调用了 OLS 回归模型，可视化结果与 9.2.3 节中的一样。

下面继续讲解 train_LAD()函数的代码。

model = QuantReg(y, X) 用于调用分位数回归模型。

model = model.fit(q=0.5) 将分位数赋值为 0.5，成为 LAD 回归模型。

re = model.predict(x)和 return re 按照拟合结果进行预测，并将返回的预测结果赋给变量 re，最后返回函数。

然后便是可视化操作，实现代码如下：

```
def visualize_model(x, y, lad):
    fig = plt.figure(figsize=(6, 6), dpi=80)
    ax = fig.add_subplot(111)
    ax.set_xlabel("$x$")
    ax.set_xticks(range(10, 31, 5))
    ax.set_ylabel("$y$")
    ax.scatter(x, y, color="b", alpha=0.4)
    ax.plot(x, lad, 'k', label="LAD")
    plt.legend(shadow=True)
    plt.show()
def main():
    data = generate_data()
    features = ["x"]
    label = ["y"]
    lad = train_LAD(data[features], data[label])
    visualize_model(data[features], data[label], lad)
if __name__ == "__main__":
    main()
```

上述代码与 9.2.3 节中的可视化代码很相近。因为这是在其基础上稍加修改得到的，与 9.2.3 节中的可视化代码第 1 个不同点在于 ax.plot(x, lad, 'k', label="LAD")。plot()方法将 LAD 回归模型拟合出方程线条，其中的参数 k 说明使用黑色绘制线条。这里没有规定线条的样式（实线、虚线、点线、点虚线），所以默认使用实线。实线用"-"表示。这行代码也可以写为：

```
ax.plot(x, lad, 'k-', label="LAD")
```

其他不同之处在于 main()函数的第 4 行和第 5 行代码。

第 4 行代码如下：

```
lad = train_LAD(data[features], data[label])
```

第 4 行代码调用了之前自定义的 train_LAD()函数，传入 DataFrame 数据结构的数据 data 进行训练，返回的结果存放在变量 lad 中。

第 5 行代码如下：

```
visualize_model(data[features], data[label], lad)
```

visualize_model()函数括号中的参数 lad 指明将 LAD 回归模型拟合结果与实验数据的点一同显示。

LAD 回归模型的拟合结果如图 9-5 所示。

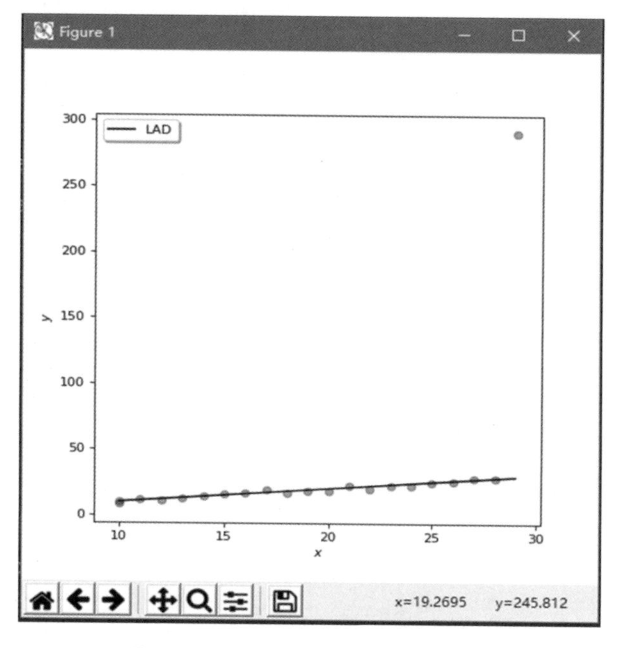

图 9-5　LAD 回归模型的拟合结果

9.4 OLS 回归模型与 LAD 回归模型

通过前面的学习，读者一定会有疑问：OLS 回归模型与 LAD 回归模型有什么不同呢？下面就来介绍 OLS 回归模型与 LAD 回归模型的差异与各自的优势。

9.4.1 比较 OLS 回归模型与 LAD 回归模型的拟合曲线

现在编写一个名为 OLS_vs_LAD 的函数，将 OLS 回归模型与 LAD 回归模型的可视化图放在一起，代码如下：

```
def OLS_vs_LAD(data):
    features = ["x"]
    label = ["y"]
    ols = train_OLS(data[features], data[label])
    lad = train_LAD(data[features], data[label])
    visualize_model(data[features], data[label], ols, lad)
if __name__ == "__main__":
    data = generate_data()
    OLS_vs_LAD(data)
```

上述代码的运行结果如图 9-6 所示。

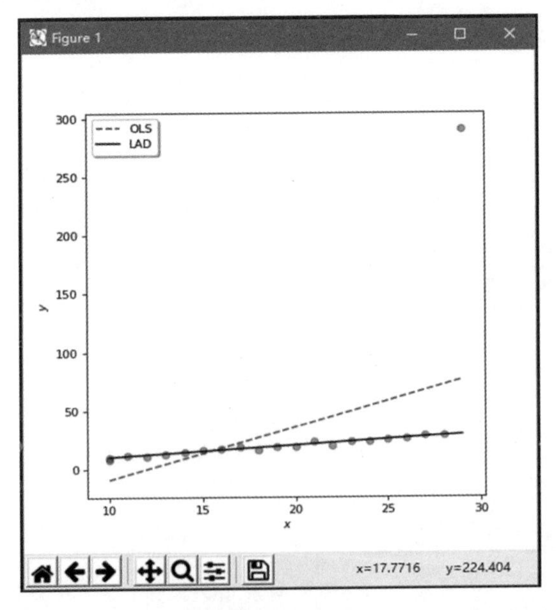

图 9-6 OLS 回归模型与 LAD 回归模型的比较

从图 9-6 中可以看出，虚线是 OLS 回归模型的拟合结果，它比 LAD 回归模型得到的曲线（实线）的斜率要大得多。可见误差值（即右上角那个点）对 OLS 回归模型的影响非常大。

LAD 回归模型基本不会因为少数误差值而受到极大的影响，图 9-6 中的实线和正常的测量值基本重合。

当然，概率统计是一门理论性较强的学科。在进行科学实验与研究的时候，经常会把那些与绝大多数正常数据偏差很大的数据认为是测量误差（由于记录人员疏忽记录错误、读数错误等）而将其舍去。所以在进行概率统计分析时切比雪夫准则也是较为常用的。

然而在实际情况中，人们都是先通过使用“爬虫”软件从网站上抓取数据，再将其提交给相应的人员进行数据分析的。因此，即使有一些数据与绝大多数正常数据偏差很大，其也并不是测量误差。这时就不该忽略这些数据，需要对其进行分析，因为这些数据在一定程度上也会影响最终的结果。

9.4.2　简单的一元线性回归分析的代码展示

综合本章所有内容，本节给出简单的一元线性回归分析的完整代码：

```
# 导入第三方库
# 与 Pandas 库相关，用于读取 CSV 文件
# 与 Statsmodels 库相关，用于定义线性回归中被称为“切比雪夫准则”（最小一乘法）的损失函数
# 与 Matplotlib 库相关，用于绘制图表
# 与 Sklearn 库相关，用于定义线性回归中被称为“最小二乘准则”（最小二乘法）的损失函数
import Statsmodels.api as sm
from Sklearn import linear_model
from Statsmodels.regression.quantile_regression import QuantReg
import Matplotlib.pyplot as plt
import numpy as np
import Pandas as pd
def generate_data():
    np.random.seed(4889)
    x = np.array([10] + list(range(10, 29)))
    error = np.round(np.random.randn(20), 2)
    y = x + error
    x = np.append(x, 29)
    y = np.append(y, 29 * 10)
    return pd.DataFrame({"x": x, "y": y})
# OLS 回归模型具体实现
# 定义损失函数“最小二乘准则”
def train_OLS(x, y):
    # 调用 Sklearn 库的 linear_model 中的现成的最小二乘准则模型，名为 LinearRegression
```

```
    model = linear_model.LinearRegression()
    # 进行模型拟合操作
    model.fit(x, y)
    # 打印模型计算出的参数
    # intercept_是参数 b（图 9-6 中标题为 OLS 的图表里斜线的截距）
    print(model.intercept_)
    # coef_是参数 a（图 9-6 中标题为 OLS 的图表里斜线的斜率值）
    print(model.coef_)
    # 返回预测值，存放在变量 re 中
    re = model.predict(x)
    # 将 re 作为 train_OLS()函数的返回值
    return re
# LAD 回归模型具体实现
# 定义损失函数“切比雪夫准则”
def train_LAD(x, y):
    # 加入全 1 列作为扰动项系数
    X = sm.add_constant(x)
    # 调用 Statsmodels 库中现成的分位数回归模型
    model = QuantReg(y, X)
    # 用分位数回归模型作为替代，进行拟合。可行的原因有如下两个：分位数回归参数 q 的值为 0.5
    # 时，等同于“切比雪夫准则”；切比雪夫准则是分位数回归的一种特殊情况
    model = model.fit(q=0.5)
    # 返回预测值，存放在变量 re 中
    re = model.predict(X)
    # 将 re 作为 train_LAD()函数的返回值
    return re
# 定义模型可视化函数
def visualize_model(x, y, ols, lad):
    # 定义图表的大小和清晰度
    fig = plt.figure(figsize=(6, 6), dpi=300)
    # 设定图表的位置是第 1 行第 1 列第 1 个
    ax = fig.add_subplot(111)
    # 设置横坐标
    ax.set_xlabel("$x$")
    # 设置坐标范围
    ax.set_xticks(range(10, 31, 5))
    ax.set_ylabel("$y$")
    # 设定点的颜色
    ax.scatter(x, y, color="b", alpha=0.4)
    # 设定 LAD 和 OLS 的线条样式
    ax.plot(x, ols, 'r--', label="OLS")
    ax.plot(x, lad, 'k', label="LAD")
    # 设置阴影
```

```
    plt.legend(shadow=True)
    # 打印图表
    plt.show()
def OLS_vs_LAD(data):
    features = ["x"]
    label = ["y"]
    # 返回的 ols 是 OLS 回归模型的预测值
    ols = train_OLS(data[features], data[label])
    # 返回的 lad 是 LAD 回归模型的预测值
    lad = train_LAD(data[features], data[label])
    # 调用可视化函数将图表显示到屏幕上
    visualize_model(data[features], data[label], ols, lad)
    if __name__ == "__main__":
    data = generate_data()
    OLS_vs_LAD(data)
```

可以看到，上述代码是由 9.2 节与 9.3 节中的代码结合得到的。

9.5　从极大似然估计再审视线性回归

一般，一元线性回归是这样表示的：

$$y_i = a \cdot x_i + b$$

然而在概率统计学建立之初，并没有人提出最小二乘法、最小一乘法这些损失函数的概念。

9.5.1　从传统的数理统计到线性回归

基于过往的研究，在概率统计学建立之初，学者认为：数据的误差分布一般呈标准正态分布。尤其是在数据越来越多的情况下，更加趋近这一结论。标准正态分布是指数学期望为 0，方差为 σ^2 的正态分布。

所以，概率统计学者引入了一个概念——随机扰动项。它是指数据的实际值与预测值之间的误差，数学符号记为 ε_i，并且随机扰动项 ε_i 符合以下三点基本的规律。

（1）ε_i 符合标准正态分布，即其数学期望为 0，方差为 σ^2。

（2）各个扰动项 ε_i 之间相互独立。

（3）各个扰动项 ε_i 与其对应的 x_i 之间也是相互独立的。

于是将一元回归模型定义为

$$y_i = a \cdot x_i + b + \varepsilon_i$$

因为 $a \cdot x_i + b$ 是测量得到的，所以被认为是确定值。ε_i 是一个随机项，并且符合标准正态分布。由于ε_i的数学期望为 0，方差为σ^2，而$a \cdot x_i + b$是定实数，因此可以很容易得到一个结论：y_i也是随机项，符合数学期望为$a \cdot x_i + b$，方差仍为σ^2的正态分布。需要注意的是，这里没有“标准”两个字，因为标准正态分布的数学期望是 0。

既然已经得出了 y 是随机变量，那么只要让 y 出现的概率达到最大，其对应的参数 a 与 b 就是需要的值了。在概率分析与数理统计中称这种方式为“极大似然估计”。

9.5.2 极大似然估计

将极大似然估计用数学语言来表示，公式如下：

$$\left(\hat{a},\hat{b}\right) = \mathrm{argmax}_{a,b}L$$

其中，$\hat{a}$与$\hat{b}$分别是参数 a 的估计值与参数 b 的估计值；$\mathrm{argmax}_{a,b}L$的含义是：求当 L 取最大值时，参数 a 与 b 的值。其中，L 是参数的似然函数，似然函数实质上就是 y 的条件概率。以下是其似然函数的数学表达式：

$$L = \prod P\left(y_i \mid a,b,x_i,\sigma^2\right)$$

可以看到，L 是由一组联合条件概率 P 相乘而得的。在计算时，往往会采用等号两边同时取幂指对数的办法来将叠乘转化为叠加以方便运算：

$$\ln\left(a \cdot b \cdot c\right) = \ln a + \ln b + \ln c$$

可以看到，将式子$a \cdot b \cdot c$取幂指对数后，就把前面连乘的式子转化成了连加$\ln a + \ln b + \ln c$。因此式子：

$$\left(\hat{a},\hat{b}\right) = \mathrm{argmax}_{a,b}L$$

可以转化为

$$\left(\hat{a},\hat{b}\right) = \mathrm{argmax}_{a,b}\ln L$$

其中

$$\ln L = -\frac{1}{2} \cdot n \cdot \ln\left(2\pi\sigma^2\right) - \left(\frac{1}{2}\sigma^2\right) \cdot \sum_i \left(y_i - ax_i - b\right)^2$$

由于这个式子的前一段$-\frac{1}{2} \cdot n \cdot \ln\left(2\pi\sigma^2\right) - \left(\frac{1}{2}\sigma^2\right)$是常数，后面的$\sum_i \left(y_i - ax_i - b\right)^2$是随机变量，所以只要后面这一段达到最小值时，$\ln L$就可以取到最大值。

所以之前的极大似然估计公式可以转化为

$$\left(\hat{a},\hat{b}\right) = \mathrm{argmin}_{a,b}\sum_i \left(y_i - ax_i - b\right)^2$$

此时读者会发现这个式子与 OLS 回归模型的损失函数十分相似。

9.5.3　假设检验基本概念

首先介绍假设检验的数学概念。

假设检验的目的是通过收集到的数据来验证某个想要得到的结论。这个过程比较抽象。

假设检验可以分为 4 个步骤，本节只介绍第一步，先建立两个完全对立的假设，原假设（也称作零假设），记为 H_0；备择假设（也称作对立假设），记为 H_1。决定哪一个假设作为原假设的因素有立场、惯例和方便性。关于原假设选择的几条建议如下。

- 保护原假设。如果错误地拒绝假设 A 比错误地拒绝假设 B 带来的后果更严重，那么建议选择 A 作为原假设。

例：假设 A 是某种新药，有毒副作用，假设 B 是某种新药，无毒副作用。

将“有毒副作用”错误地当成“无毒副作用”明显比将“无毒副作用”当成“有毒副作用”严重得多。所以这里选择假设 A 作为原假设 H_0。

- 拒绝原假设。为解释某些现象或效果的存在性，原假设常取为“无效果”“无改进”“无差异”这样带有明显逻辑非的语句。在这种情况下，拒绝原假设就有较强的理由支持备择假设。

例：假设 A 药物没有显著的减肥效果，假设 B 药物有显著的减肥效果。

这时候把假设 A 作为原假设 H_0。因为通过否定原假设，可以选择更有利于减肥药推广的假设 B。

- 取简单假设作为原假设。只有一个参数（或分布）的假设被称为“简单假设”；而假设里含有多个参数（或者分布）的假设，则被称为“复杂假设”。所以，当有一个假设是简单假设，另一个是复杂假设时，取简单假设作为原假设 H_0。

接着讨论参数假设的形式。设参数 θ 是反映总体指标某方面特征的量，为了证明或者否定这个参数，把这个参数引入假设。一般参数 θ 的假设有三种情形，即左边检验、右边检验及双边检验。备择假设小于原假设的情况称为“左边检验”，式子如下：

$$H_0:\theta=\theta_0,H_1:\theta<\theta_0$$

或

$$H_0:\theta\geqslant\theta_0,H_1:\theta<\theta_0$$

相反地，“右边检验”的式子如下：

$$H_0:\theta=\theta_0,H_1:\theta>\theta_0$$

或

$$H_0:\theta\leqslant\theta_0,H_1:\theta>\theta_0$$

“双边检验”，即备择假设 H_1 中参数 θ 满足：$\theta>\theta_0$ 且 $\theta<\theta_0$。当然这个式子等价于 $\theta\neq\theta_0$。所以双边检验的表达式可以写成

$$H_0:\theta=\theta_0,H_1:\theta\neq\theta_0$$

如果一个统计量的取值大小与原假设 H_0 是否成立有着密切联系，则可将其称为对应假设问题的“检验统计量”，而对于拒绝原假设 H_0，样本值的范围被称为“拒绝域”，记为 W，其补集 $\overline{W}$ 被称为“接受域”。

9.5.4 区间估计、置信区间和置信限

在前几节中求出了未知参数 a 与 b 的估计值，用户可以通过计算这两个参数实际值所在的范围，得到在该范围内所包含的参数的可信程度。称这种估计范围的估计形式为“区间估计”，通过估计得到的范围称为“置信区间”，将这个范围的上限和下限称为“置信上限”和“置信下限”，两者统称为“置信限”。

设总体 X 的分布函数 $F(x;\theta)$ 含有一个未知参数 θ，对于给定值 α（$0<\alpha<1$），若由总体 X 的样本 $X_1,X_2,\cdots,X_n$ 确定的两个统计量 $\underline{\theta}=\underline{\theta}(X_1,X_2,\cdots,X_n)$ 和 $\overline{\theta}=\overline{\theta}(X_1,X_2,\cdots,X_n)$，其中 $\underline{\theta}<\overline{\theta}$，满足

$$P\{\underline{\theta}<\theta<\overline{\theta}\}=1-\alpha$$

则称随机区间 $(\underline{\theta},\overline{\theta})$ 是 θ 的置信水平（或称置信度）为 $1-\alpha$ 的置信区间，$\underline{\theta}$ 和 $\overline{\theta}$ 分别被称为置信水平为 $1-\alpha$ 的置信下限和置信上限。

公式相比文字，可以更精确地给出概率值 $1-\alpha$，这个值一般取 95%，即 α 取 5%。正态分布的置信区间如图 9-7 所示。

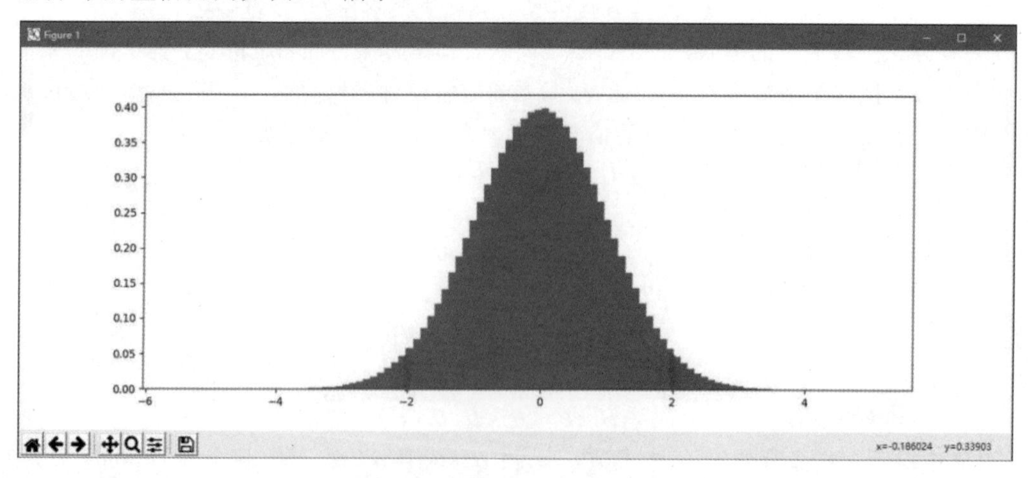

图 9-7 正态分布的置信区间

在图 9-7 中，左边红色竖线左侧以及右边红色竖线右侧可近似看作 5%，两条红色竖线之间的区域即是置信区间。左边红色竖线对应的 x 轴坐标可以认为是 $\underline{\theta}$，而右边红色竖线对应的 x 轴坐标可视为 $\overline{\theta}$ 。

简单地说，只要观测值的点落在正态分布曲线和两条红色竖线与 x 轴围成的区域中，就认为这个观测值是"可信的"，然后"接受"它。反之，如果观测值的点落在了红色竖线左右两边的区域中，就认为这个观测值"不可信"，然后"拒绝"它。

用图 9-8 来解释置信区间 95%的含义。

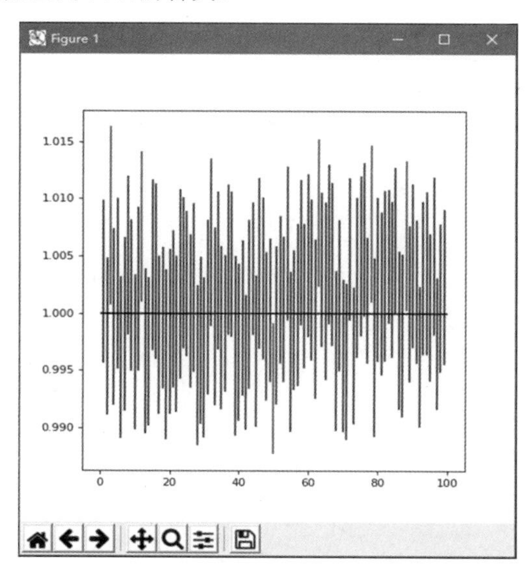

图 9-8　徘徊于 95%的置信区间

由图 9-8 可见，一共生成了 100 条竖线，其中有 6 条没有穿过 x 轴，并显示为红色，所以这张图的置信区间是 94%。所以 95%并不是一个固定值，它随着测试次数的改变而改变，最终结果总是无限地趋向 95%。

图 9-8 的实现代码如下：

```
import numpy as np
import Statsmodels.api as sm
import Matplotlib.pyplot as plt
import Pandas as pd
def generate_data():
    x = np.array(list(range(0, 100)))
    error = np.round(np.random.randn(100), 2)
    y = x + error
    return pd.DataFrame({"x": x, "y": y})
```

```
def train_model(x, y):
    model = sm.OLS(y, x)
    re = model.fit()
    return re
def visualize_ci(ci):
    fig = plt.figure(figsize=(6, 6), dpi=80)
    ax = fig.add_subplot(111)
    for i in range(len(ci) - 1):
        ci_low = ci[i][0]
        ci_up = ci[i][1]
        include_one = (ci_low < 1) & (ci_up > 1)
        colors = "b" if include_one else "r"
        ax.vlines(x=i + 1, ymin=ci_low, ymax=ci_up, colors=colors)
    ax.hlines(1, xmin=0, xmax=len(ci))
    plt.show()
def main():
    features = ["x"]
    label = ["y"]
    ci = []
    for i in range(100):
        data = generate_data()
        X = sm.add_constant(data[features])
        re = train_model(X, data[label])
        ci.append(re.conf_int(alpha=0.05).loc["x"].values)
    visualize_ci(ci)
if __name__ == "__main__":
    main()
```

前 4 行代码表示导入相应的模块和第三方库 NumPy、Statsmodels、Matplotlib、Pandas。然后定义了 generate_data()函数，用于生成本次实验的随机数据。

```
x = np.array(list(range(0, 100)))
```

上述代码声明了一个 NumPy 库的 array 数组，并命名为 x，用来存放 0～99（共计 100 个）的数字。

```
error = np.round(np.random.randn(100), 2)
```

上述代码随机生成 100 个精确到小数点后两位的浮点数，并且这 100 个数呈正态分布，作为每一项的扰动。

```
y = x + error
```

上述代码指明了大致的拟合曲线是 y=x。

```
return pd.DataFrame({"x": x, "y": y})
```

上述代码以 Pandas 库的 DataFrame 数据结构返回。

```
def train_model(x, y):
    model = sm.OLS(y, x)
    re = model.fit()
    return re
```

上述代码定义了损失函数，使用的是 OLS 回归模型。和 9.2.3 节不同，这里使用了 Statsmodels 库的 OLS()方法来构建回归模型，而 9.2.3 节使用的是 Sklearn 库的 LinearRegression()函数。

visualize_ci()函数用于展示参数 *a* 估计值置信区间的分布，代码如下：

```
def visualize_ci(ci):
    fig = plt.figure(figsize=(6, 6), dpi=80)
    ax = fig.add_subplot(111)
    for i in range(len(ci) - 1):
        ci_low = ci[i][0]
        ci_up = ci[i][1]
        include_one = (ci_low < 1) & (ci_up > 1)
        colors = "b" if include_one else "r"
        ax.vlines(x=i + 1, ymin=ci_low, ymax=ci_up, colors=colors)
    ax.hlines(1, xmin=0, xmax=len(ci))
    plt.show()
```

下面的代码创建了一个 6 英寸×6 英寸的画框，它的分辨率是 80dpi：

```
fig = plt.figure(figsize=(6, 6), dpi=80)
```

111 是指在画框里以 1 行 1 列的形式展示一张图表，代码如下：

```
ax = fig.add_subplot(111)
```

需要说明的是，def visualize_ci(ci):中传入的 ci 是一个 array 数组，表示置信区间，其中，第一个数 ci[i][0]存放的是置信区间的置信下限，ci[i][1]存放的是置信区间的置信上限。正如下面两行代码所表达的：

```
ci_low = ci[i][0]
ci_up = ci[i][1]
```

下面的代码创建了 include_one 变量，规定了模型的置信区间：区间左端点（置信下限）小于 1（ci_low＜1），且区间右端点（置信上限）大于 1（ci_up＞1），即包含“1”的区间是“置信区间”。

```
include_one = (ci_low < 1) & (ci_up > 1)
```

是“置信区间”的用蓝色 blue 表示，反之用红色 red 表示，代码如下：

```
colors = "b" if include_one else "r"
```

if include_one 与 if include_one == True 是一个意思。

```
ax.vlines(x=i + 1, ymin=ci_low, ymax=ci_up, colors=colors)
```

上述代码用于绘制图 9-8 中的蓝色与红色竖线。参数 x=i+1，因为 ide 范围是 for i in range(len(ci) - 1)，即[0, len(ci) - 1)，而 x 的范围是[1,len(ci))，所以传入 i+1。ymin=ci_low 表示将置信下限作为线段最低点传入，ymax=ci_up 表示将置信上限作为线段最高点传入。参数 colors 由之前的 colors = "b" if include_one else "r"这行代码决定选择结果是蓝色还是红色。

```
ax.hlines(1, xmin=0, xmax=len(ci))
```

上面这行代码用于确定 *x* 轴的取值范围是 1 到 len(ci)，每两个刻度的间隔为 1。

plt.show()函数用于将绘制结果显示在屏幕上。

置信区间代码的最后一段是关于 main()函数的：

```
def main():
    features = ["x"]
    label = ["y"]
    ci = []
    for i in range(100):
        data = generate_data()
        X = sm.add_constant(data[features])
        re = train_model(X, data[label])
        ci.append(re.conf_int(alpha=0.05).loc["x"].values)
    visualize_ci(ci)
if __name__ == "__main__":
    main()
```

features = ["x"]和 label = ["y"]表示将表头 x 和 y 命名为 features 和 label。ci = []表示初始化空列表 ci，用于记录置信区间。

for i in range(100):表示循环 100 次，生成 100 个区间。

data = generate_data()表示在 100 以内，每循环一次生成一组随机的测试数据。

X = sm.add_constant(data[features])定义了常数项系数为 1。

re = train_model(X, data[label])表示调用之前自定义的 train_model()函数来训练数据，并将训练的结果返回变量 re。

re.conf_int(alpha=0.05).loc["x"].values 中的 conf_int()方法用于获得置信区间，传入的参数 alpha=0.05 说明了置信区间是 1-0.05。

append()方法用于将生成的每一个区间加入列表 ci 中。

visualize_ci(ci)用于调用可视化函数 visualize_ci()，并传入参数 ci。ci 就是上面用来记录置信区间的列表。

10

第 10 章 分类问题与逻辑回归

本章从线性回归开始，由回归问题逐步过渡到分类问题。围绕着二分类问题建立模型、绘制决策边界。通过学习，读者会发现分类问题最终都要转化为回归问题。

本章主要涉及的知识点如下。

◎ 解决二分类问题的 Probit 回归模型。

◎ 逻辑回归的概念。

◎ Sigmoid 函数的由来及其与逻辑回归的联系。

◎ 用极大似然估计推导出逻辑回归公式。

◎ 梯度上升法与梯度下降法的概念。

◎ 用 Python 代码实现逻辑回归。

◎ 用 Matplotlib 库绘制决策边界。

10.1 逻辑回归：从分类问题谈起

可以说没有线性回归就不会有逻辑回归，因为逻辑回归是为了解决线性回归无法解决的分类问题而诞生的。正如计算机科学源于应用数学，计算机是为了解决大量重复和繁杂的计算问题而诞生的。

10.1.1　从线性回归到分类问题

什么是分类问题？在生活中，一些现象往往具有两面性，例如，火车票的购买，“买到了”或者“没有买到”就是一个事物的两面。是什么因素（或者哪些因素）导致了这一结果呢？这就是分类问题，确切地说是二分类问题。在数学上，常常用变量 y 来表示选择结果，所以给“二分类问题”下一个定义，则是：选择结果 y 是离散值，且可以用 0 和 1 这样的变量表示的问题称为二分类问题。

在一般情况下，y 取 1 时表示可以达到模型给定的要求；反之，取 0 时表示不能达到模型给定的要求。

那么怎么解决二分类问题呢？曾有人尝试使用线性回归来解决这个问题，他寻找了一个变量对应 0 或 1 输出，得到的结果如图 10-1 所示。

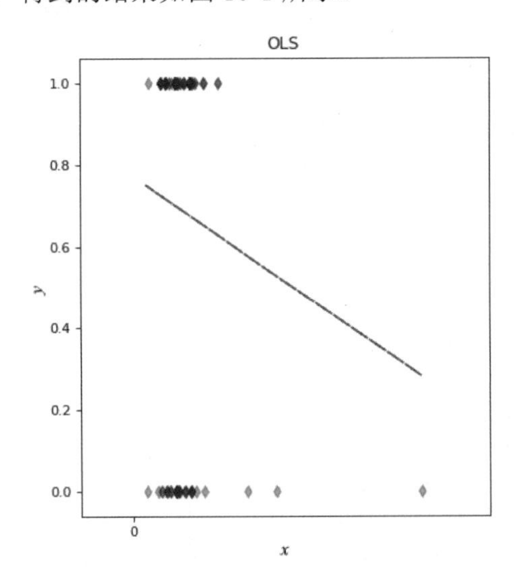

图 10-1　用线性回归解决二分类问题

从图 10-1 中可以看出，这些点（训练数据）完全不在红色拟合线条的周围，蓝色点（训练数据）的取值只有 0 或 1，而红色拟合曲线的值域是 **R**（整个实数集），所以说用线性回归拟合离散值，拟合效果极差。这也是在预料之中的，蓝色测试点分布在上下两个位置，用一条连续的直线拟合离散数据必然是不恰当的。

于是有学者提出用两组数据分别表示“正作用”和“负作用”，用线性分别表示因变量 y 取 1 时（即满足要求时）的两种“作用”。“正作用”表示对 y 取 1 的结果有促进作用的因素；而“负作用”表示对 y 取 1 的结果有消极的反作用的因素。

以某考试为例，通过考试可以得到相应的证书，记为 y 取 1 的情况；考试失败记为 y 取 0 的情况。像复习时间足够、准备充分等就是"正作用"，反之为"负作用"，即较短的复习时间以及不充足的考试准备。

"正作用"（记为 y_i^*）盖过"负作用"（记为 $y_i^\sim$）（即满足 $y_i^* > y_i^\sim$ 时），考试就会通过。"负作用"盖过"正作用"（即满足 $y_i^* \leqslant y_i^\sim$ 时），考试就会失败。根据上一章的线性回归模型，可以得到如下模型表达式：

$$y = a \cdot x + b + \varepsilon_i$$

所以可以得到正作用 y_i^* 和负作用 $y_i^\sim$ 的表达式：

$$y_i^* = \boldsymbol{X}_i \cdot \varphi + \theta_i$$

$$y_i^\sim = \boldsymbol{X}_i \cdot \omega + \tau_i$$

当正作用大于负作用时取 1，反之取 0，可以用以下的式子表示：

$$y_i \begin{cases} 1, y_i^* > y_i^\sim \\ 0, y_i^* \leqslant y_i^\sim \end{cases}$$

进一步可以得到：

$$\boldsymbol{\gamma} = \varphi - \omega$$

$$z_i = y_i^* - y_i^\sim = \boldsymbol{X}_i \boldsymbol{\gamma} + \varepsilon_i$$

所以可以得到如下的概率表达式：

$$P(y_i = 1) = P(z_i > 0) = P(\varepsilon_i > -\boldsymbol{X}_i \boldsymbol{\gamma})$$

以及

$$P(y_i = 1) = 1 - P(\varepsilon_i \leqslant -\boldsymbol{X}_i \boldsymbol{\gamma}) = 1 - F(-\boldsymbol{X}_i \boldsymbol{\gamma})$$

其中，$P(y_i = 1)$ 表示结果为离散值 1 时的概率；$F(-\boldsymbol{X}_i \boldsymbol{\gamma})$ 是累积分布函数计算出的值。此公式被称为"Probit 回归模型"。

Probit 回归模型是一种用于解决二分类问题的线性回归模型，也是学者一开始在分类问题中留下的足迹，现在在解决二分类问题时已不再使用该节介绍的方法，因为正态分布累积分布函数 $F(x) = \int_{-\infty}^{x} \frac{1}{\sqrt{2\pi}} \mathrm{e}^{-\frac{t^2}{2}} \mathrm{d}t$ 的计算过程十分复杂，$F(-\boldsymbol{X}_i \boldsymbol{\gamma})$ 大大增加了计算复杂度，计算难度也较大，并且现在的逻辑回归和 Sigmoid 函数，使得二分类问题得到了更好的解决。

10.1.2　逻辑回归与 Sigmoid 函数

因为正态分布累积分布函数 $F(x) = \int_{-\infty}^{x} \frac{1}{\sqrt{2\pi}} \mathrm{e}^{-\frac{t^2}{2}} \mathrm{d}t$ 的计算过程十分复杂，所以一般学者不

会采用计算正态分布累积分布函数的办法，而会采用计算它的近似曲线（称为“逻辑分布函数”）的方法，公式如下：

$$f(x)=\frac{e^{-x}}{(1+e^{-x})^2}$$

将上式中的分母去掉括号，再上下同时除以 e^{-x} 可以得到：

$$f(x)=\frac{1}{\frac{1}{e^{-x}}+2+e^{-x}}$$

省略分母近似等于 0 的部分，可得到如下式子：

$$S(x)=\frac{1}{1+e^{-x}}$$

上式被称为“Sigmoid 函数”，简称“S 函数”。它是现在计算正态分布累积分布函数 $F(x)=\int_{-\infty}^{x}\frac{1}{\sqrt{2\pi}}e^{-\frac{t^2}{2}}dt$ 的“绝佳替代品”。Sigmoid 函数图像示例如图 10-2 所示。

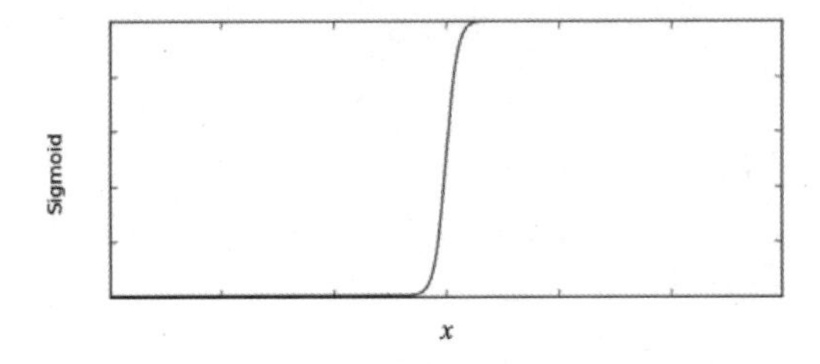

图 10-2　Sigmoid 函数图像示例

继续计算，可以得到 $F(-\boldsymbol{X}_i\boldsymbol{\gamma})$ 的计算结果：

$$F(-\boldsymbol{X}_i\boldsymbol{\gamma})=\frac{1}{1+e^{-\boldsymbol{X}_i\boldsymbol{\gamma}}}$$

所以将

$$\frac{P(y_i=1)}{1-P(y_i=1)}$$

取对数，可得如下式子：

$$\ln\left(\frac{P(y_i=1)}{1-P(y_i=1)}\right)=\boldsymbol{X}_i\boldsymbol{\gamma}$$

其中，$\boldsymbol{X}_i$ 是一个 $n\times m$ 矩阵，有 $m-1$ 个影响 y 取值的因素（其中，第一个列向量必须是全 1 的，所以影响 y 取值的特征向量有 $m-1$ 个），每个影响因素都是一个 $n\times1$ 的列向量，表示数

据集里有 n 个数据/元素。而 $\boldsymbol{\gamma}$ 是一个 $m\times1$ 的列向量，表示数据集中 n 个数据的最优参数，可以是最大值也可以是最小值，由实际情况或者所建立的数学模型而定。

现在这个逻辑回归问题就被彻底地转化为了可计算的线性回归问题了。

10.1.3　使用极大似然估计计算 Sigmoid 函数的损失函数

假设有一个 $n\times m$ 矩阵，实际上对于二分类问题，这个 m 是一个确定的值，即 3，不妨记作 3 个列向量：$\boldsymbol{X}_0$、$\boldsymbol{X}_1$、$\boldsymbol{X}_2$。$\boldsymbol{X}_0$ 是一个全 1 向量，关键需要理解 $\boldsymbol{X}_1$ 与 $\boldsymbol{X}_2$ 的含义。一般将“正作用”的数据集定为 $\boldsymbol{X}_2$，而将“负作用”的数据集定为 $\boldsymbol{X}_1$。这是为什么呢？注意在 10.1.1 节中提到的一个中间式子：

$$z_i = y_i^* - y_i^\sim = \boldsymbol{X}_i\boldsymbol{\gamma} + \varepsilon_i$$

z_i 是由正作用 y_i^* 减去负作用 $y_i^\sim$ 得到的，而不是负作用 $y_i^\sim$ 减去正作用 y_i^*。在下面的代码实例中读者也要多加注意传参的顺序问题。

从 Sigmoid 函数

$$P(y_i = 1) = \frac{1}{1+\mathrm{e}^{-\boldsymbol{X}_i\boldsymbol{\gamma}}}$$

可以得到如下的综合概率式子：

$$P(y_i) = P(y_i = 1)^{1_{(y_i=1)}} \times P(y_i = 0)^{1_{(y_i=0)}}$$

当 $y_i = 1$ 时：

$$P(y_i) = P(y_i = 1)$$

当 $y_i = 0$ 时：

$$P(y_i) = P(y_i = 0)$$

这是一种十分巧妙的书写方式，根据 $P(y_i) = P(y_i = 1)^{1_{(y_i=1)}} \times P(y_i = 0)^{1_{(y_i=0)}}$ 可以得到逻辑回归的似然函数。

令

$$H(\boldsymbol{X}_i)^{1_{y_i=1}}\left[1 - H(\boldsymbol{X}_i)\right]^{1_{(y_i=0)}}$$

可以得到：

$$L = \prod_i (\boldsymbol{X}_i)^{1_{y_i=1}}\left[1 - H(\boldsymbol{X}_i)\right]^{1_{(y_i=0)}}$$

对于难以计算的指数式往往采用取对数的方式将难以计算的叠乘式转化为方便计算的叠加式，这被称为“极大似然估计”，相应的式子如下：

$$\ln(L) = \sum_i 1_{(y_i=1)}\ln\left(H(\boldsymbol{X}_i)\right) + 1_{(y_i=0)}\ln\left(1 - H(\boldsymbol{X}_i)\right)$$

“极大似然估计”还有下一步计算，但是我们所需的结果已经有了，因为上式即是逻辑回归的“损失函数”。

10.1.4 逻辑回归模型求解的本质

逻辑回归模型求解的本质是计算 $y_i = 1$ 成立的概率，即

$$P(y_i = 1)$$

当然，如果模型要分析的是导致某事件不发生，或者某事件失败的因素，也可以反过来分析 $y_i = 0$ 成立的概率，即计算

$$P(y_i = 0)$$

模型的建立和研究的方向有关，但最终的预测结果不是概率，而是 1 和 0 这两个代表不同结果的值，所以需要用一个值来区分最终的结果，记为 α。当概率大于 α 时取 1，小于 α 时取 0。α 的取值往往和原数据集 y 值的 0 和 1 的比例有关，一般为 $\alpha = 0.5$，具体表达式如下：

$$y_i = \begin{cases} 1, \dfrac{1}{1+\mathrm{e}^{-X_i\gamma}} > \alpha \\ 0, \dfrac{1}{1+\mathrm{e}^{-X_i\gamma}} \leqslant \alpha \end{cases}$$

10.2 从梯度上升法与梯度下降法到逻辑回归

在 10.1 节中，已经得到了逻辑回归的 Sigmoid 函数的公式，并推导出了逻辑回归的损失函数，但是还缺少求解相应参数的方法，本节将介绍梯度上升法和梯度下降法，实际上梯度上升法和梯度下降法十分类似，只是相差一个符号而已。

10.2.1 梯度上升法和梯度下降法的由来

在介绍相关概念之前，重新审视逻辑回归的 Sigmoid 函数的输入值。我们可以在 10.1.2 节的末尾看到以下公式：

$$\ln\left(\frac{P(y_i = 1)}{1 - P(y_i = 1)}\right) = \boldsymbol{X}_i\boldsymbol{\gamma}$$

上式将求解输出由离散值 0/1 构成的 y 的式子，转化为一个求解概率大小的线性式子，从而将离散化的逻辑回归问题转化为线性回归问题。它有两个输入值：一个是 $\boldsymbol{X}_i$；另一个

是$\boldsymbol{\gamma}$。

对于二分类问题，$\boldsymbol{X}_i$是一个$n\times3$矩阵，它包含了 3 个$n\times1$的列向量，记为$\boldsymbol{X}_0$、$\boldsymbol{X}_1$、$\boldsymbol{X}_2$。其中，$\boldsymbol{X}_0$是全 1 列向量，$\boldsymbol{X}_1$是表示“负作用”的测试数据集，$\boldsymbol{X}_2$是表示“正作用”的测试数据集，所以向量集$\boldsymbol{X}_i$是逻辑回归分类器的输入数据。

$\boldsymbol{\gamma}$一般被认为是一个$1\times m$的行向量。

$\ln\left(\frac{P(y_i=1)}{1-P(y_i=1)}\right)=\boldsymbol{X}_i\boldsymbol{\gamma}$ 可以写成

$$\ln\left(\frac{P(y_i=1)}{1-P(y_i=1)}\right)=\boldsymbol{X}_i\boldsymbol{\gamma}=x_1\gamma+x_2\gamma+\cdots+x_{n-1}\gamma+x_n\gamma$$

又因为可记：

$$z=\ln\left(\frac{P(y_i=1)}{1-P(y_i=1)}\right)$$

所以

$$z=x_1\gamma+x_2\gamma+\cdots+x_{n-1}\gamma+x_n\gamma$$

上式为逻辑回归的 Sigmoid 函数输入最常见的表达式。

z由 0 或 1 组成，是一个$1\times n$的行向量，也被称为“标签向量”。它记录了数据集里n个数据的原始结果（即$\boldsymbol{X}_i$中每两对负作用$\boldsymbol{X}_{1,i}$和正作用$\boldsymbol{X}_{2,i}$对应的原始y_i的值）。

而$\boldsymbol{\gamma}$就是要找的最佳参数，由矩阵乘法运算可以推断出，它是一个 3×1 的列向量，需要使用梯度上升法或者梯度下降法来求解。

现在可以得知，要求的是$\boldsymbol{\gamma}$的极值，求极大值还是极小值需要依照实际情况来决定。

10.2.2　梯度下降法及梯度上升法的数学原理

梯度下降法基于数学原理的思想是：求某组连续数字取值范围中最小的数值，应该按照这组值构成函数图像的梯度去寻找，且梯度不断减小。可以用小球的滚动类比“梯度下降法”寻找最小值的过程，如图 10-3 所示。

从图 10-3 中可以看出，定义域取值范围是x轴−24～24（一格为 4 刻度）。众所周知，由于重力作用，小球最终会停止在坐标(0,0)处，于是这里的最小值y求得的是 0。“梯度下降法”算法的思路：在曲线上随机找到一个位置，然后寻找可以让小球下降的梯度，即y值一直减少的那个方向，沿着这个方向一点点地挪动小球，直到梯度方向改变，即由下降转为上升时则是所求的极小值点。

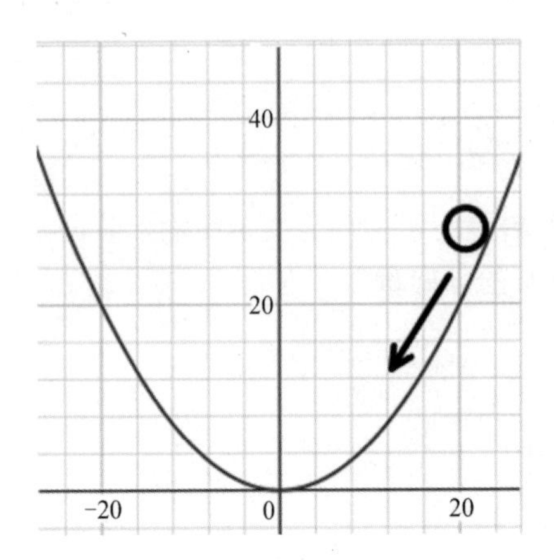

图 10-3　梯度下降法原理示意

原始的梯度下降法所求的结果是极小值点，或者说是梯度等于 0 的“鞍点”，然而并不能保证极小值点就是最小值点，这里以对钩函数为例，如图 10-4 所示。

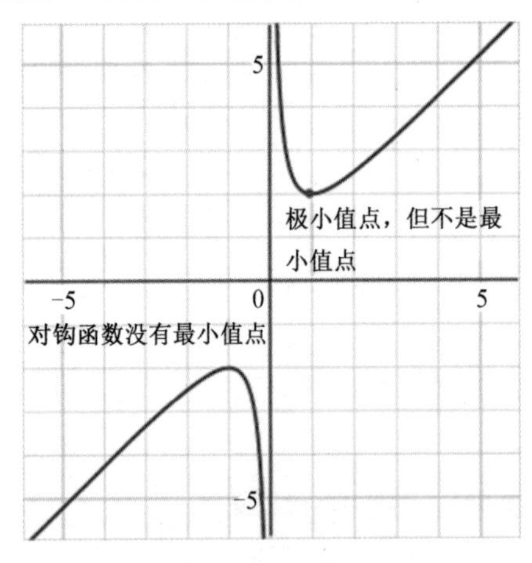

图 10-4　对钩函数

梯度下降法的公式如下：

$$\nabla f(x,y)=\begin{pmatrix}\dfrac{\partial f(x,y)}{\partial x}\\ \dfrac{\partial f(x,y)}{\partial y}\end{pmatrix}$$

其中

$$\frac{\partial f(x,y)}{\partial x}$$

的数学含义是对函数 $f(x,y)$ 求偏导，几何意义是沿着 x 方向上的梯度移动。同理

$$\frac{\partial f(x,y)}{\partial y}$$

是指沿着 y 方向上的梯度移动。可以选择将随机的点记为 (a_0,b_0)，沿着下降梯度的最邻近的第二个点记为 (a_1,b_1)，该点的欧氏距离记为 ΔL，有 $\Delta L<0$，则

$$\Delta L=-\left|f(a_1,b_1)-f(a_0,b_0)\right|$$

即

$$\Delta L=-\sqrt{(a_1-a_0)^2+(b_1-b_0)^2}$$

代入

$$\nabla f(x,y)=\begin{pmatrix}\dfrac{\partial f(x,y)}{\partial x}\\ \dfrac{\partial f(x,y)}{\partial y}\end{pmatrix}$$

可以近似等于

$$\Delta L\approx\frac{\partial f(a_0,b_0)}{\partial x}\cdot x+\frac{\partial f(a_0,b_0)}{\partial y}\cdot y$$

将

$$\Delta x=-\gamma\cdot\frac{\partial f(a_0,b_0)}{\partial x},\Delta y=-\gamma\cdot\frac{\partial f(a_0,b_0)}{\partial y}$$

代入

$$\Delta L\approx\frac{\partial f(a_0,b_0)}{\partial x}\cdot x+\frac{\partial f(a_0,b_0)}{\partial y}\cdot y$$

可得到梯度下降法的迭代公式：

$$x_{k+1}=x_k-\gamma\cdot\frac{\partial f(a_k,b_k)}{\partial x},y_{k+1}=y_k-\gamma\cdot\frac{\partial f(a_k,b_k)}{\partial y}$$

可以简记为

$$w=w-\alpha\cdot\nabla_w f(w)$$

梯度上升法与梯度下降法类似，只需将梯度下降法迭代公式中的负号改为正号即可：

$$x_{k+1}=x_k+\gamma\cdot\frac{\partial f(a_k,b_k)}{\partial x},y_{k+1}=y_k+\gamma\cdot\frac{\partial f(a_k,b_k)}{\partial y}$$

简记为

$$w=w+\alpha\cdot\nabla_w f(w)$$

在式子中，γ是小球移动一步的步宽，又称为“学习速率”。需要注意的是，学习速率值不可设置过大，建议设置为 0.01，但还要看具体的数据集，以实际为准，读者若没有把握，则可以增加迭代次数。

10.2.3 用 Python 实现逻辑回归

这里先给出完整的代码用例，再逐一进行讲解。本节使用的测试数据是“附件 1.xlsx”中的数据。打开“附件 1.xlsx”先阅读，理解后再删去开头的中文，只剩下表格内容，最后运行用例文件 logic.py，如图 10-5 所示。

学号	I	II	III	IV	V	VI	VII	VIII	IX	X
9181×××0138	南京一醴陵	824	1	6	0	1800	0	474.5	1	1
9181×××0107	南京一本溪	1621	1	9.07	0	1500	0	651.5	1	1
9181×××1216	南京一安顺	1600	1	10.93	0	2000	1	588	1	1
9181×××0127	南京一丹东	1700	1	10	0	2000	0	525	1	1
9181×××0111	南京一重庆	1361	1	9.75	0	1200	0	470	1	1
9171×××0239	南京一开原	1637	1	8.58	0	1800	0	670	0	1
9181×××1217	南京一宜昌	805	1	5.17	0	1500	0	308	1	1
9181×××0308	南京一上海	301	1	1.58	0	2000	0	134.5	1	1
9181×××1023	南京一长春	2013	1	9.38	1	1500	0	760	1	1
9181×××0111	南京一哈尔滨	2300	1	10.5	0	2000	1	656.5	1	1
9181×××0330	南京一绍兴	299	1	1.87	0	1500	1	137.5	0	1
9171×××0119	南京一青岛	980	0	13	0	1500	0	300	1	1
9181×××0214	南京一广州	1803	1	7.28	0	2000	0	660	1	0
9181×××0207	南京一九江	450	0	7.83	0	2000	1	64	1	0
9171×××0124	南京一太原	1204	0	12	0	500	1	152.5	1	0
9181×××0104	南京一如皋	239	0	2.12	0	1600	0	88.5	1	1
9161×××0339	南京一绵阳	1629	1	9.12	1	2000	0	785	1	0
9171×××0305	南京一北京	1162	1	4	0	1700	1	443.5	1	1
9171×××0103	南京一天津	1024	1	3.83	0	2000	1	393.5	1	1
9181×××0713	南京一安康	1569	0	16.73	1	1800	0	267.5	1	1
9171×××0238	南京一贵阳	2045	0	1.57	1	5000	1	213	0	0
9181×××0115	南京一衡阳	1282	1	5.35	0	2000	0	334	1	1
9171×××0227	南京一衡阳	1282	1	5.33	0	1800	1	445	1	1
9181×××0105	南京一泉州	1339	0	8.45	0	1300	1	318	0	0

图 10-5 用例文件 logic.py

图 10-5 所示为一张 2019 年某高校的调查表（关于寒假学生回家乘坐火车类型的意向调查表）。该表分为两类：乘坐高铁和乘坐除高铁外的火车。下面用表格数据来展示逻辑回归的原理，罗马数字对应表格里的各个列标，如下所示。

- I——高铁或火车的起点与终点。
- II——里程长度（千米）。
- III——购买高铁票还是火车票？（1 代表高铁，0 代表火车）
- IV——行驶时间（历时多少小时）。

- V——想乘高铁但没买到票，只能买火车票？或想乘火车但没买到票，只能买高铁票？（0 代表否，1 代表是）
- VI——可支配收入（元）。
- VII——购票费自付，还是家庭报销？（1 代表自付，0 代表家庭报销）
- VIII——购票价格（元）。
- IX——选择这两种交通工具，你是否注重舒适程度？（0 代表否，1 代表是）
- X——选择这两种交通工具，你是否注重时间成本？（0 代表否，1 代表是）

用例文件 logic.py 的代码如下：

```
import os
import Pandas as pd
import Matplotlib.pyplot as plt
import numpy as np
# 定义 Sigmoid 函数
def Sigmoid(x):
    return 1.0/(1.0 + np.exp(-x))
# 逻辑回归计算参数的核心
# 涉及 NumPy 库矩阵运算
def logicRegression(data, label):
    # 传入数据
    dataMatrix = data.to_numpy()
    labelMat = label.to_numpy()
    # 取出矩阵 dataMatrix 的列数作为回归系数的行数
    m, n = dataMatrix.shape
    # 将学习速率的值设为 0.01
    alpha = 0.01
    # 初始化回归系数 weights 为全 1
    weights = np.ones((n, 1))
    # 迭代 3000000 次，更新回归系数向量
    for cycle in range(3000000):
        vector = Sigmoid(dataMatrix.dot(weights))
        error = labelMat - vector
        weights = weights + alpha * (dataMatrix.T).dot(error)
    return weights
# 可视化模型
# x1 指里程长度，对于选择高铁(faster)来讲是负作用，而 y1 指收入/生活费，对于选择高铁(faster)
# 来讲是正作用
# x2 指里程长度，对于选择火车(lower)来讲是负作用，而 y2 指收入/生活费，对于选择火车(lower)
# 来讲是正作用
def visualize_model(x1, y1, x2, y2):
```

```
    # 设定显示大小
    fig = plt.figure(figsize=(6, 6), dpi=80)
    # 设定显示位置
    ax = fig.add_subplot(111)
    # 设定 x 轴标签
    ax.set_xlabel("$distance$")
    # 设定 x 轴刻度范围
    ax.set_xticks(range(0, 3000, 500))
    # 设定 y 轴标签
    ax.set_ylabel("$money$")
    # 设定 y 轴刻度范围
    ax.set_yticks(range(0, 4000, 100))
    # 设定点的颜色和透明度
    ax.scatter(x1, y1, color="b", alpha=0.4)
    ax.scatter(x2, y2, color="r", alpha=0.4)
    # 启用阴影
    plt.legend(shadow=True)
    # 显示图表
    plt.show()
if __name__ == '__main__':
    # 打开文件操作
    os.chdir('D:\\')
    # 读取测试数据集
    data = pd.read_excel('附件 1.xlsx', sep=',')
    # 数据清洗，删除买错票的人
    result = data['III']
    distance = data['II']
    money = data['VI']
    mistake = data['V']
    test1 = pd.DataFrame({'result': result, 'distance': distance, 'money': money,
     'mistake': mistake})
    # 删除因为缺票，而不得不买错票的人
    # faster 是买高铁票的人，而且是买对票的人
    # lower 是买火车票的人，而且是买对票的人
    test1 = test1[(test1.mistake == 0)]
    faster = test1[(test1.result == 1)]
    lower = test1[test1.result == 0]
    # 整理数据
    faster = pd.DataFrame({'distance': faster['distance'], 'money': faster['money']})
    lower = pd.DataFrame({'distance': lower['distance'], 'money': lower['money']})
    # 丢弃有误数据
```

```
    lower = lower.drop(index=129)
    # 关于可视化的步骤，红点标签值为 0，蓝点标签值为 1
    visualize_model(faster['distance'], faster['money'], lower['distance'],
     lower['money'])
    # 准备逻辑回归的数据集
    m, n = test1.shape
    datas  =  pd.DataFrame({'X0':  np.array([1]*m),  'X1':  test1['distance'],
'X2':   test1['money']})
    labels = pd.DataFrame({'label': test1['result']})
    # 运行逻辑回归代码并打印结果
    print(logicRegression(datas, labels))
```

可以看到，上述代码在导入了相关的第三方库 Matplotlib、NumPy、Pandas 后就定义了 Sigmoid 函数，代码如下：

```
# 定义 Sigmoid 函数
def Sigmoid(x):
    return 1.0/(1.0 + np.exp(-x))
```

可以看到，函数的定义和之前 Sigmoid 函数的公式一模一样：

$$S(x)=\frac{1}{1+\mathrm{e}^{-x}}$$

os 不是第三方库，而是一个 Python 内建库，用于将目录从默认的 C 盘用户文件夹里移动到“附件 1.xlsx”所在的 D 盘以导入数据。

NumPy 和 Pandas 库用于数据分析，Pandas 库提供了 DataFrame 数据结构，而 NumPy 库提供了 Series 数据结构，以及计算多维数组与矩阵的相关方法。在 logic.py 文件中，Pandas 库的主要作用在于用 read_excel()方法读取 Excel 文件，并将其中的数据转化为 DataFrame 数据结构。到此即可打印图表、查看汇总数据、分析各项数据的占比，然后判断下一步动向，选择需要使用的算法，可以是 KNN，也可以是 *K*-means，加以预测分析。这里直接使用逻辑回归进行了最后一步操作，即求得模型参数得出模型结果，实际上这么操作是不太合理的。

第三方库 Matplotlib 用于可视化，将图表打印出来。这里打印的是散点图，用户可以在这一步看到打印的结果。

```
visualize_model(faster['distance'],    faster['money'],    lower['distance'],
lower['money'])
```

上面这一行代码表示调用了可视化函数 visualize_model(x1,y1,x2,y2)，x 轴坐标是 distance（里程长度，这是“负作用”，因为大家都知道越长的旅程，乘车过程越不舒服）。而 y 轴坐标是 money，money 不是车票费而是可支配收入。由于调查的对象是大学生，所以这个可支配收入多为大学生的每月生活费。x1 和 y1 是指高铁（记为 faster）的 distance 和 money。而 x2 和 y2 是指火车（记为 lower）的 distance 和 money。可以看到，可视化函数定义在第 3 个位置（第 3 个 def 处），具体内容如下：

```
# 可视化模型
# x1 指里程长度,对于选择高铁(faster)来讲是负作用,而 y1 指收入/生活费,对于选择高铁(faster)
# 来讲是正作用
# x2 指里程长度，对于选择火车(lower)来讲是负作用，而 y2 指收入/生活费，对于选择火车(lower)
# 来讲是正作用
def visualize_model(x1, y1, x2, y2):
    # 设定显示大小
    fig = plt.figure(figsize=(6, 6), dpi=80)
    # 设定显示位置
    ax = fig.add_subplot(111)
    # 设定 x 轴标签
    ax.set_xlabel("$distance$")
    # 设定 x 轴刻度范围
    ax.set_xticks(range(0, 3000, 500))
    # 设定 y 轴标签
    ax.set_ylabel("$money$")
    # 设定 y 轴刻度范围
    ax.set_yticks(range(0, 4000, 500))
    # 设定点的颜色和透明度
    ax.scatter(x1, y1, color="b", alpha=0.4)
    ax.scatter(x2, y2, color="r", alpha=0.4)
    # 启用阴影
    plt.legend(shadow=True)
    # 显示图表
    plt.show()
```

从上述代码中可以看到，显示框的大小是 6 英寸×6 英寸，分辨率是 80dpi，位置在第 1 行第 1 列，共 1 张，也就是说，只有一张图表。相关代码如下：

```
    # 设定显示大小
    fig = plt.figure(figsize=(6, 6), dpi=80)
    # 设定显示位置
    ax = fig.add_subplot(111)
```

设定 x 轴和 y 轴的标签，分别是 distance 和 money，x 轴刻度范围是 0～3000，间隔为 500，y 轴刻度范围是 0～4000，间隔为 500。相关代码如下：

```
    # 设定 x 轴和 y 轴标签
    # 设定 x 轴刻度范围为 0～3000，间隔为 500
    # 设定 y 轴刻度范围为 0～4000，间隔为 500
    ax.set_xlabel("$distance$")
    ax.set_xticks(range(0, 3000, 500))
```

```
ax.set_ylabel("$money$")
ax.set_yticks(range(0, 4000, 500))
```

分开设定点集为高铁（faster）和火车（lower）是为了分别显示不同的颜色，高铁用蓝色（blue，简写为 b）表示，火车用红色（red，简写为 r）表示。设定阴影为打开状态，然后打印输出图表。相关代码如下：

```
# 设定点的颜色 color 和透明度 alpha
ax.scatter(x1, y1, color="b", alpha=0.4)
ax.scatter(x2, y2, color="r", alpha=0.4)
# 启用阴影
plt.legend(shadow=True)
# 显示图表
plt.show()
```

运行完整代码后的结果如图 10-6 所示。

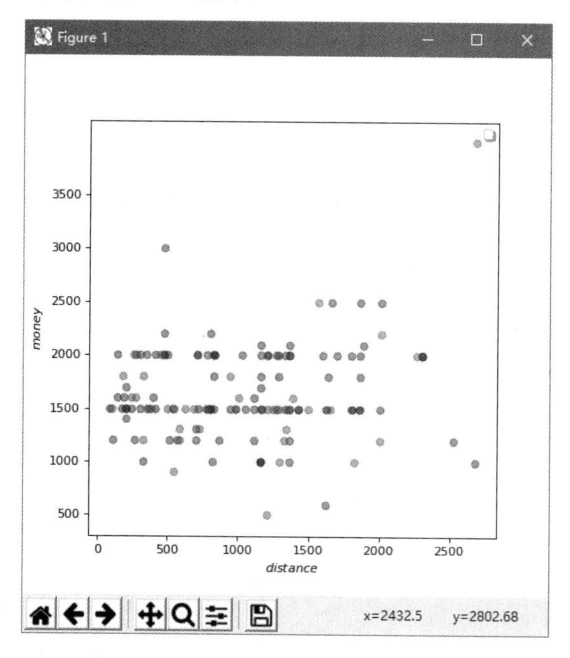

图 10-6　高铁和火车与里程长度和可支配收入的散点图

在 10.2.2 节中，给出了梯度下降法和梯度上升法的公式：

$$\nabla f(x,y)=\begin{pmatrix}\dfrac{\partial f(x,y)}{\partial x}\\[2mm]\dfrac{\partial f(x,y)}{\partial y}\end{pmatrix}$$

式中，$\dfrac{\partial f(x,y)}{\partial x}$是指沿着 x 轴方向上的梯度移动，而$\dfrac{\partial f(x,y)}{\partial y}$是指沿着 y 轴方向上的梯度移动。它们的值一定是同号的（同正同负），为正则是指沿着升高的方向，即“梯度上升法”，求得的是极大值。而为负的时候则是指沿着梯度减小的方向，即“梯度下降法”，可以求得一个极小值。需要注意的是，极小值和极大值不是最小值和最大值。

经过整理，得到了最后的迭代式：

$$x_{k+1} = x_k + \gamma \cdot \frac{\partial f(a_k, b_k)}{\partial x}, y_{k+1} = y_k + \gamma \cdot \frac{\partial f(a_k, b_k)}{\partial y}$$

简记为

$$w = w + \alpha \cdot \nabla_w f(w)$$

实际上梯度下降法和梯度上升法是一样的方向：

$$w = w + \alpha \cdot \nabla_w f(w)$$

式中，$\nabla_w f(w)$为负值则是梯度下降，为正值则是梯度上升。

本次代码中的 logicRegression()函数也是使用的梯度下降法，因为：

```
error = labelMat - vector
```

所以 weights 会一直减小。如果想使用梯度上升法，则可以将上述代码修改为：

```
error = vector - labelMat
```

这时上面公式中的$\nabla_w f(w)$就是正值，即为梯度上升。

现在来看下 logicRegression()函数的具体内容：

```
# 逻辑回归计算参数的核心
# 涉及 NumPy 库矩阵运算
def logicRegression(data, label):
    # 传入数据
    dataMatrix = data.to_numpy()
    labelMat = label.to_numpy()
    # 取出矩阵 dataMatrix 的列数作为回归系数的行数
    m, n = dataMatrix.shape
    # 将学习速率的值设为 0.01
    alpha = 0.01
    # 初始化回归系数 weights 为全 1
    weights = np.ones((n, 1))
    # 迭代 30000000 次，更新回归系数向量
    for cycle in range(30000000):
        vector = Sigmoid(dataMatrix.dot(weights))
        error = labelMat - vector
        weights = weights + alpha * (dataMatrix.T).dot(error)
```

```
    # 返回求得的回归系数向量
    return weights
```

其中，迭代公式是 for 循环这一部分，迭代了 30 000 000 次。用户可以使用 datetime 库来查看 for 循环的运行时间，用 psutil（process and system utilization，线程和系统利用率）库查看 CPU 和内存的利用率，还可以修改 logicRegression()函数，代码如下：

```
import psutil
import datetime
# 逻辑回归计算参数的核心
# 涉及 NumPy 库矩阵运算
def logicRegression(data, label):
    dataMatrix = data.to_numpy()
    labelMat = label.to_numpy()
    m, n = dataMatrix.shape
    alpha = 0.001
    weights = np.ones((n, 1))
    startTime = datetime.datetime.now()
    for cycle in range(3000000):
        mem = psutil.virtual_memory()
        print('内存利用率：{}\n 总共内存：{}MB\n 空闲内存：{}MB\n'.format(mem.percent,
mem.total/(2**20), mem.free/(2**20)))
        vector = Sigmoid(dataMatrix.dot(weights))
        error = labelMat - vector
        weights = weights + alpha * (dataMatrix.T).dot(error)
    endTime = datetime.datetime.now()
    print('for 循环运行时间：{}秒'.format((startTime-endTime).seconds))
    return weights
```

输出结果截取了部分内容，前面使用了省略号略去：

```
…
内存利用率：28.1
总共内存：32698.29296875MB
空闲内存：23496.21484375MB
for 循环运行时间：86225 秒
[[1640.03488009]
 [  67.20830112]
 [  40.00655447]]
Process finished with exit code 0
```

其中，使用了 datetime 库计算 for 循环迭代 30 000 000 次使用的时间；startTime 用于记录 for 循环开始时的时间戳；endTime 用于记录 for 循环结束时的时间戳；两个值之差即是 for 循环运行的时间间隔；而返回值 mem 是一个总的概览；virtual_memory()是 psutil 库的方法，用户可以从中找到与内存，乃至与 CPU 相关的内容，例如，mem.percent 是内存的使用率、mem.free 是空闲内存数（以比特为单位）、mem.total 是总共内存数（以比特为单位）。用户可利用 psutil 库来查看与计算机硬件相关的信息，尤其是可以在其运行时查看实时的硬件的使用状态。

先来看如下两行代码：

```
dataMatrix = data.to_numpy()
labelMat = label.to_numpy()
```

这两行代码的作用是传入数据，dataMatrix 向量组包含先前所说的两个特征："负作用" $\boldsymbol{X}_1$ 和"正作用" $\boldsymbol{X}_2$，其中还有一个 $\boldsymbol{X}_0$ 作为全 1 列向量。$\boldsymbol{X}_0$、$\boldsymbol{X}_1$、$\boldsymbol{X}_2$ 都是 $n\times1$ 的列向量，所以构成的向量组 dataMatrix 是一个 $n\times3$ 的矩阵；labelMat 是一个 $n\times1$ 的列向量，称作"标签向量"，用于存放分类标签，由于这里处理的是二分类问题，所以代码里的 labelMat 只含有 0 或 1。to_numpy()方法用于将原来 Pandas 库的 DataFrame 数据结构转化为 NumPy 库常见的 Series 数据结构，以方便迭代公式里的矩阵运算操作。

再来看如下 3 行代码：

```
m, n = dataMatrix.shape
alpha = 0.001
weights = np.ones((n, 1))
```

shape 对象可以得到矩阵 dataMatrix 的行列数，所以 m 是行数，n 是列数，n 为 3，m 为数据集的大小，由实际情况决定。

```
m, n = dataMatrix.shape
```

上面这行代码是 Python 独特的并列写法，如果写成

```
m = dataMatrix.shape
```

将返回一个列表 m，包含行与列两个数字。

这里取出 dataMatrix 的列数来构成全 1 列向量 $\boldsymbol{X}_0$，在代码中记为 weights。np.ones()方法用于生成全 1 矩阵，这里是 n（n 为 3）行 1 列，在下面这行代码中有所体现：

```
weights = np.ones((n, 1))
```

alpha 是学习速率，对应公式中的 γ：

$$x_{k+1}=x_k+\gamma\cdot\frac{\partial f\left(a_k,b_k\right)}{\partial x},y_{k+1}=y_k+\gamma\cdot\frac{\partial f\left(a_k,b_k\right)}{\partial y}$$

或者对应简写公式中的 α：

$$w=w+\alpha\cdot\nabla_w f\left(w\right)$$

学习速率值过大或过小都会影响最终的结果，应该合理判断。过大会出现两边"震荡"的样子，会极大地浪费内存，如图 10-7 所示。

学习速率值过小则难以达到极大值或者极小值，如图 10-8 所示。

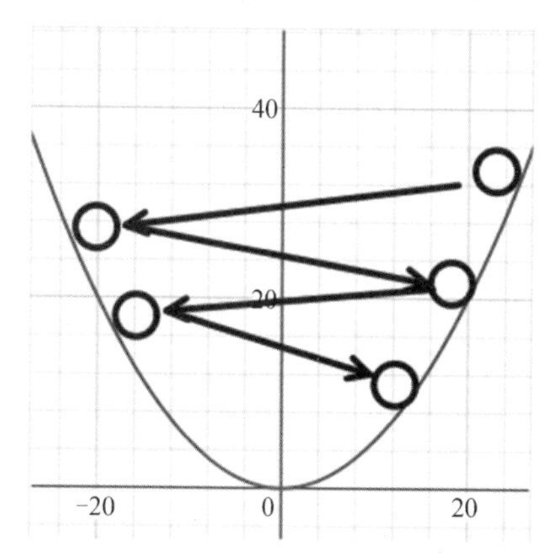

图 10-7　学习速率值过大的示意图

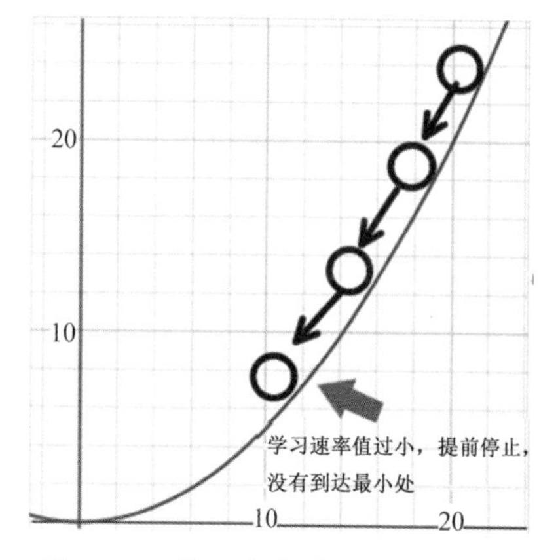

图 10-8　学习速率值过小的示意图

下面来看 for 循环，按照迭代公式进行迭代

$$x_{k+1} = x_k + \gamma \cdot \frac{\partial f(a_k, b_k)}{\partial x}, y_{k+1} = y_k + \gamma \cdot \frac{\partial f(a_k, b_k)}{\partial y}$$

对应代码为：

```
weights = weights + alpha * (dataMatrix.T).dot(error)
```

下面两行代码都是中间计算步骤：

```
vector = Sigmoid(dataMatrix.dot(weights))
error = labelMat - vector
```

返回值 weights 是一个1×3 的列向量，为最终求得的最佳系数。

最后是执行部分，主要作用是数据清洗和数据整理，并运行可视化函数和逻辑回归的梯度下降法代码。示例代码中的注释也比较清楚，数据清洗内容与本节所讲的逻辑回归没有太大关系，所以不再赘述。

```
if __name__ == '__main__':
# 打开文件操作
os.chdir('D:\\')
# 读取测试数据集
data = pd.read_excel('附件 1.xlsx', sep=',')
# 数据清洗，删除买错票的人
# result 是最终的购票结果
# distance 是里程长度
# money 是可支配收入
# mistake 是购票错误的标记
# 具体的列表与内容可以查看 Excel 文档
```

```
    result = data['III']
    distance = data['II']
    money = data['VI']
    mistake = data['V']
    test1 = pd.DataFrame({'result': result, 'distance': distance, 'money': 
money, 'mistake': mistake})
    # 删除因为缺票，而不得不买错票的人
    # faster 是买高铁票的人，而且是买对票的人
    # lower 是买火车票的人，也是买对票的人
    test1 = test1[(test1.mistake == 0)]
    faster = test1[(test1.result == 1)]
    lower = test1[test1.result == 0]
    # 整理数据
    faster = pd.DataFrame({'distance': faster['distance'], 'money': 
faster['money']})
    lower = pd.DataFrame({'distance': lower['distance'], 'money': 
lower['money']})
    # 丢弃有误数据
    lower = lower.drop(index=129)
    # 关于可视化的步骤，红点标签值为 0，蓝点标签值为 1
    visualize_model(faster['distance'], faster['money'], lower['distance'], 
lower['money'])
    # 准备逻辑回归的数据集
    m, n = test1.shape
    datas = pd.DataFrame({'X0': np.array([1]*m), 'X1': test1['distance'], 
'X2': test1['money']})
    labels = pd.DataFrame({'label': test1['result']})
    # 运行逻辑回归代码并打印结果
    print(logicRegression(datas, labels))
```

10.2.4 题外话：从用 Python 实现逻辑回归中看 psutil 库

psutil 是常见的用于获取系统信息的第三方库，可以用来获取硬盘、网络、CPU 和内存的相关信息。10.2.3 节中的示例使用了 psutil 库获取内存相关信息，当然还可以用 psutil 库查看实时的 CPU 的占用情况。

psutil 库使用 Python 脚本，并且是跨平台的，除了支持 Windows 系统，还支持 Linux、UNIX 等系统，主要用于监视系统资源、记录系统资源使用情况，以及限制系统的线程。本节主要围绕查看 CPU 和内存的使用情况进行介绍。

```
psutil.cpu_times(percpu=False)
```

上面的一行代码表示返回一个元组，用于表示各个 CPU 或者 CPU 总的使用时间，单位为秒。在 Windows 系统中 psutil.cpu_times 包含 5 个参数：user、system、idle、interrupt、dpc。user 用于表示 CPU 消耗在普通线程上、运行在用户模式（User Mode）上的时间；system 用于表示线程花费在内核模式（Kernel Mode）上的时间。

在用户模式下，代码没有对硬件的直接控制权，也不可以访问地址的内存。程序只能通过调用系统接口来访问硬件和内存。此时程序崩溃是可以恢复的。

而在内核模式下，代码具有对硬件的所有控制权，可以执行 CPU 指令和访问内存。这涉及计算机操作系统的底层，而计算机在绝大多数时间中运行在用户模式下。

idle 是指 CPU 什么都没做的时间；interrupt 是指 CPU 花费在硬件中断上的时间；dpc 是指 CPU 花费在延迟远调用（Deferred Procedure Calls，DPCs）上的时间，DPCs 是指比标准硬件中断优先级还要低的中断。

现在打印上述代码：

```
import psutil
# 一起输出时返回元组
print(psutil.cpu_times())
# 也可以分开，单独输出
print(psutil.cpu_times().user)
print(psutil.cpu_times().system)
print(psutil.cpu_times().idle)
print(psutil.cpu_times().interrupt)
print(psutil.cpu_times().idle)
```

输出结果如下：

```
scputimes(user=170114.765625, system=116241.78125000093, idle=4587015.578124999,
interrupt=6470.0625, dpc=4598.1875)
170114.765625
116241.78125000093
4587015.578124999
6470.0625
4587015.578124999
Process finished with exit code 0
```

当参数 percpu 被标记为 True 时，返回所有逻辑 CPU 的使用情况，比如“4 核 8 线程”的 CPU 就有 4 个物理 CPU、8 个逻辑 CPU。下面案例中使用的计算机是 8 核 16 线程的，尝试打印输出结果：

```
import psutil
# 输出每个 CPU 的汇总情况
print(psutil.cpu_times(percpu=True))
```

输出结果如下：

```
[scputimes(user=13546.234375, system=17598.484375, idle=273737.875,
interrupt=5219.109375, dpc=3808.875), scputimes(user=8857.578125,
system=5712.640625, idle=290312.375, interrupt=183.625, dpc=548.453125),
scputimes(user=12410.890625, system=8122.90625, idle=284348.484375,
interrupt=141.0, dpc=192.078125), scputimes(user=8663.59375,
system=3524.828125, idle=292693.859375, interrupt=45.703125, dpc=3.828125),
scputimes(user=12892.09375, system=7689.4375, idle=284300.75,
interrupt=85.21875, dpc=3.796875), scputimes(user=7028.46875,
system=14729.531249999942, idle=283124.28125, interrupt=70.375,
dpc=3.359375), scputimes(user=11913.453125, system=7180.640624999942,
idle=285788.1875, interrupt=85.078125, dpc=3.4375),
scputimes(user=7792.671875, system=3414.265625000058,
idle=293675.34374999994, interrupt=55.0625, dpc=6.34375),
scputimes(user=12770.171874999998, system=10513.421875000058,
idle=281598.68749999994, interrupt=85.078125, dpc=4.921875),
scputimes(user=7004.015625, system=4175.15625, idle=293703.10937499994,
interrupt=62.265625, dpc=3.25), scputimes(user=11188.515624999998,
system=6953.828124999942, idle=286739.9375, interrupt=80.0625, dpc=4.84375),
scputimes(user=8552.578125, system=4585.5, idle=291744.203125,
interrupt=57.84375, dpc=3.453125), scputimes(user=13777.140625,
system=7484.46875, idle=283620.67187499994, interrupt=82.453125,
dpc=3.796875), scputimes(user=8172.546875, system=3292.156250000058,
idle=293417.57812499994, interrupt=47.9375, dpc=3.625),
scputimes(user=13055.25, system=5784.375, idle=286042.65625,
interrupt=75.90625, dpc=3.546875), scputimes(user=12585.109374999998,
system=5582.703125, idle=286714.46875, interrupt=100.109375, dpc=5.0625)]
Process finished with exit code 0
```

从输出结果中可以看出，一共输出了 16 个逻辑 CPU 的使用情况。当然，用户也可以打印出 CPU 的占比情况，这时可以使用 cpu_percent()方法。

```
psutil.cpu_percent(interval=None, percpu=False)
```

cpu_percent()方法返回一个浮点数，用来表示最近一段时间系统 CPU 的占用率。当参数 interval 的值大于 0 时，将计算 CPU 到下一次中断前的 CPU 占用率；当参数 interval 的值等于 0 或者 None 时，计算系统从上次中断或者导入库时到现在的 CPU 占用率，并立刻返回一个浮点数作为结果。返回值若是 0.0，则说明占用时间很短，小于 0.1 秒，CPU 占用率几乎可以忽略。cpu_percent()方法也有参数 percpu，当赋值为 True 时，计算所有逻辑 CPU 的占用率，示例如下：

```
import psutil
# 返回值为从导入 import 语句开始到结束
print(psutil.cpu_percent(interval=1))
# 下一步计算执行这两条 print 语句期间的 CPU 占用率
# 由于从上一句中断到现在没有任何操作，所以使用时间很短，返回 0.0
print(psutil.cpu_percent(interval=0))
```

输出结果如下：

```
2.7
0.0
Process finished with exit code 0
```

需要注意的是，还有一个方法，可以同时显示 CPU 占用率和使用时间。

```
psutil.cpu_times_percent(interval=None, percpu=False)
```

上面一行代码是 CPU 占用率和使用时间代码的结合，它既可以打印 CPU 占用率：

```
psutil.cpu_percent(interval=None, percpu=False)
```

又可以兼顾显示 CPU 占用时间。

```
psutil.cpu_times(percpu=False)
```

由于篇幅有限，且与上文内容有过多重叠，这里不再赘述。

```
psutil.cpu_freq(percpu=False)
```

上面一行代码表示可以打印 CPU 的实时频率，包含最近一段时间的频率（current）、最小频率（min）、最大频率（max），以包含浮点数的元组形式返回。cpu_freq()方法也有参数 percpu。示例如下：

```
import psutil
print(psutil.cpu_freq())
```

输出结果如下：

```
scpufreq(current=3750.0, min=0.0, max=3750.0)
Process finished with exit code 0
```

下面介绍查看内存使用情况的方法，共有两个，常用的为：

```
psutil.virtual_memory()
```

在 Windows 系统中，virtual_memory()方法的返回值一共有 4 个参数：total、available、used 和 free。

total 是指总共的物理内存，排除交换内存（Swap Memory）；available 是指可用内存，也不含交换内存，“可用”是指空闲的内存加上可以立即被释放而转为空闲的内存；used 是指当前被占用的内存；free 与 available 不同，free 是指完全空闲的内存，即完全没有被写入的空闲内存。

10.2.5 逻辑回归可视化：绘制决策边界

所谓“决策边界”，是指将二分类的点集用一条线分为两边，以标记大致的分布区域，其需要依赖 Matplotlib 库来实现。实现代码如下：

```
def draw(result, data, label)
    # 传入相关值
    data = np.array(data)
    label = np.array(label)
    m,n = data.shape
    # 定义空数组，用于存放正作用与负作用对应的值
    x1 = []
    y1 = []
    x2 = []
    y2 = []
    # 循环遍历，得到点集（x1,y1）和（x2,y2）
    for i in range(m):
        if int(label[i]) == 1:
            x1.append(data[i, 1])
            y1.append(data[i, 2])
        else:
            x2.append(data[i, 1])
            y2.append(data[i, 2])
    # 设定图表绘制大小和位置参数
    fig = plt.figure(figsize=(8, 8), dpi=80)
    ax = fig.add_subplot(111)
    # 设定颜色参数
    ax.scatter(x1, y1, color="b", alpha=0.4)
    ax.scatter(x2, y2, color="r", alpha=0.4)
    # 设定图表的 x 轴和 y 轴刻度范围及标签
    ax.set_xlabel("$distance$")
    ax.set_xticks(range(0, 3000, 500))
    ax.set_ylabel("$money$")
    ax.set_yticks(range(0, 4000, 500))
    # 定义与直线相关的特征
    x = range(0, 3000, 500)
    y = (result[0]+result[1]*x)/result[2]
    # 绘制并打印图表
    ax.plot(x, y)
    plt.show()
if __name__ == '__main__':
```

```
…
# 主程序处运行
result = logicRegression(datas, labels)
print(result)
draw(result, datas, labels)
```

本节绘制点集使用了列表，代码如下：

```
# 定义空数组，用于存放正作用与负作用对应的值
x1 = []
y1 = []
x2 = []
y2 = []
# 循环遍历，得到点集（x1,y1）和（x2,y2）
for i in range(m):
    if int(label[i]) == 1:
        x1.append(data[i, 1])
        y1.append(data[i, 2])
    else:
        x2.append(data[i, 1])
        y2.append(data[i, 2])
```

10.2.3 节中的例子使用的是 Pandas 库的 DataFrame 数据结构，直接用字典的形式传入，代码如下：

```
# 整理数据
faster = pd.DataFrame({'distance': faster['distance'], 'money': faster['money']})
lower = pd.DataFrame({'distance': lower['distance'], 'money': lower['money']})
# 丢弃有误数据
lower = lower.drop(index=129)
# 关于可视化的步骤，红点标签值为 0，蓝点标签值为 1
visualize_model(faster['distance'], faster['money'], lower['distance'],
lower['money'])
```

使用 Pandas 库的 DataFrame 数据结构相对而言更加清晰、易懂，本节使用的是列表存放，反而显得复杂。

然后，还要获得点集 y 才可以绘制图像，使用的是 Sigmoid 函数：

$$S(x)=\frac{1}{1+\mathrm{e}^{-x}}$$

将上式中的参数 x 设置为 0，可以得到如下代码：

```
y = (result[0]+result[1]*x)/result[2]
```

接着绘制直线并打印图表，代码如下：

```
    # 设定图表绘制大小和位置参数
```

```
fig = plt.figure(figsize=(8, 8), dpi=80)
ax = fig.add_subplot(111)
# 设定颜色参数
ax.scatter(x1, y1, color="b", alpha=0.4)
ax.scatter(x2, y2, color="r", alpha=0.4)
# 设定图表的 x 轴和 y 轴刻度范围及标签
ax.set_xlabel("$distance$")
ax.set_xticks(range(0, 3000, 500))
ax.set_ylabel("$money$")
ax.set_yticks(range(0, 4000, 500))
# 定义与直线相关的特征
x = range(0, 3000, 500)
y = (result[0]+result[1]*x)/result[2]
# 绘制并打印图表
ax.plot(x, y)
plt.show()
```

最后的可视化结果如图 10-9 所示。

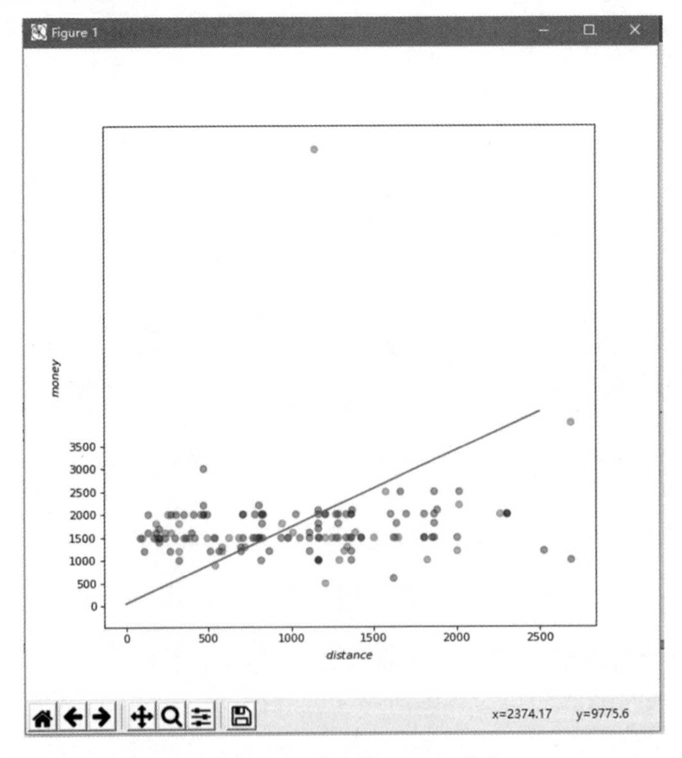

图 10-9　决策边界可视化结果

11

第 11 章 模型评估与模型改进

本章主要介绍模型评估与模型改进，也可以说是对第 9 章和第 10 章的一个回顾与总结。本章通过回顾之前的内容来探究如何评估模型的质量和改进模型。

本章主要涉及的知识点如下。

◎ 评估线性回归模型——决定系数和均方差 MSE。

◎ 评估分类模型。

◎ 查准率和查全率的概念。

◎ ROC 曲线和 AUC 指标的概念。

◎ 从一元线性回归到多元线性回归问题。

◎ 通过设定惩罚项来改进线性回归模型。

◎ 模型改进：随机梯度下降法。

11.1 线性回归模型的评估与改进

本节主要介绍线性回归模型的评估与改进。在线性回归模型的评估方面主要介绍 R 方值和残差分析，线性回归模型属于比较简单且比较基础的知识点；在线性回归模型的改进方面主要介绍“惩罚项的设定”和“从一元线性回归到多元线性回归问题”。

11.1.1 线性回归模型的评估

在 9.1.1 节中定义了最小二乘准则，也是 OLS 回归模型的损失函数，其具体内容如下：

$$\sum_{i=1}^{m}\left|y_i - f\left(x_i\right)\right|^2$$

线性回归的目的是使得上式的计算结果越小越好。其中，第 i 个观测值 y_i 与它对应的第 i 个预测值 $f\left(x_i\right)$ 之差的结果（不含绝对值符号）称为“残差”，记为 $y_i - f\left(x_i\right)$，而用最小二乘准则的目的是得出数据集中所有“残差”的平方和，称作“误差平方和”，记为 SSE。其中，$f\left(x_i\right)$ 是预测值的结果。SSE 被认为是“总平方和”SST 中可以解释的部分，具体公式如下：

$$\mathrm{SSE} = \sum_{i=1}^{m}\left|y_i - f\left(x_i\right)\right|^2$$

除此之外，还有一个与“总平方和”SST 相关的概念，它是指第 i 个观测值 y_i 与数据集原来的样本的算术平均值之差的平方和，其中，$\overline{y_i}$ 是平均值，式子如下：

$$\mathrm{SST} = \sum_{i=1}^{m}\left|y_i - \overline{y_i}\right|^2$$

而“回归平方和”SSR 是预测值与算术平均值之差的平方和，它是数据集里可以解释的部分，式子如下：

$$\mathrm{SSR} = \sum_{i=1}^{m}\left|f\left(x_i\right) - \overline{y_i}\right|^2$$

其中，$f\left(x_i\right)$ 是预测值的结果，$\overline{y_i}$ 是算数平均值。统计学中有一个重要结论：“总平方和”等于“误差平方和”与“回归平方和”之和，即

$$\mathrm{SST} = \mathrm{SSE} + \mathrm{SSR}$$

可以这么理解，“回归平方和”SSR 划定了基本准确的误差范围，而“误差平方和”SSE 划定了不准确的误差范围。通过该公式计算，可以求得一个 0～1 的数，称为模型的“决定系数”，其可以用来判定一个模型的好坏。一般的计算结果都在 0.4～0.8 之间，这个数越低，说明模型拟合效果越差，应该更换模型；而这个数过高，也可能说明模型是过度拟合了（也称“模型陷阱”）。

判定系数称为 R 方，其取值范围为[0,1]，用“回归平方和”SSR 与“总平方和”SST 之比表示，记作 R^2，式子如下：

$$R^2 = \frac{\text{SSR}}{\text{SST}}$$

R^2 所表达的意思是“总平方和”中可以解释的部分，即“回归平方和”SSR 所占的比例。这也可以解释为什么“R 方越高，模型越好”了。

还有一个参数“均方差”MSE，它是由“误差平方和”SSE 求平均值得到的，一般用来判断预测值与实际值之间的偏差。“均方差 MSE 越小，模型越好，式子如下：

$$\text{MSE} = \frac{1}{n}\sum_{i=1}^{m}\left|y_i - f(x_i)\right|^2$$

什么是残差分析呢？这里给出定义，在如下的线性回归模型中：

$$y = a \cdot x + b + \varepsilon_i$$

假设 ε_i 是一个期望为 0，方差相等且服从正态分布的随机变量。若关于 $E(\varepsilon_i)$ 假设不成立，此时所做的检验以及估计和预测是违背原则且站不住脚的。为了确定关于 $E(\varepsilon_i)$ 的假设是否成立，服从正态分布的方法之一是进行残差分析。

具体的分析分为以下 3 个步骤。

（1）对所有 x 值，ε_i 的方差都相同，且描述变量 x 和 y 之间的回归模型是合理的，残差图中的所有点落在一条水平带中间。

（2）如果对所有的值，ε_i 的方差是不同的，对于较大的 x 值，相应的残差也较大，则违背了 ε_i 的方差相等的假设。

（3）若发现满足（2），则回归模型不合理，应考虑曲线回归与多元回归模型。

这里给出用 Matplotlib 库绘制残差分析图的示例，代码如下：

```
# 导入 Pandas 库，用于读取 CSV 文件
import Pandas as pd
# 导入 Statsmodels 库，用于定义线性回归中被称为“切比雪夫准则”（也称最小一乘法）的损失函数
import Statsmodels.api as sm
from Statsmodels.regression.quantile_regression import QuantReg
# 导入 Matplotlib 库，用于绘制图表
from pylab import *
import Matplotlib.pyplot as plt
# 导入 Sklearn 库，用于定义线性回归中被称为“最小二乘准则”（也称最小二乘法）的损失函数
from Sklearn.metrics import r2_score
from Sklearn import linear_model
def generate_data():
    np.random.seed(4889)
    x = np.array([10] + list(range(10, 29)))
    error = np.round(np.random.randn(20), 2)
    y = x + error
```

```
    x = np.append(x, 29)
    y = np.append(y, 20)
    return pd.DataFrame({"x": x, "y": y})

# OLS 回归模型具体实现
# 定义损失函数“最小二乘准则”（也称最小二乘法）
def train_OLS(x, y):
    # 调用 Sklearn 库的 linear_model 中的现成的最小二乘准则模型，名为 LinearRegression
    model = linear_model.LinearRegression()
    # 进行模型拟合操作
    model.fit(x, y)
    # 打印模型计算出的参数
    # intercept_是参数 b（图 9-6 中标题为 OLS 的图表里斜线的截距）
    print(model.intercept_)
    # coef_是参数 a（图 9-6 中标题为 OLS 的图表里斜线的斜率值）
    print(model.coef_)
    # 返回预测值，存放在变量 re 中
    re = model.predict(x)
    # 打印均方差 MSE
    print(mean_squared_error(y, re))
    # 打印 R 方值
    print(r2_score(y, re))
    # 将 re 作为 train_OLS()函数的返回值
    return re
# LAD 回归模型具体实现
# 定义损失函数“切比雪夫准则”（也称最小一乘法）
def train_LAD(x, y):
    # 加入全 1 列作为扰动项系数
    X = sm.add_constant(x)
    # 调用 Statsmodels 库中现成的分位数回归模型
    model = QuantReg(y, X)
    # 用分位数回归模型作为替代，进行拟合。可行的原因有如下两个：分位数回归参数 q 的值为 0.5
    # 时，等同于“切比雪夫准则”（也称最小一乘法）；切比雪夫准则是分位数回归的一种特殊情况
    model = model.fit(q=0.5)
    # 返回预测值，存放在变量 re 中
    re = model.predict(X)
    # 将 re 作为 train_LAD()函数的返回值
    return re
# 定义模型可视化函数
def visualizeModel(x, y, ols, lad):
    # 定义显示框的长/宽 figsize 和分辨率 dpi
    fig = plt.figure(figsize=(12, 6), dpi=80)
```

```
    # 定义两张图表 ax2 和 ax3 及其放置的位置
    # 121 表示将画布划分为 1 行 2 列，ax2 在第 1 个位置
    # 122 表示将画布划分为 1 行 2 列，ax3 在第 2 个位置
    ax2 = fig.add_subplot(121)
    ax3 = fig.add_subplot(122)
    ax2.set_xlabel("$x$")
    ax2.set_ylabel("$y$")
    ax2.set_title('OLS')
    ax3.set_xlabel("$x$")
    ax3.set_ylabel("$y$")
    ax3.set_title('LAD')
    # 定义点的颜色为蓝色，alpha 值为 0.4，图示显示为实验数据
    ax2.scatter(x, y, color='b', marker='d', alpha=0.4, label='实验数据')
    # 定义线的图示显示为预测数据
    ax2.plot(x, ols, color='b', linestyle='-.', label='预测数据')
    # 图表 ax3 样式同 ax2
    ax3.scatter(x, y, color='y', marker='D', alpha=0.4, label='实验数据')
    ax3.plot(x, lad, color='y', linestyle=':', label='预测数据')
    # 显示阴影
    plt.legend(shadow=True)
    # 将结果显示到屏幕上
    plt.show()
def OLS_vs_LAD(data):
    features = ["x"]
    label = ["y"]
    # 返回的 ols 是 OLS 回归模型的预测值
    ols = train_OLS(data[features], data[label])
    # 返回的 lad 是 LAD 回归模型的预测值
    lad = train_LAD(data[features], data[label])
    # 调用可视化函数将图表打印至屏幕
    visualizeModel(data[features], data[label], ols, lad)
def residualPlots(data):
    # 传入参数
    features = ["x"]
    label = ["y"]
    ols = train_OLS(data[features], data[label])
    # 从这里到倒数第 2 行，用于定义残差评估图的样式
    fig1 = plt.figure(figsize=(8, 8), dpi=100)
    ax = fig1.add_subplot(111)
    # 定义训练数据的点的样式：蓝色，形状为 o 样式，图示为训练数据
    ax.scatter(ols, ols - data[label], c='blue', marker='o', label='训练数据')
    # 定义 x 轴和 y 轴的名称
    ax.set_xlabel('Predicted values')
```

```
    ax.set_ylabel('Residuals')
    # 图示规定显示在左上角
    ax.legend(loc='upper left')
    # 绘制残差评估图的参考线
    # 样式为红色，显示范围是 x 轴 0～30
    ax.hlines(y=0, xmin=0, xmax=30, colors='red')
    # 显示残差评估图
    plt.show()
if __name__ == "__main__":
    plt.rcParams['font.sans-serif'] = ['SimHei']  # 用来正常显示中文标签
    plt.rcParams['axes.unicode_minus'] = False  # 用来正常显示负号
    data = generate_data()# 生成数据
    OLS_vs_LAD(data)# 打印拟合曲线
    residualPlots(data)# 残差分析图
```

上述代码参考的是 9.4.2 节中的示例代码，在此基础上增添了残差分析图的绘制，以及 R 方值计算的代码。为了方便，R 方值的计算使用了 Sklearn.metrics 中封装的 r2_score()方法，而残差分析图的代码则需要手动输入。

在 train_OLS(x, y)函数的倒数第 2 行增添了：

```
print(r2_score(y, re))
```

用于打印 OLS 回归模型的 R 方值，仅以此为例，并没有在 LAD 回归模型中添加。同样地，在 train_OLS(x, y)函数的倒数第 3 行增添了：

```
print(mean_squared_error(y, re))
```

用于打印函数的 MSE（mean_squared_error），同样只添加在了 OLS 回归模型中。

打印残差分析图的示例代码如下：

```
def residualPlots(data):
    # 传入参数
    features = ["x"]
    label = ["y"]
    ols = train_OLS(data[features], data[label])
    # 从这里到倒数第 2 行，用于定义残差评估图的样式
    fig1 = plt.figure(figsize=(8, 8), dpi=100)
    ax = fig1.add_subplot(111)
    # 定义训练数据的点的样式：蓝色，形状为 o 样式，图示为训练数据
    ax.scatter(ols, ols - data[label], c='blue', marker='o', label='训练数据')
    # 定义 x 轴和 y 轴的名称
    ax.set_xlabel('Predicted values')
    ax.set_ylabel(' Residuals values ')
    # 图示规定显示在左上角
    ax.legend(loc='upper left')
```

```
    # 绘制残差评估图的参考线
    # 样式为红色，显示范围是 x 轴 0～30
    ax.hlines(y=0, xmin=0, xmax=30, colors='red')
    # 显示残差评估图
    plt.show()
```

可以看到，如下代码主要用来传参：

```
features = ["x"]
label = ["y"]
ols = train_OLS(data[features], data[label])
```

第 2 行和第 3 行代码的作用是将传入的 DataFrame 数据结构的数据转为一个二维数组。需要注意的是，在传入前要通过 reshape()方法将其变为一个二维数组，否则 Pandas 库将默认它是一维的，从而会报错。

```
ols = train_OLS(data['x'].values.reshape(-1,1), data['y'].values.reshape(-1,1))
```

如果直接传入 data['x']和 data['y']将会报错，示例如下：

```
   "if it contains a single sample.".format(array))
ValueError: Expected 2D array, got 1D array instead:
array=[10 10 11 12 13 14 15 16 17 18 19 20 21 22 23 24 25 26 27 28 29].
Reshape your data either using array.reshape(-1, 1) if your data has a single
feature or array.reshape(1, -1) if it contains a single sample.
```

再来看下面的两行代码：

```
fig1 = plt.figure(figsize=(8, 8), dpi=100)
ax = fig1.add_subplot(111)
```

这两行代码定义了图表绘制的基本框图。分辨率为 100dpi，大小是 8 英寸×8 英寸，位于 1 行 1 列的框图里，共 1 张图表。

然后又定义了训练数据的点的样式（蓝色，形状为 o 样式，图示为训练数据），以及 x 轴和 y 轴的名称（x 轴是 Predicted values “预测值”，y 轴是 Residua values “残差”），具体代码如下：

```
ax.scatter(ols, ols - data[label], c='blue', marker='o', label='训练数据')
ax.set_xlabel('Predicted values')
ax.set_ylabel(' Residua values ')
```

接着又定义了图示位置在左上角（upper left）并绘制残差评估图的参考线，线条样式为红色，显示范围是 x 轴 0～30，具体代码如下：

```
ax.legend(loc='upper left')
ax.hlines(y=0, xmin=0, xmax=30, colors='red')
plt.show()
```

代码运行的结果如图 11-1 和图 11-2 所示。图 11-1 所示为 OLS 回归模型和 LAD 回归模型的拟合曲线图。图 11-2 所示为 OLS 回归模型的残差分析图。

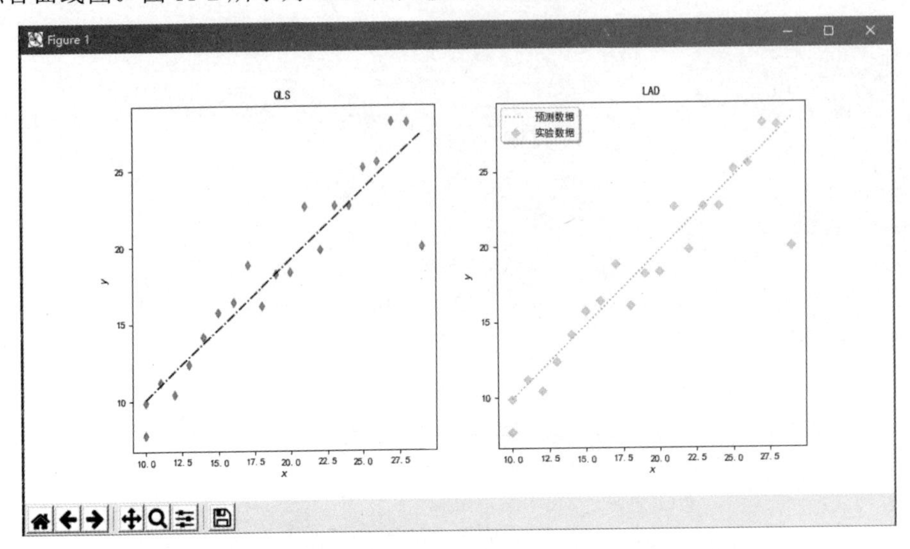

图 11-1 OLS 回归模型和 LAD 回归模型的拟合曲线图

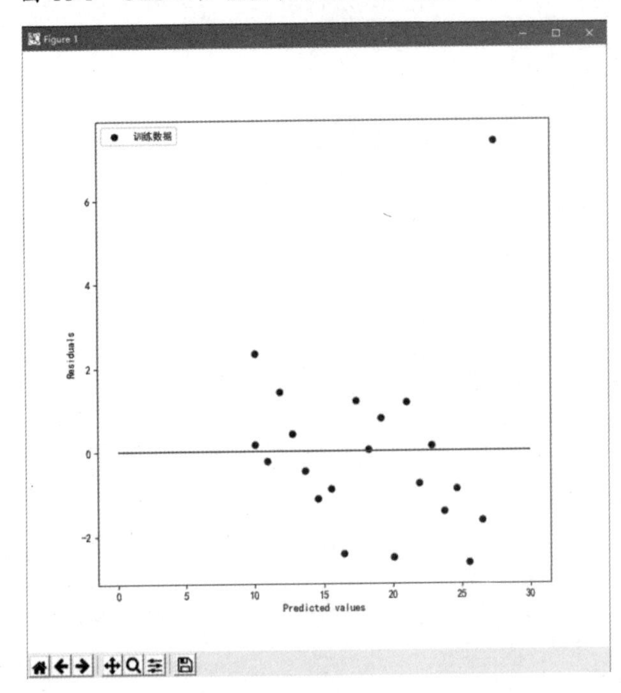

图 11-2 OLS 回归模型的残差分析图

最后是 R 方值、MSE 和拟合参数的输出，R 方值是 0.8 701 440 026 304 358，MSE 是 4.45 430 204 758 885，拟合参数是一个 2×1 矩阵：

```
C:\Users\TIM\AppData\Local\Programs\Python\Python37-32\lib\site
packages\numpy\core\fromnumeric.py:2389:  FutureWarning:  Method  .ptp  is
deprecated and will be removed in a future version. Use numpy.ptp instead.
  return ptp(axis=axis, out=out, **kwargs)
[0.89516804]
[[0.91360368]]
4.45430204758885
0.8701440026304358
Process finished with exit code 0
```

11.1.2　模型改进：从一元线性回归到多元线性回归问题

什么是多元线性回归？在回归分析中，如果有两个或者两个以上的自变量，则称为“多元回归”。在实际情况中，一种现象常常是与多个因素相联系的，而且使用多个自变量的最优组合来共同预测或估计因变量，比只用一个自变量进行预测或估计更有效，且更符合实际。当一个变量受到多个因素影响时，表现在线性回归模型中的解释变量有多个，这样的模型称为“多元线性回归模型”（Multivariable Linear Regression Model）。

多元线性回归模型的一般形式为

$$Y_i = \beta_0 + \beta_1 X_{1i} + \beta_2 X_{2i} + \cdots + \beta_k X_{ki} + \mu_i, i = 1, 2, \cdots, n$$

其中，k 是解释变量（即自变量）的数目，β_j $(1,2,\cdots,k)$ 称为回归系数（Regression Coefficient）。上式也被称为“总体回归函数的随机表达式”。

总体回归函数的非随机表达式为

$$Y_i = \beta_0 + \beta_1 X_{1i} + \beta_2 X_{2i} + \cdots + \beta_k X_{ki}, i = 1, 2, \cdots, n$$

其中，β_j 被称为偏回归系数（Partial Regression Coefficient）。在计算多元线性回归模型之前，先来看一下其简化后的一般形式：

$$Y = \beta_0 + \beta_1 X_1 + \beta_2 X_2 + \cdots + \beta_k X_k + \varepsilon, \varepsilon \sim N\left(0, \delta^2\right)$$

可见，多元线性回归模型的参数估计同一元线性回归方程一样，也是在求误差平方和为最小的前提下，用最小二乘法或者极大似然估计求解参数。设 $\left(x_{11}, x_{12}, \cdots, x_{1p}, y_1\right), \cdots, \left(x_{n1}, x_{n2}, \cdots, x_{np}, y_n\right)$ 是一个样本，采用极大似然估计来求解参数。

取 $\hat{b}_0, \hat{b}_1, \cdots, \hat{b}_p$，当 $b_0 = \hat{b}_0, b_1 = \hat{b}_1, \cdots, b_p = \hat{b}_p$ 时，

$$Q = \sum_{i=1}^{n}\left(y_i - b_0 - b_1 x_{i1} - \cdots - b_p x_{ip}\right)^2$$

达到最小值。计算

$$\begin{cases} \dfrac{\partial Q}{\partial b_0} = -2\sum_{i=1}^{n}\left(y_i - b_0 - b_1 x_{i1} - \cdots - b_p x_{ip}\right) = 0 \\ \dfrac{\partial Q}{\partial b_j} = -2\sum_{i=1}^{n}\left(y_i - b_0 - b_1 x_{i1} - \cdots - b_p x_{ip}\right) x_{ij} = 0 \end{cases}, j = 1, 2, \cdots, p$$

化简可得

$$\begin{cases} b_0 n + b_1 \sum_{i=1}^{n} x_{i1} + b_2 \sum_{i=1}^{n} x_{i2} + \cdots + b_p \sum_{i=1}^{n} x_{ip} = \sum_{i=1}^{n} y_i \\ b_0 \sum_{i=1}^{n} x_{i1} + b_1 \sum_{i=1}^{n} x_{i1}^2 + b_2 \sum_{i=1}^{n} x_{i1} x_{i2} + \cdots + b_p \sum_{i=1}^{n} x_{ip} = \sum_{i=1}^{n} x_{i1} y_i \\ \vdots \\ b_0 \sum_{i=1}^{n} x_{ip} + b_1 \sum_{i=1}^{n} x_{ip} x_{i1} + b_2 \sum_{i=1}^{n} x_{ip} x_{i2} + \cdots + b_p \sum_{i=1}^{n} x_{ip}^2 = \sum_{i=1}^{n} x_{ip} y_i \end{cases}$$

再引入矩阵

$$\boldsymbol{X} = \begin{bmatrix} 1 & x_{11} & x_{12} & \cdots & x_{1p} \\ 1 & x_{21} & x_{22} & \cdots & x_{2p} \\ \vdots & \vdots & \vdots & & \vdots \\ 1 & x_{n1} & x_{n2} & \cdots & x_{np} \end{bmatrix}, \quad \boldsymbol{Y} = \begin{bmatrix} y_1 \\ y_2 \\ \vdots \\ y_n \end{bmatrix}, \quad \boldsymbol{B} = \begin{bmatrix} b_1 \\ b_2 \\ \vdots \\ b_p \end{bmatrix}$$

于是可以将式子

$$\begin{cases} b_0 n + b_1 \sum_{i=1}^{n} x_{i1} + b_2 \sum_{i=1}^{n} x_{i2} + \cdots + b_p \sum_{i=1}^{n} x_{ip} = \sum_{i=1}^{n} y_i \\ b_0 \sum_{i=1}^{n} x_{i1} + b_1 \sum_{i=1}^{n} x_{i1}^2 + b_2 \sum_{i=1}^{n} x_{i1} x_{i2} + \cdots + b_p \sum_{i=1}^{n} x_{ip} = \sum_{i=1}^{n} x_{i1} y_i \\ b_0 \sum_{i=1}^{n} x_{ip} + b_1 \sum_{i=1}^{n} x_{ip} x_{i1} + b_2 \sum_{i=1}^{n} x_{ip} x_{i2} + \cdots + b_p \sum_{i=1}^{n} x_{ip}^2 = \sum_{i=1}^{n} x_{ip} y_i \end{cases}$$

化简为

$$\boldsymbol{X}'\boldsymbol{X}\boldsymbol{B} = \boldsymbol{X}'\boldsymbol{Y}$$

可得极大似然估计值为

$$\hat{\boldsymbol{B}} = \begin{bmatrix} \hat{b}_1 \\ \hat{b}_2 \\ \vdots \\ \hat{b}_p \end{bmatrix} = \left(\boldsymbol{X}'\boldsymbol{X}\right)^{-1} \boldsymbol{X}'\boldsymbol{Y}$$

最终结果可以写为如下式子，其也被称为“P 元经验线性回归方程”：

$$\hat{y} = \hat{b}_0 + \hat{b}_1 x_1 + \hat{b}_2 x_2 + \cdots + \hat{b}_p x_p$$

现在用代码来实现多元线性回归模型，这里以两个解释变量（自变量）为例，示例代码如下：

```
import Statsmodels.api as sm
from mpl_toolkits.mplot3d import Axes3D
import Matplotlib.pyplot as plt
import Pandas as pd
import numpy as np
# 生成随机数据
def generateData2():
    np.random.seed(4999)
    x1 = np.array(range(0, 20))
    x2 = np.array(range(20, 40))/3
    error = np.round(np.random.randn(20), )
    # 生成的初始表达式: y=0.5*x1+0.3*x2+b
    y = 0.5 * x1 + 0.3 * x2 + error
    return pd.DataFrame({'x1': x1, 'x2': x2, 'y': y})
# 多元线性回归
def multivariableLinearRegression(data):
    xi = pd.DataFrame({'x1': data['x1'], 'x2': data['x2']})
    y = data['y'].values
    model = sm.OLS(y, xi)
    result = model.fit()
    # 打印汇总表格时的 coef 就是参数 x1 和 x2
    print(result.summary())
    return result
def visualizeModel(data):
    fig = plt.figure(figsize=(6, 6))
    ax = Axes3D(fig)
    x1 = data['x1']
    x2 = data['x2']
    X, Y = np.meshgrid(x1, x2)
    Z = data[['y']]
    ax.plot_surface(X, Y, Z, rstride=1, cstride=1, cmap='Blues')
    plt.xlabel("x1")
    plt.ylabel("x2")
    plt.title("多元线性回归拟合")
    plt.show()
if __name__ == "__main__":
```

```
    plt.rcParams['font.sans-serif'] = ['SimHei']     # 用来正常显示中文标签
    plt.rcParams['axes.unicode_minus'] = False       # 用来正常显示负号
    data = generateData2()
    ols = multivariableLinearRegression(data)
    print(ols.summary())
    visualizeModel(data)
```

首先运行如下代码：

```
plt.rcParams['font.sans-serif'] = ['SimHei']         # 用来正常显示中文标签
plt.rcParams['axes.unicode_minus'] = False           # 用来正常显示负号
data = generateData2()
```

前两句代码用于设定 Matplotlib 库的中文和负号显示问题，generateData2()函数负责生成本例的实验数据，按照公式

$$y = 0.5\times x_1 + 0.3\times x_2$$

来生成数据，观察最后线性回归拟合得到的结果，可以与原来的数值进行对比。这是可以用肉眼观察的一个直观而清晰的比较方法，前提是用户知道原来模型的参数，这里是 0.5 和 0.3。在示例代码中使用 np.array()及 range()迭代器来生成数据，最后以 Pandas 库的 DataFrame 数据结构返回结果。示例如下：

```
# 生成随机数据
def generateData2():
    # 设定随机数种子
    np.random.seed(4999)
    # 初始化 x1 和 x2 的数据
    x1 = np.array(range(0, 20))
    x2 = np.array(range(20, 40))/3
    # 初始化误差，使得点不在一条直线上
    error = np.round(np.random.randn(20), )
    # 生成的初始表达式:y=0.5*x1+0.3*x2+b
    y = 0.5 * x1 + 0.3 * x2 + error
    return pd.DataFrame({'x1': x1, 'x2': x2, 'y': y})
```

然后运行如下代码

```
ols = multivariableLinearRegression(data)
```

multivariableLinearRegression()函数是多元线性回归的核心部分，负责计算回归参数，打印线性回归的总结表格，并返回多元线性回归的结果。示例代码如下：

```
# 多元线性回归
def multivariableLinearRegression(data):
    xi = pd.DataFrame({'x1': data['x1'], 'x2': data['x2']})
    y = data['y'].values
```

```
    model = sm.OLS(y, xi)
    result = model.fit()
    # 打印汇总表格时的 coef 就是参数 x1 和 x2
    print(result.summary())
    return result
```

看如下一行代码：

```
print(result.summary())
```

“summary”是“汇总”的意思，上述代码用于打印多元线性回归的总结表格，输出结果如下：

```
                        OLS Regression Results
==============================================================================
Dep. Variable:                      y   R-squared:                       0.868
Model:                            OLS   Adj. R-squared:                  0.860
Method:                 Least Squares   F-statistic:                     117.9
Date:                Wed, 05 Feb 2020   Prob (F-statistic):           2.49e-09
Time:                        11:53:35   Log-Likelihood:                -31.962
No. Observations:                  20   AIC:                             67.92
Df Residuals:                      18   BIC:                             69.92
Df Model:                           1
Covariance Type:            nonrobust
==============================================================================
              coef    std err          t      P>|t|      [0.025      0.975]
------------------------------------------------------------------------------
--------------------------------------------------
x1          0.3930      0.073      5.348      0.000       0.239       0.547
x2          0.4136      0.082      5.074      0.000       0.242       0.585
==============================================================================
Omnibus:                        0.283   Durbin-Watson:                   2.559
Prob(Omnibus):                  0.868   Jarque-Bera (JB):                0.456
Skew:                           0.017   Prob(JB):                        0.796
Kurtosis:                       2.261   Cond. No.                         5.65
==============================================================================
Warnings:
[1] Standard Errors assume that the covariance matrix of the errors is
correctly specified.
Process finished with exit code 0
```

可以看到，输出结果显示的都是英文，现在用表 11-1 来解释输出结果中表头参数的含义。

表 11-1　线性回归总结表格中表头参数的含义

英文名称	显示的值	中文及解释
Dep. Variable	y	输出的变量名称
Model	OLS	使用的拟合模型，这里是 OLS 回归模型
Method	Least Squares	计算损失函数使用的方法，这里是最小二乘法
Date	Wed, 05 Feb 2020	打印表格的日期
Time	11:53:35	打印表格的时间
No. Observations	20	样本的数目
Df Residuals	18	残差的自由度等于样本的数目（No. Observations）-模型参数个数（Df Model）+1（常量参数） 残差是指实际值与估计值（拟合值）之间的差
Df Model	1	模型参数个数，相当于输入的自变量的元素个数，从 0 开始，这里显示 1，则表示有 2 个模型参数
R-squared	0.868	决定系数
Adj. R-squared	0.860	使用了“奥卡姆剃刀原理”，通过样本数量与模型数量对 R-squared 进行修正，避免描述冗杂
F-statistic	117.9	F 统计量 用来衡量拟合的显著性，重要程度是由模型的均方误差除以残差的均方误差得到的，F 统计的值越大，H_0（H_0 指某个可被拒绝的假设）越不可能是正确的
Prob (F-statistic)	2.49e-09	Prob 模型（F 统计量） 已知阈值 α，当 Prob（F-statistic）$<\alpha$ 时，表示拒绝原假设，即认为模型是显著的；当 Prob（F-statistic）$>\alpha$ 时，表示接受原假设，即认为模型不是显著的
Log-Likelihood	-31.962	极大似然估计值
AIC	67.92	赤池信息准则（Akaike Information Criterion，AIC），$AIC=2k+n\ln(SSR/n)$
BIC	69.92	贝叶斯信息准则（Bayesian Information Criterion，BIC），$BIC=k\ln(n)-2\ln(L)$

介绍完表头的参数后，下面介绍表格中的参数。

coef：模型系数，const 表示常数项。

std err：系数估计的基本标准误差。

t：*t* 检验统计值，衡量系数统计显著程度的指标。

P>|t|：*t* 检验，表中的值为 0，说明假设为真。一般地，当它的值（通常为 0.05，即 5%）小于置信水平时，就可以认为其处于置信区间内，存在统计上称为“显著”的关系。

[0.025,0.975]：95%置信区间，它的下限值为 2.5%、上限值为 97.5%。

Omnibus：属于一种统计测验，用于测试一组数据中已解释方差是否显著大于未解释方差，当 Omnibus 不显著时，模型也可能存在合法的显著影响，Omnibus 通常用于对比。

Prob(Omnibus)：将 Omnibus 统计数据变成概率。

Durbin-Watson：残差是否服从正态分布，在 2 左右说明是服从正态分布的，偏离 2 太远，解释能力将受到影响。

Skew：偏度，关于平均值的数据对称性的度量。正态分布误差应是关于平均值对称的分布。

Kurtosis：峰度，分布形状的量度，比较接近均值与远离均值的数据量。如果大于 3，则说明峰的形状比较陡峭，形状较尖。正态分布的峰度（系数）为常数 3，均匀分布的峰度（系数）为常数 1.8。

Jarque-Bera(JB)：Jarque-Bera 检验是对样本数据是否具有服从正态分布的偏度和峰度的拟合优度的检验。其统计测试结果总是非负的。如果结果远大于零，则表示数据不具有正态分布。

Prob(JB)：Jarque-Bera 统计量的概率形式。

Cond.No：多重共线性测试（如果有多个参数，检测这些参数是否相互关联）。

最后运行可视化函数 visualizeModel()，其用于打印拟合图像，示例代码使用了 Matplotlib 库的 3D 拓展绘图库 Axes 3D，代码如下：

```
def visualizeModel(data):
    fig = plt.figure(figsize=(6, 6))
    ax = Axes3D(fig)
    x1 = data['x1']
    x2 = data['x2']
    X, Y = np.meshgrid(x1, x2)
    Z = data[['y']]
    ax.plot_surface(X, Y, Z, rstride=1, cstride=1, cmap='Blues')
    plt.xlabel("x1")
    plt.ylabel("x2")
    plt.title("多元线性回归拟合")
    plt.show()
```

打印结果如图 11-3 所示。

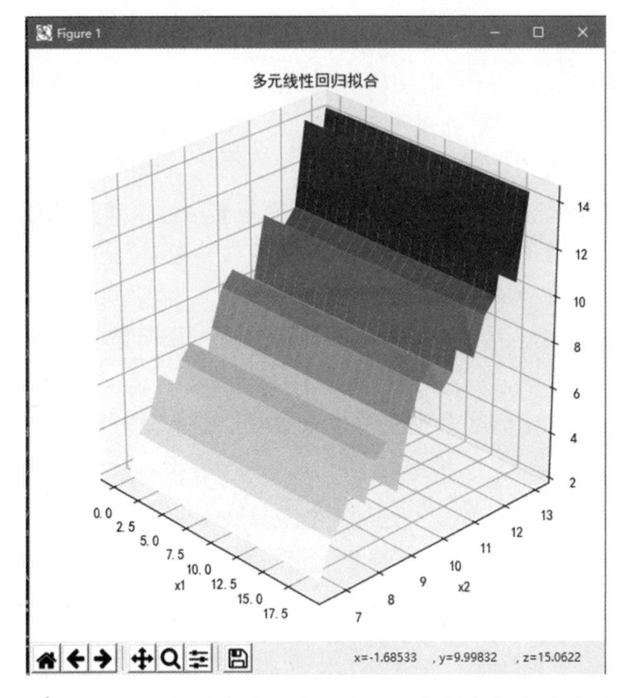

图 11-3　两个解释变量的多元线性回归模型拟合曲线图

11.1.3　模型改进：过度拟合与添加、设定惩罚项

现在读者应该已经清楚线性回归的概念了，即寻找模型参数的最小值，使得建立的模型无限逼近“真实”。模型参数越小，决定系数 *R* 方值就会越大，则模型曲线与点拟合得越好。此时 MSE（均方差）的值越小，模型与实际模型就更加“贴近”，模型参数也更加“真实”，但过于注重 *R* 方值而不注重 MSE，往往看起来拟合得很好，模型也很“完美”，实际上用测试数据集来预测结果的时候将不尽如人意，这种现象称为“过度拟合”。

“过度拟合”也称为“过拟合”，是指在数据回归过程中，拟合能力过强，虽然在训练数据中会取得非常好的学习效果，但是对于测试数据、预测数据，效果就不会很好，这里说“模型的泛化能力”不强。为了避免出现这种现象，研究者提出了惩罚线性回归模型，要求模型对于训练数据具有较好的学习能力，同时也要平衡系数参数的惯性能量。

所谓的“较好的学习能力”，是指模型参数要尽可能小，即决定系数 *R* 方值尽可能大。而实现“较好的学习能力”的方法是使 MSE 的值尽可能小，MSE 的值越小说明模型越贴近“真实”。这里主要讲解基于曼哈顿距离 *L*1 的套索惩罚，它的表达式如下：

$$\lambda|\beta| = \lambda\left(|\beta_1| + |\beta_2| + \cdots + |\beta_n|\right)$$

以 OLS 回归模型为例，损失函数如下：

$$L = \sum_{i=1}^{m} \left| y_i - f\left(x_i\right) \right|^2$$

对于一些实际值为 0 的系数，它的估计值不等于 0 或者不接近于 0，为了抵消这种效应，使得那些本该为 0 的实际值趋近于 0，可以加入上面提到的基于曼哈顿距离 $L1$ 的套索惩罚，其中，λ 是惩罚权重，新加入到损失函数里的

$$\lambda\left(|\beta_1| + |\beta_2| + \cdots + |\beta_n|\right)$$

就是惩罚项。可以看到，$\beta_1, \beta_2, \cdots, \beta_n$ 是加了绝对值的，当 $\lambda > 0$ 时，惩罚项会随着 $\beta_1, \beta_2, \cdots, \beta_n$ 的绝对值的增大而增大。换言之，离 0 越远，惩罚就越大，惩罚越大离 0 就越远，在这种情况下，回归模型就会自动调整使惩罚项越小，使得再让 L 越小的时候防止原来是 0 的参数离 0 过远。在 Python 中可以用 fit_regularized()方法来添加惩罚项，确切地说是惩罚项的权重，例如：

```
model =sm.OLS(y ,x)
result = model.fit_regularized(alpha=alpha)
```

11.2　逻辑回归模型的评估与改进

逻辑回归模型的评估主要包括查准率、查全率、ROC 曲线和 AUC 指标。逻辑回归模型的改进主要围绕随机梯度下降法展开。

11.2.1　分类模型的评估：查准率、查全率及 F-score

在讲解查准率、查全率和 F-score 的概念之前，先来回顾一下第 10 章讲解逻辑回归时使用到的“附件 1.xlsx”。这是一张关于某高校 2019 年寒假，学生回家乘坐高铁或者火车的调查情况汇总表格。其中，表中的 D 列（III）表示购票情况，显示 1 表示买了高铁票，显示 0 表示买了火车票（泛指除高铁以外的票），通过分析得到了回归模型的一个 3×1 矩阵作为回归模型的最佳系数。那么，怎么评估模型是否可靠呢？

“查准率”和“查全率”又称“精确率”和“召回率”，是评估分类模型的两个重要指标。它们基于实际结果，通过预测结果与实际结果相比而得到对应的评估参数，虽然直观但是较片面。F-score 综合“查准率”和“查全率”两个指标而得到最终的评估结果，相比前者，其更为客观。

“查准率”是指预测正确的数量占总预测数量的比例。“查全率”是指预测正确的数量占实际值的比例，示意如图 11-4 所示。

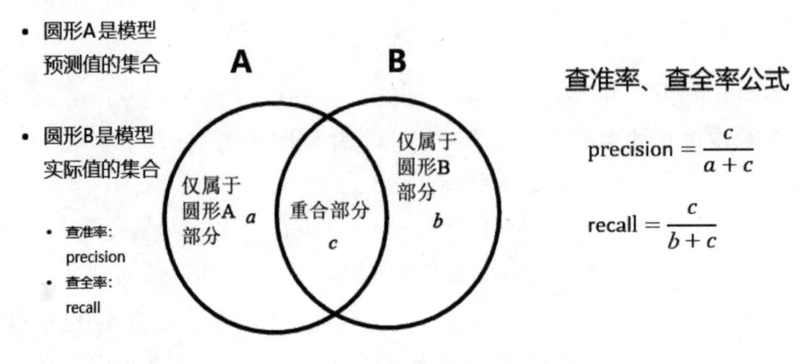

图 11-4　查全率和查准率示意

在预测的时候，研究者会希望 c（重合部分），即预测正确的部分越大越好，预测失误的部分越少越好，也就是 a 越小越好。同时希望预测命中实际值越多越好，即 b 越小越好。可以得到公式：

$$\text{查准率（precision）} = \frac{c}{a+c}$$

$$\text{查全率（recall）} = \frac{c}{b+c}$$

当然，上式的写法是不严谨的。应将 a 称为 FP（False Positive）；b 称为 FN（False Negative）；c 称为 TP（True Positive），所以上式可以写为

$$\text{查准率（precision）} = \frac{\text{TP}}{\text{FP+TP}}$$

$$\text{查全率（recall）} = \frac{\text{TP}}{\text{FN+TP}}$$

这两个式子才是“查准率”和“查全率”标准的表达式。前文也说过，建立模型所得到的预测结果，最好是查准率很高，查全率也很高，但“查准率”和“查全率”往往是“此消彼长”的，而显得不尽如人意。于是有学者定义了 F-score 标准，又称 F1 Score，式子如下：

$$\text{F-score} = 2 \cdot \frac{\text{precision} \times \text{recall}}{\text{precision+recall}}$$

F-score 综合了查全率和查准率两个指标，使得在实际运用中可以避开“重查准，轻查全”或者“重查全，轻查准”的情况，而得到一个相对公正的评定。同时，相关学者定义了另一个指标 F_β，式子如下：

$$F_{\beta}=\left(1+\beta^{2}\right)\cdot\frac{\text{precision}\times\text{recall}}{\beta^{2}\times\text{precision}+\text{recall}}$$

上式使得 β 越大，F_{β} 越靠近查全率；β 越小，F_{β} 越靠近查准率，这也可以避免“重查准，轻查全”或者“重查全，轻查准”的情况。

11.2.2　分类模型的评估：ROC 曲线、AUC 指标

在介绍 ROC 曲线（Receiver Operator Characteristic Curve）和 AUC 指标之前，先来认识一个参数 TN（True Negative），它表示全集中没有被统计到的部分，示意如图 11-5 所示。

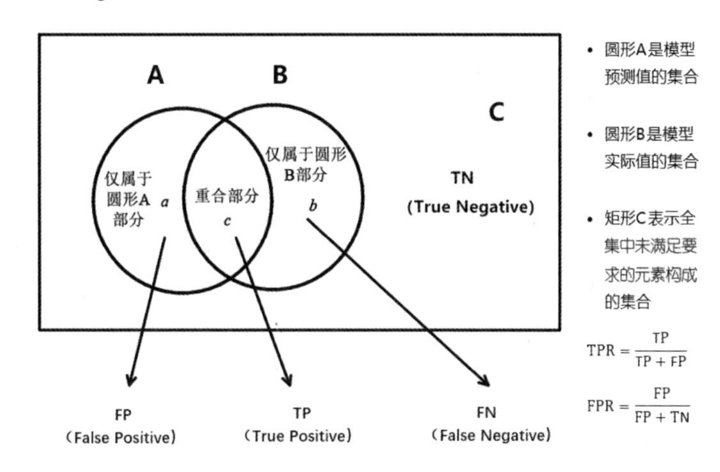

图 11-5　TN 参数以及 TPR、FPR 公式示意

在公式

$$\text{TPR}=\frac{\text{TP}}{\text{TP+FP}}$$

中，TP 越大越好；在公式

$$\text{FPR}=\frac{\text{FP}}{\text{FP+TN}}$$

中，FP 越小越好。可以理解为 TPR 表示预测正确的收益，FPR 表示预测失败的代价。所以 TP 越大越好，FP 越小越好。按照这种想法可以绘制出如图 11-6 所示的直角坐标系，称其为 ROC 空间。

在这个 ROC 空间中，(0,1) 表示理想的预测结果，虚线左上方的点表示较好的预测结果。两个点具有相同的 x 值时，y 值越大，表示在同样的错误率下，有着更高正确率的预测结果；两个点具有相同的 y 值时，x 值越小，表示在同样的正确率下，有着更低错误率的预

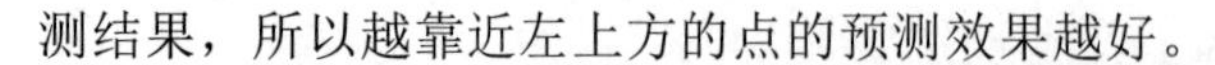

测结果，所以越靠近左上方的点的预测效果越好。

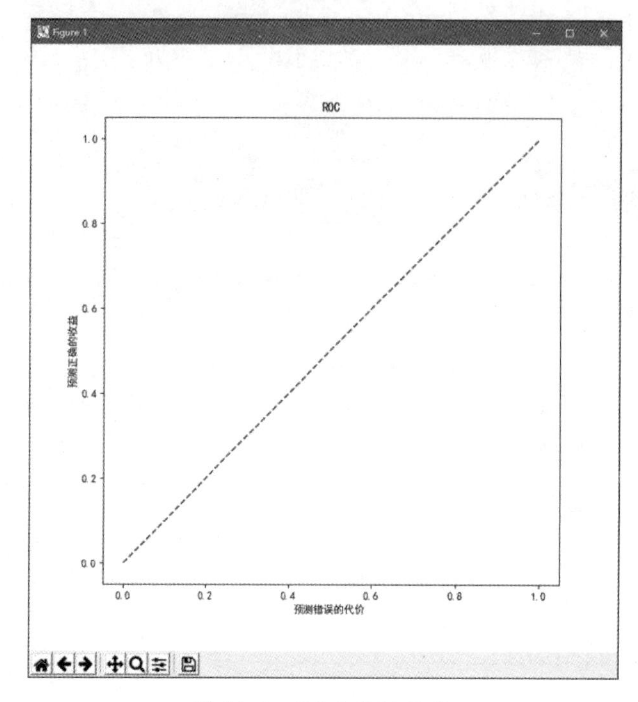

图 11-6　ROC 空间示意

对于 10.1.4 节末尾的式子

$$y_i=\begin{cases}1,\dfrac{1}{1+\mathrm{e}^{-X_i\gamma}}>\alpha\\[2ex]0,\dfrac{1}{1+\mathrm{e}^{-X_i\gamma}}\leqslant\alpha\end{cases}$$

而言，其中，α 是阈值，根据 α 计算对应 ROC 空间中的坐标，可以得到 ROC 曲线，而理想的 ROC 曲线是紧贴着 x 轴和 y 轴的，贴得越紧越好；ROC 曲线与 x 轴和 y 轴围成的面积被称为“曲线下面积”，该面积的值，即为 AUC 指标。

11.2.3　模型改进：随机梯度下降法

在运行 10.2.3 节的代码时，梯度下降法部分迭代了 3 000 000 次，以寻找极小值点。不过等待了很久才得到了最终的计算结果，计算的复杂度成指数式上升，必然是不科学、不符合数据结构规则的，单纯 200 个数据就要迭代这么久，如果放入生产环境中，可能有 2 万个数据，用这些代码执行，明显是不可行的，所以必须想办法来优化算法。这里介绍随机梯度下降法，其由于使用了随机数来判断并更新学习速率而得名。先来比较梯度下降法与随机梯度下降法的代码，上面注释掉的部分是原来的代码，而新的 logicRegression()函数为注释下面的代码部分：

```
# 逻辑回归计算参数的核心
# 涉及 NumPy 库矩阵运算
# 暴力法（梯度下降法）
# def logicRegression(data, label):
#     dataMatrix = data.to_numpy()
#     labelMat = label.to_numpy()
#     m, n = dataMatrix.shape
#     alpha = 0.001
#     weights = np.ones((n, 1))
#     startTime = datetime.datetime.now()
#     for cycle in range(3000000):
#         mem = psutil.virtual_memory()
#         print('内存利用率:{}\n 总共内存:{}MB\n 空闲内存:{}MB\n'.format(mem.percent,
                mem.total/(2**20), mem.free/(2**20)))
#         vector = Sigmoid(dataMatrix.dot(weights))
#         error = labelMat - vector
#         weights = weights + alpha * (dataMatrix.T).dot(error)
#     endTime = datetime.datetime.now()
#     print('for 循环运行时间: {}秒'.format((startTime-endTime).seconds))
#     return weights
# 随机梯度下降法
def logicRegression(data, label, num):
    dataMatrix = data.to_numpy()
    labelMat = label.to_numpy()
    m, n = dataMatrix.shape
    weights = np.ones(n)
    for i in range(num):
        dataIndex = list(range(m))
        for j in range(m):
            alpha = 4.0/(1.0+i+j)+0.01
            randIndex = int(np.random.uniform(0, len(dataIndex)))
            h = Sigmoid(sum(dataMatrix[randIndex]*weights))
            error = labelMat[randIndex] - h
            weights = weights + alpha * error * dataMatrix[randIndex]
            del(dataIndex[randIndex])
    return weights
```

可以看出，梯度下降法与随机梯度下降法的代码的相似度还是很高的，但也有不一样的地方，原先的返回值是一个 3×1 矩阵，而改进后的算法返回一个含有 3 个浮点数的列表。原来都是矩阵运算，或者 NumPy 库的 n 维数组间的运算，较现在的数字相乘运算的复杂度要高得多。在新的算法里，h、weights、error 要么是列表（如 weights），要么是数字（如 h 和 error），复杂度要低得多，代码如下：

```
h = Sigmoid(sum(dataMatrix[randIndex]*weights))
error = labelMat[randIndex] - h
weights = weights + alpha * error * dataMatrix[randIndex]
```

学习速率 alpha 在每次迭代后都会调整，确切地说是减小，每次都减小 1/(j+i)，但永远不会等于 0 或小于 0，也就是说，alpha 只是无限趋近 0 而已，代码如下：

```
alpha = 4.0/(1.0+i+j)+0.01
```

还有一点需要注意，logicRegression()函数较之前多了一个 num 参数：

```
logicRegression(data, label, num)
```

用于控制迭代次数，现在的迭代次数不需要像之前那样迭代 3 000 000 次，只迭代 200 次就可以得到不错的结果。以下是输出结果：

```
C:/Users/TIM/PythonProject/Atest/logic.py:11: RuntimeWarning: overflow
encountered in exp
  return 1.0/(1.0 + np.exp(-x))
[-14.71526988  45.24989527  23.43204668]
Process finished with exit code 0
```

可以发现，现在的输出结果和之前的结果相差不是很大，决策边界也是，使用随机梯度下降法得到的决策边界可视化结果如图 11-7 所示。

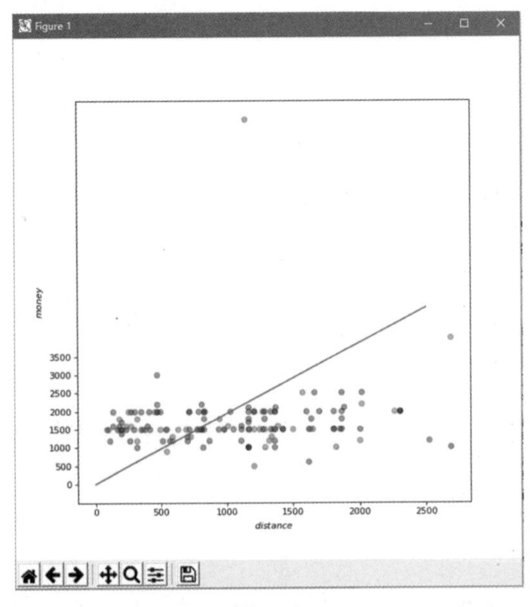

图 11-7　使用随机梯度下降法得到的决策边界可视化结果

11.2.4　逻辑回归最终代码展示（使用随机梯度下降法）

最终改进的逻辑回归代码（使用了刚才的随机梯度下降法）如下：

```
import os
import Pandas as pd
import Matplotlib.pyplot as plt
import numpy as np
# 定义 Sigmoid 函数
def Sigmoid(x):
    return 1.0/(1.0 + np.exp(-x))
# 逻辑回归计算参数的核心
# 涉及 NumPy 库矩阵运算
# 随机梯度下降法
def logicRegression(data, label, num):
    dataMatrix = data.to_numpy()
    labelMat = label.to_numpy()
    m, n = dataMatrix.shape
    weights = np.ones(n)
    for i in range(num):
        dataIndex = list(range(m))
        for j in range(m):
            alpha = 4.0/(1.0+i+j)+0.01
            randIndex = int(np.random.uniform(0, len(dataIndex)))
            h = Sigmoid(sum(dataMatrix[randIndex]*weights))
            error = labelMat[randIndex] - h
            weights = weights + alpha * error * dataMatrix[randIndex]
            del(dataIndex[randIndex])
    return weights
# 可视化模型
# x1 指里程长度,对于选择高铁(faster)来讲是负作用,而 y1 指收入/生活费,对于选择高铁(faster)
# 来讲是正作用
# x2 指里程长度,对于选择火车(lower)来讲是负作用,而 y2 指收入/生活费,对于选择火车(lower)
# 来讲是正作用
def visualize_model(x1, y1, x2, y2):
    fig = plt.figure(figsize=(6, 6), dpi=80)
    ax = fig.add_subplot(111)
    ax.set_xlabel("$distance$")
    ax.set_xticks(range(0, 3000, 500))
    ax.set_ylabel("$money$")
    ax.set_yticks(range(0, 4000, 500))
    ax.scatter(x1, y1, color="b", alpha=0.4)
```

```
    ax.scatter(x2, y2, color="r", alpha=0.4)
    plt.legend(shadow=True)
    plt.show()
def draw(result, data, label):
    data = np.array(data)
    label = np.array(label)
    m,n = data.shape
    x1 = []
    y1 = []
    x2 = []
    y2 = []
    for i in range(m):
        if int(label[i]) == 1:
            x1.append(data[i, 1])
            y1.append(data[i, 2])
        else:
            x2.append(data[i, 1])
            y2.append(data[i, 2])
    fig = plt.figure(figsize=(8, 8), dpi=80)
    ax = fig.add_subplot(111)
    ax.scatter(x1, y1, color="b", alpha=0.4)
    ax.scatter(x2, y2, color="r", alpha=0.4)
    ax.set_xlabel("$distance$")
    ax.set_xticks(range(0, 3000, 500))
    ax.set_ylabel("$money$")
    ax.set_yticks(range(0, 4000, 500))
    x = range(0, 3000, 500)
    y = (result[0]+result[1]*x)/result[2]
    ax.plot(x, y)
    plt.show()
if __name__ == '__main__':
    # 打开文件操作
    os.chdir('D:\\')
    # 读取测试数据集
    data = pd.read_excel('附件1.xlsx', sep=',')
    result = data['III']
    distance = data['II']
    money = data['VI']
    X = data['IV']
    Y = data['X']
    mistake = data['V']
```

```
    test1 = pd.DataFrame({'result': result, 'distance': distance, 'money': money,
    'mistake': mistake})
    # 删除因为缺票，而不得不买错票的人
    # faster 是买高铁票的人，而且是买对票的人
    # lower 是买火车票的人，而且是买对票的人
    test1 = test1[(test1.mistake == 0)]
    faster = test1[(test1.result == 1)]
    lower = test1[test1.result == 0]
    # 整理数据
    faster = pd.DataFrame({'distance': faster['distance'], 'money': faster['money']})
    lower = pd.DataFrame({'distance': lower['distance'], 'money': lower['money']})
    # 丢弃有误数据
    lower = lower.drop(index=129)
    # 可视化步骤，红点标签值为 0，蓝点标签值为 1
    # visualize_model(faster['distance'], faster['money'], lower['distance'],
      lower['money'])
    # 准备逻辑回归的数据集
    m, n = test1.shape
    datas = pd.DataFrame({'X0': np.array([1]*m), 'X1': test1['distance'],
'X2':
    test1['money']})
    labels = pd.DataFrame({'label': test1['result']})
    # 运行逻辑回归并打印结果
    result = logicRegression(datas, labels, 200)
    print(result)
    draw(result, datas, labels)
```

12

第 12 章 聚类：*K*-means 算法

本章主要介绍一种“无监督式学习”的算法。“无监督式学习”属于机器学习的范畴，而 *K*-means 算法则属于“无监督式学习”的一种，主要用于让那些没有分类过，没有标签的数据归类。它与逻辑回归不同，逻辑回归是给了标签再分类。

本章涉及的知识点如下。

◎ 无监督式学习的概念。

◎ 监督式学习的概念。

◎ 聚类的概念。

◎ *K*-means 算法的损失函数。

◎ *K*-means 算法的基本思想。

◎ *K*-means 算法评估准则 SSE。

◎ *K*-means 算法的 Python 实现。

◎ 二分 *K*-means 算法的思想。

12.1 *K*-means 算法及相关内容的基本概念

“*K*-means”的中文意思是“*K*-均值”，它将一组没有标签的数据进行分类，这种方式被称为“聚类”（Clustering）。“聚类”实际上是机器学习中的一个概念，在讲“*K*-means”算法之前，先来介绍聚类与机器学习的相关概念。

12.1.1　聚类与机器学习的概念

“聚类”一词来源于“机器学习”，属于“无监督式学习”（Unsupervised Learning）的一种。“无监督式学习”的样本是那些未经分类、没有标签的数据；与逻辑回归不同，逻辑回归属于“分类”（Classification）问题，是“监督式学习”（Supervised Learning）的一种。什么是“监督式学习”和“无监督式学习”呢？它们有什么区别呢？

“监督式学习”是一种机器学习中的方法，可以从训练资料中学到或建立一个学习模式（Learning Model），并依据此模式推测新的实例。训练资料由输入物件（通常是向量）和预期输出组成。函数的输出可以是一个连续的值，称为“回归分析”，也可以是一个预测的“分类标签”（也称作“分类”）。

什么是“无监督式学习”呢？在现实生活中常常会有这样的问题：由于人类缺乏足够的“先验知识”（Prior Knowledge），因此难以手动标注类别或手动标注类别的成本太高。很自然地，人类希望计算机能代理完成这些工作，或至少提供一些帮助。根据未知类别或没有被标记的训练样本解决模式识别中的各种问题，称为“无监督式学习”。

那么什么是“聚类”呢？将物理或抽象对象的集合分成由类似的对象组成的多个类的过程被称为“聚类”。

需要注意的是，“聚类”是不清楚数据有什么特征而进行的划分，而“分类”是将数据划入已知的类别中，这也是“无监督式学习”和“监督式学习”的区别。根据上述内容，可以大致得到机器学习分类的概念图，如图 12-1 所示。

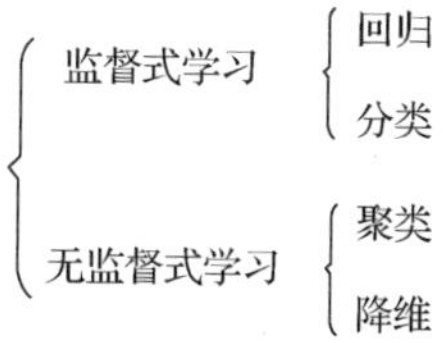

- 监督式学习
  - 回归
  - 分类
- 无监督式学习
  - 聚类
  - 降维

图 12-1　机器学习分类的概念图

“聚类”试图将给定数据集中的若干个样本划分成数学意义上若干个不相交的子集，这些一个个的子集被称为一个个的“簇”（Cluster），通过划分，得到的每个“簇”都具有潜在、不同的类别（特征）。以孟德尔豌豆杂交试验为例，豌豆有皱粒、圆粒、黄色、绿色等特征，但是你并不清楚哪些特征会影响豌豆的口感，所以会尝试将其“聚类”，之后自己人为地赋予其一些“标签”，进而判断该特征是否是影响豌豆口感的因素。

“聚类”作为一个单独的过程，用于寻找数据内部的分布结构，这些数据的内部分布结构往往不能从表面看出来，但可以作为分类算法（如逻辑回归）等其他任务的前驱。在此之前已经将监督式学习的“回归”和“分类”进行了介绍，每类至少介绍了一种算法。基于不同的学习策略和目标，人们设计出了各种不同的聚类算法，本章的“聚类”将以 *K*-means 算法为例进行讲解。

12.1.2 聚类：*K*-means 算法的原理

“*K*-means”中的 *K* 可以认为是发现 *K* 个不同“簇”的过程。

“性能度量”（Performance Measure）泛指监督式学习模型的好坏程度，即“回归”和“分类”模型的评估指标。“聚类”算法的“性能度量”称作“有效性指标”（Validity Index），对聚类结果，一方面需要通过某种性能度量来判断它的好坏；另一方面也可以将该指标融入聚类过程中以得到更好的聚类结果。

假设现在要将一个已知的数据集分为两类，因为没有标注，所以不清楚分类的标准，但是按照常理，离得近的应该是同一类，换言之，就是“物以类聚，人以群分”。在坐标轴上的体现就是同一团数据点被划分为同一类，明显不同的三团数据点被划分为三类，如图 12-2 所示。

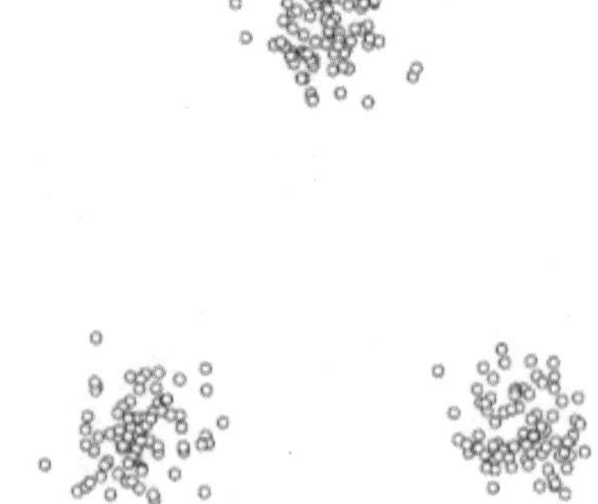

图 12-2　明显不同的三团数据点

经过 *K*-means 算法的实现后，应该可以将其划分为明显不同的三类。从人的认知来看，离得越近的数据应该越相似，将这个结论用数学语言来表达就是：“数据之间的相似度与它的欧氏距离成反比”。什么是“相似度”呢？确切地说，“相似度”分为两种：“簇内相似度”

（Intra-cluster Similarity）和“簇间相似度”（Inter-cluster Similarity）。“数据之间的相似度与它的欧氏距离成反比”一句中的相似度指的是“簇间相似度”，即“簇内相似度”低，“簇间相似度”高。聚类结果应该大致如图 12-3 所示。

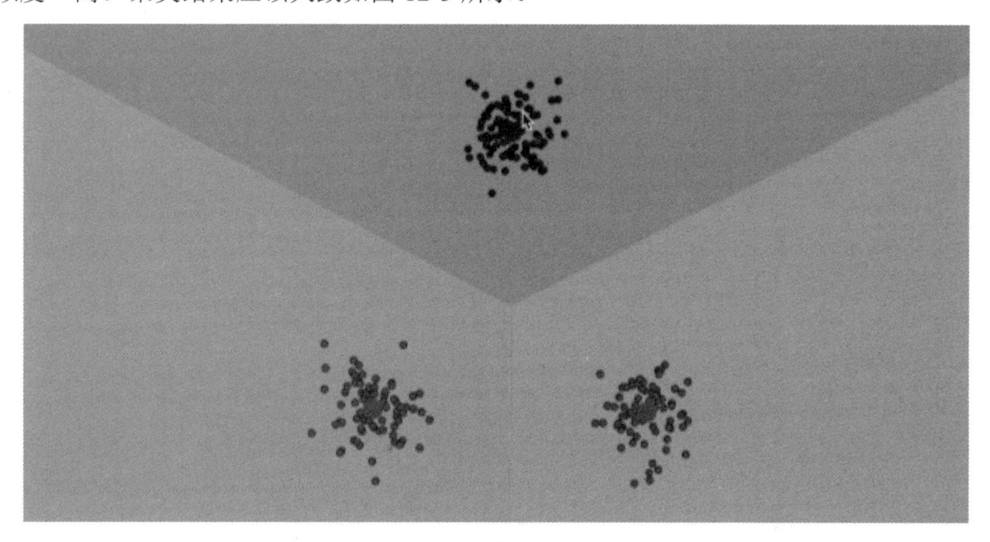

图 12-3　K-means 算法理想的聚类结果

我们将这一分类过程称为“簇识别”（Cluster Identification）。“簇识别”可以得到最终的结果，按照最终的结果给这些点集贴上各自的标签。从算法上来看，簇识别的过程是一个不断迭代的递归过程，它的递归边界就是“簇”的“质心”（Centroid）位置不再改变。

“*K*-means”算法的主要过程如下。

（1）首先生成 *K* 个随机位置的“质心”。

（2）根据 *K* 个质心的位置将数据分为 *K* 类，原则是数据点集中的点距离哪个质心的欧氏距离最近就将其归为哪一类。

（3）根据步骤（2）中的聚类结果，按照该“簇”所有点的横坐标和纵坐标的算数平均值（means）求得质心的新位置，并重新画出该质心的新位置。

（4）重复步骤（2）和步骤（3），直到质心位置不再改变。

根据上述过程，可以得出，“*K*-means”算法的损失函数 *L*：

$$L=\sum_{j=1}^{k}\left(\sum_{i=1}^{n}\|X_i-C_i\|_2^2 1_{t_i=j}\right)$$

其中，数据所属的簇记为 t_i，*K* 个聚类的质心坐标记为 C_i，数据点集中的每个点的坐标记为 X_i，所以欧氏距离表示为 $\|X_i-C_i\|$。

欧氏距离即“欧几里得距离”。在数学中，“欧几里得距离”或“欧几里得度量”是指“欧几里得空间”中两点间的“普通”距离（即直线距离）。使用这个距离，“欧氏空间”即为该空间的度量空间，也就是说，平面两点间距离公式为欧氏距离：

$$l=\sqrt{\left(x_a-x_b\right)^2+\left(y_a-y_b\right)^2}$$

与之类似的空间两点间距离公式也是“欧氏距离”，如下所示：

$$l=\sqrt{\left(x_a-x_b\right)^2+\left(y_a-y_b\right)^2+\left(z_a-z_b\right)^2}$$

但是“*K*-means”算法的结果并不稳定，也就是说，使用同一组数据最后求出的质心位置可能不一样，这是为什么呢？原因有以下 3 点。

（1）算法收敛到了局部最小值点（即“极小值点”，极小值点非最小值点）。

（2）算法在达到最小值点前就已经停止迭代，或者迭代次数过少。

（3）论其根本原因是随机初始化点的位置导致结果不同，因为质心的初始位置都是任意的（使用 numpy.random 初始化），所以结果不尽相同。

用户可以调用 Sklearn 库的 KMeans 包来简单实现 *K*-means 算法，它可以规定迭代的次数和“*K*-means”算法的使用次数，多次使用“*K*-means”算法可以使结果更加科学和精确。具体的代码如下：

```
from Sklearn.cluster import KMeans
import Pandas as pd
def train_K_means(data):
    model = kMeans(n_clusters=2, max_iter=200, n_init=10, algorithm="full")
    model.fit(data)
    return model
if __name__ == '__main__':
    data = pd.read_csv("E:\\result.csv")
    data = pd.DataFrame({'x': data['value'], 'y': data['price']})
    result = train_K_means(data)
    print(result)
    print(type(result))
```

输出结果如下：

```
kMeans(algorithm='full', copy_x=True, init='k-means++', max_iter=200,
       n_clusters=2, n_init=10, n_jobs=None, precompute_distances='auto',
       random_state=None, tol=0.0001, verbose=0)
<class 'Sklearn.cluster.k_means_.KMeans'>

Process finished with exit code 0
```

12.2 *K*-means 算法的 Python 实现

前面讲解了聚类和机器学习相关的基本概念，本节将讲解“*K*-means”算法的基本运作流程，并给出 Sklearn 库的实现代码。本节将展示具体的 Python 实现，而不是进行简单的调库操作。

12.2.1 朴素的 *K*-means 算法的 Python 实现

所谓的“朴素”，是指使用了暴力算法，即没有优化的 *K*-means 算法。这次使用的数据集是 result.csv。“value”指二手车行驶里程的数值，单位是千米；而“price”指二手车的出售价格，单位是美元。

具体的示例代码与注释如下：

```
# 导入需要的第三方库
import Matplotlib.pyplot as plt
import Pandas as pd
import numpy as np
def findDistance(x, y):
    return np.sqrt(np.sum(np.power(x-y, 2)))
# 计算点 a（参数 x）和点 b（参数 y）间的欧式距离
# l=√((x_a-x_b)^2+(y_a-y_b)^2)
def findDistance(x, y):
return np.sqrt(np.sum(np.power(x-y, 2)))
# 随机生成 K 个质心的点集
def findPoints(data, k):
    # 返回用例 data 的维度
    # 一共 m 行 n 列
    m, n = np.shape(data)
    # 初始化质心点集 points
    # 初始化结束的 points 是一个 k 行 n 列的零矩阵
    # k 是识别簇个数
    points = np.mat(np.zeros((k, n)))
    # 计算质心点集
    for i in range(n):
        # 依照用例数据集的最小值 min 和最大值与最小值的差 I 来初始化质心点集
        min = np.min(data[:, i])
```

```
        I = float(np.max(data[:, i]) - min)
        points[:, i] = min + I * np.random.rand(k, 1)
    # 返回计算好的质心点集
    return points
# K-means 算法核心步骤
# 返回 points、cluster
def kMeans(data, k):
    # 返回数据集的行列数：m 行 n 列
    m, n = np.shape(data)
    # 初始化数据集各个点信息的集合，最终用于返回值
    cluster = np.mat(np.zeros((m, 2)))
    # 初始化质心集合
    points = findPoints(data, k)
    # 设定标记值为 True
    # 当 flag 标记的值一直为真时，表示收敛没有结束，质心还可以移动
    # while 循环将一直下取
    # 反之 while 循环结束，kMeans()函数返回结果
    flag = True
    # while 循环控制收敛过程
    while flag:
        # 当 flag 标记的值为 False 时，可以认为是递归边界
        # 虽然这不是递归，但用途一样
        flag = False
        for i in range(m):
            # 最小距离初始化为无穷大
            # 最小值序号初始化为-1，表示不存在
            minDistance = np.inf
            minIndex = -1

            # 该循环用于收敛第 1 步或第 2 步
            # 如果是第 1 次收敛，则是第 1 步随机生成质心的位置
            for j in range(k):
                distance = findDistance(points[j, :], data[i, :])
                if distance < minDistance:
                    minDistance = distance
                    minIndex = j
            # 只要质心还可以移动，就说明收敛没有结束
            # flag 标记的值为 True
```

```
            if cluster[i, 0] != minIndex:
                flag = True
            # 将 for 循环计算结果写入数据集信息 cluster 中，第 1 列表示所属簇的序号；第 2 列
            # 表示点与所属质心的误差，即到质心的距离
            cluster[i, :] = minIndex, minDistance**2
        # 这是收敛的第 3 步，即重画质心位置
        for p in range(k):
            pts = data[np.nonzero(cluster[:, 0].A == p)[0]]
            points[p, :] = np.mean(pts, axis=0)
    # 第 4 步收敛结束，质心位置不再改变，并返回结果
    return points, cluster
if __name__ == '__main__':
    # 导入数据操作
    data = pd.read_csv("E:\\result.csv")
    data = pd.DataFrame({'x': data['value'], 'y': data['price']})
    data = data.to_numpy()
    # 簇设定为两个
    k = 2
    # K-means 算法的核心代码，用于簇识别
    a, b = kMeans(data, k)
    # 定义基本的图表参数
    fig = plt.figure(figsize=(10, 10), dpi=100)
    ax = fig.add_subplot(111)
    ax.set_xlabel("$value$")
    ax.set_xticks(range(0, 250000, 25000))
    ax.set_ylabel("$price$")
    ax.set_yticks(range(0, 85000, 5000))
    # 绘制图像，打印具体的结果，实现可视化
    for i in range(k):
        pts = data[np.nonzero(b[:, 0].A == i)[0], :]
        ax.scatter(np.matrix(data[:, 0]).A[0], np.matrix(data[:, 1]).A[0],
marker='o', s=90, color='b', alpha=0.2)
    ax.scatter(a[:, 0].flatten().A[0], a[:, 1].flatten().A[0], marker='*',
s=900, color='r', alpha=0.9)
    plt.show()
```

运行上述代码，结果如图 12-4 所示。

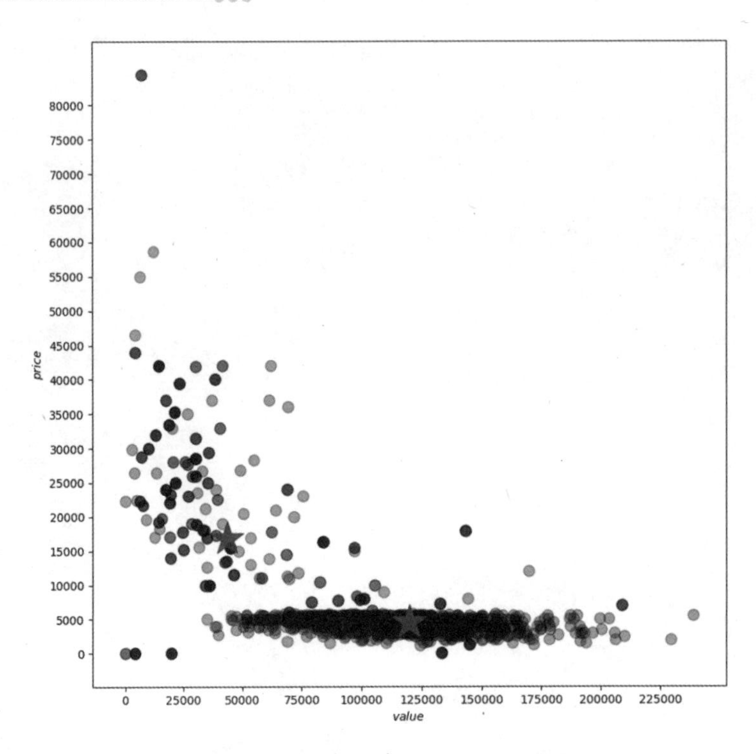

图 12-4　*K*-means 算法簇识别的结果

12.2.2　朴素的 *K*-means 算法的 Python 实现的具体解析

在 12.2.1 节的代码中，有两个辅助函数，即 findDistance()和 findPoints()，分别用于计算欧氏距离和随机生成 *K* 个质心的点集。通过找到原数据集的最大值和最小值来确定生成质心点集的区域范围，再计算相应数据集的均值得到质心位置。示例代码如下：

```
# 计算点 a（参数 x）和点 b（参数 y）间的欧式距离
# l=√((x_a-x_b)^2+(y_a-y_b)^2)
def findDistance(x, y):
   return np.sqrt(np.sum(np.power(x-y, 2)))
# 随机生成 K 个质心的点集
def findPoints(data, k):
   # 返回用例 data 的维度
   # 一共 m 行 n 列
   m, n = np.shape(data)
   # 初始化质心点集 points
```

```
    # 初始化结束的points是一个k行n列的零矩阵
    # k是识别簇个数
    points = np.mat(np.zeros((k, n)))
    # 计算质心点集
    for i in range(n):
        # 依照用例数据集的最小值min和最大值与最小值的差I来初始化质心点集
        min = np.min(data[:, i])
        I = float(np.max(data[:, i]) - min)
        points[:, i] = min + I * np.random.rand(k, 1)
    # 返回计算好的质心点集
    return points
```

findPoints()函数用于计算点 a（参数 x）和点 b（参数 y）间的欧式距离，使用了两点间距离公式。

$$l=\sqrt{\left(x_a-x_b\right)^2+\left(y_a-y_b\right)^2}$$

```
m, n = np.shape(data)
```

上面一行代码表示返回用例 data 的维度，一共 m 行 n 列。

```
points = np.mat(np.zeros((k, n)))
```

上面一行代码表示初始化质心点集 points，且初始化结束的 points 是一个 k 行 n 列的零矩阵，其中 k 是识别簇个数。

```
    for i in range(n):
        # 依照用例数据集的最小值min和最大值与最小值的差I来初始化质心点集
        min = np.min(data[:, i])
        I = float(np.max(data[:, i]) - min)
        points[:, i] = min + I * np.random.rand(k, 1)
```

上述代码表示使用一个 for 循环计算质心点集，依照用例数据集的最小值 min 和最大值与最小值的差 I 来初始化质心点集。

```
return points
```

上面一行代码表示返回计算好的质心点集 points，供下文调用。

紧接着是“*K*-means”算法的核心步骤，连续迭代直到质心位置不再改变，返回 *K* 个质心的坐标，存放在列表 points 中；cluster 是一个 m 行 2 列的列表，第 1 列存放“簇”的索引值，用于标记这个点属于哪个“簇”，第 2 列存放误差值，这里的“误差”指的是这个点到它所属质心的距离。具体代码如下：

```
# K-means 算法核心步骤
# 返回points、cluster
def kMeans(data, k):
    # 返回数据集的行列数：m行n列
```

```
m, n = np.shape(data)
# 初始化数据集各个点信息的集合，最终用于返回值
cluster = np.mat(np.zeros((m, 2)))
# 初始化质心集合
points = findPoints(data, k)
# 设定标记值为 True
# 当 flag 标记的值一直为真时，表示收敛没有结束，质心还可以移动
# while 循环将一直下取
# 反之 while 循环结束，kMeans()函数返回结果
flag = True
# while 循环控制收敛过程
while flag:
    # 当 flag 标记的值为 false 时，可以认为是递归边界
    # 虽然这不是递归，但用途一样
    flag = False
    for i in range(m):
        # 将最小距离初始化为无穷大
        # 将最小值序号初始化为-1，表示不存在
        minDistance = np.inf
        minIndex = -1

        # 该循环用于收敛第 1 步或第 2 步
        # 如果是第 1 次收敛，则是第 1 步随机生成质心的位置
        for j in range(k):
            distance = findDistance(points[j, :], data[i, :])
            if distance < minDistance:
                minDistance = distance
                minIndex = j
        # 只要质心还可以移动，就说明收敛没有结束
        # flag 标记的值为 True
        if cluster[i, 0] != minIndex:
            flag = True
        # 将 for 循环计算结果写入数据集信息 cluster 中，第 1 列表示所属簇的序号；第 2 列
        # 表示点与所属质心的误差，即到质心的距离
        cluster[i, :] = minIndex, minDistance**2
    # 这是收敛的第 3 步，即重画质心位置
    for p in range(k):
        pts = data[np.nonzero(cluster[:, 0].A == p)[0]]
        points[p, :] = np.mean(pts, axis=0)
# 第 4 步收敛结束，质心位置不再改变，并返回结果
return points, cluster
```

前 10 行代码的作用主要是初始化数据，即 data 的行列数：m 行 n 列。

```
cluster = np.mat(np.zeros((m, 2)))
```

cluster 用于记录并初始化数据集各个点信息的集合，最终用于返回值。初始化质心集合的代码如下：

```
points = findPoints(data, k)
```

设定 flag=True 的作用是，当标记值 flag 一直为真时，表示收敛没有结束，质心还可以移动，反之跳出循环，返回结果 points 和 cluster 的内容，分别表示 *K* 个簇的质心坐标，以及数据集中各个点的信息，第 1 列是所属簇的序号，第 2 列是各个点到其所属质心的距离。

while 循环用于控制收敛过程，flag=False 标记为 False，循环终止。

```
minDistance = np.inf
minIndex = -1
```

上面两行代码表示将最小距离 minDistance 初始化为无穷大（infinity），将最小值序号 minIndex 初始化为-1，表示不存在。

使用 j 和 range(k)的循环收敛第 1 步或第 2 步；如果是第 1 次收敛，则是第 1 步随机生成质心的位置。代码如下：

```
for j in range(k):
    distance = findDistance(points[j, :], data[i, :])
    if distance < minDistance:
        minDistance = distance
        minIndex = j
```

下面两行代码的作用是：只要质心还可以移动，就说明收敛没有结束，将 flag 标记为 True。

```
if cluster[i, 0] != minIndex:
    flag = True
```

```
cluster[i, :] = minIndex, minDistance**2
```

上面一行代码表示将 for 循环计算的结果写入数据集信息 cluster 中，第 1 列表示所属簇的序号，第 2 列表示点与所属质心的误差，即到质心的距离。下面还有一个 for 循环，是收敛的第 3 步，即重画质心位置。第 4 步收敛结束，质心位置不再改变，返回结果。示例代码如下：

```
        # 这是收敛的第 3 步，即重画质心位置
        for p in range(k):
            pts = data[np.nonzero(cluster[:, 0].A == p)[0]]
            points[p, :] = np.mean(pts, axis=0)
    # 第 4 步收敛结束，质心位置不再改变，并返回结果
    return points, cluster
```

返回 points 和 cluster，可以通过打印来验证，结果如下：

```
[[ 95468.80031447   5108.97955975]
 [144608.63065327   4143.59798995]
 [ 30185.41463415  21735.46747967]]
[[2.00000000e+00 1.16664313e+08]
 [2.00000000e+00 5.69040863e+08]
 [2.00000000e+00 5.92301781e+08]
 …
 [0.00000000e+00 1.69416099e+08]
 [0.00000000e+00 3.66604371e+06]
 [0.00000000e+00 8.67112971e+07]]
Process finished with exit code 0
```

main 部分的作用是打印图表。具体代码和注释如下：

```
if __name__ == '__main__':
    # 导入数据操作
    data = pd.read_csv("E:\\result.csv")
    data = pd.DataFrame({'x': data['value'], 'y': data['price']})
    data = data.to_numpy()
    # 簇设定为两个
    k = 2
    # K-means 算法的核心代码，用于簇识别
    a, b = kMeans(data, k)
    # 定义基本的图表参数
    fig = plt.figure(figsize=(10, 10), dpi=100)
    ax = fig.add_subplot(111)
    ax.set_xlabel("$value$")
    ax.set_xticks(range(0, 250000, 25000))
    ax.set_ylabel("$price$")
    ax.set_yticks(range(0, 85000, 5000))
    # 绘制图像，打印具体的结果，实现可视化
    for i in range(k):
        pts = data[np.nonzero(b[:, 0].A == i)[0], :]
        ax.scatter(np.matrix(data[:, 0]).A[0], np.matrix(data[:, 1]).A[0],
        marker='o', s=90, color='b', alpha=0.2)
    ax.scatter(a[:, 0].flatten().A[0], a[:, 1].flatten().A[0], marker='*',
    s=900, color='r', alpha=0.9)
    plt.show()
```

下面 3 行代码的作用是导入数据，并将数据转化为 NumPy 库的 *n* 维数组形式。

```
data = pd.read_csv("E:\\result.csv")
data = pd.DataFrame({'x': data['value'], 'y': data['price']})
```

```
data = data.to_numpy()
```

k=2 表示设定簇的个数，可以通过修改 k 的值来改变给定质心的个数。

```
a, b = kMeans(data, k)
```

"*K*-means"算法的核心代码，调用了函数 kMeans()，返回的 a 和 b 分别是 *K* 个簇的质心坐标集合 a，以及数据集中各个点的信息集合 b，第 1 列是所属簇的序号，第 2 列是各个点到其所属质心的距离。

```
fig = plt.figure(figsize=(10, 10), dpi=100)
ax = fig.add_subplot(111)
    ax.set_xlabel("$value$")
    ax.set_xticks(range(0, 250000, 25000))
    ax.set_ylabel("$price$")
    ax.set_yticks(range(0, 85000, 5000))
```

上面的 7 行代码定义了图表的基本样式：*x* 轴和 *y* 轴的标签，即 value 和 price；刻度范围；标题被设置为 *K*-means。

```
    for i in range(k):
        pts = data[np.nonzero(b[:, 0].A == i)[0], :]
        ax.scatter(np.matrix(data[:, 0]).A[0], np.matrix(data[:, 1]).A[0],
        marker='o', s=90, color='b', alpha=0.2)
    ax.scatter(a[:, 0].flatten().A[0], a[:, 1].flatten().A[0], marker='*',
    s=900, color='r', alpha=0.9)
    plt.show()
```

上面的几行代码表示将返回的 a 和 b 绘制成图像，并打印出具体的结果，实现可视化。但是从输出结果来看，点的形状和颜色一样，不易区分，另外，模型收敛速度过慢。后续将介绍如何改进这个模型。

12.2.3　模型改进：使用不同颜色和形状标记不同的簇

如图 12-5 所示，使用三角形和圆形来标记两个不同的"簇"，且三角形是黄色的，而圆形是蓝色的，质心没有变，使用的还是红色五角星。可以看到，图 12-5 与图 12-4 相比，显示的样式已经大不相同。

12.2.1 节中用两个质心来表示稍好的车和普通车（从图 12-4 中可见，price>10 000（单位：$）或 value<7500（单位：mile）的大多是稍好的车，而后面的图 12-5 将其用颜色区分开来），不过现在看来两个质心有点不科学，觉得转化为三个质心更好，分别表示稍好的车、普通车、破旧车，只需将 k 的值改为 3 运行即可，运行结果如图 12-6 所示。

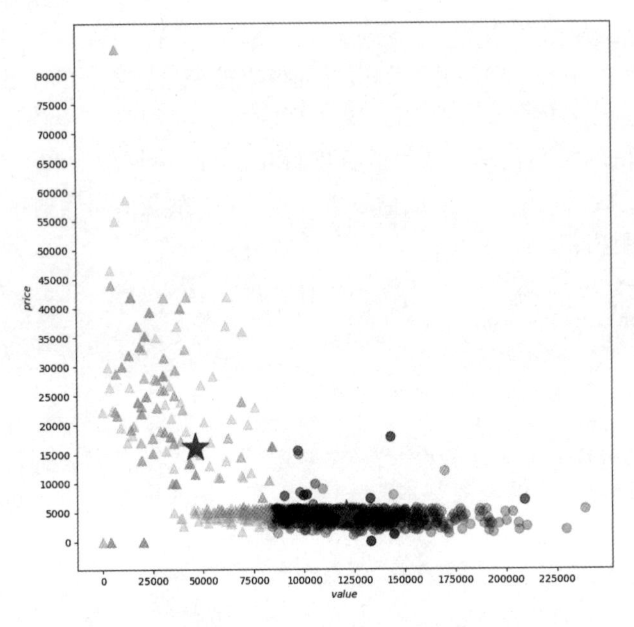

图 12-5　改进后的可视化图

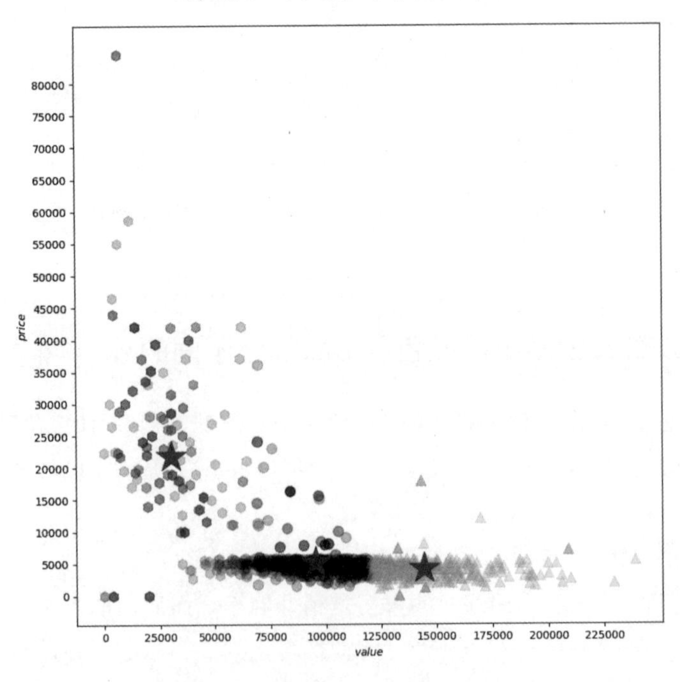

图 12-6　具有三个质心的 *K*-means 算法的运行结果

只需修改 main 部分最后一个 for 循环的代码即可，代码如下：

```
for i in range(k):
    pts = data[np.nonzero(b[:, 0].A == i)[0], :]
    markerStyle = ['o', '^', 'h']
    colors = ['b', 'y', 'g']
    Marker = markerStyle[i % len(markerStyle)]
    Color = colors[i % len(colors)]
    ax.scatter(np.matrix(pts[:, 0]).A[0], np.matrix(pts[:, 1]).A[0],
marker=Marker, s=90, color=Color, alpha=0.2)
ax.scatter(a[:, 0].flatten().A[0], a[:, 1].flatten().A[0], marker='*', s=900,
color='r', alpha=0.9)
plt.show()
```

用 markerStyle 存放三种形状，即圆形、三角形、六边形；用 colors 存放三种颜色，即蓝色、黄色、绿色；用求余符号%确定具体要使用的符号和颜色，即当前簇的序号 MOD colors 或 markerStyle，这样就可以实现不同颜色间断出现的效果，其余部分没有改动。

12.2.4　*K*-means 算法改进：使用二分 *K*-means 算法

SSE（误差平方和）是常见的用于度量聚类效果的指标，对应 12.2.2 节示例代码的 kMeans()函数的第 2 个返回值 cluster 的第 2 列。cluster 两列的作用分别是标记该点所属"簇"的序号以及该点到其所属质心的距离，将这个距离称为"误差"，所谓"误差平方和"就是将各个点的误差求平方再相加。

12.1.2 节所讲解的损失函数 L

$$L = \sum_{j=1}^{k}\left(\sum_{i=1}^{n}\|X_i - C_i\|_2^2 1_{t_i=j}\right)$$

就是指的 SSE，一个簇的 SSE 可以写成

$$\mathrm{SSE} = \sum_{i=1}^{n}\|X_i - C_i\|_2^2$$

所有 j 个簇的 SSE 就是

$$\mathrm{SSE}_{总} = \sum_{j=1}^{k}\left(\sum_{i=1}^{n}\|X_i - C_i\|_2^2 1_{t_i=j}\right)$$

$\mathrm{SSE}_{总}$是评判 kMeans 模型好坏的标准。SSE 越小，每个点就越接近它自己所属的质心，聚类效果就更好。聚类个数 K 越大，损失函数 L 就越小，即 SSE 越小，模型评估就越好。当然，过多的簇是一个典型的"过度拟合"，通过之前的学习读者应该知道，一个模型越复杂，它的拟合效果就越好，预测结果也越好，但越容易使模型过度拟合。

所以，为了提高 SSE，需要寻求另外的方法：合并最近的两个质心或簇。“最近的两个”使得 SSE 增幅最小，这样可以合并原本就该是一个簇，但被划分成了两个或者多个的情况。有如下两种实现方法。

（1）通过计算所有质心间的距离，找到最近的两个质心并合并。

（2）合并所有的簇，计算 $SSE_{总}$（使用贪心法则合并，不然复杂度高，将劳而无功），找到最优解，然后正式合并。

一般当数据量较大时，会使用第 2 种方法。按照这样的想法，有学者结合了“二分法”算法，思路是先随机生成一个质心，在此基础上将这个簇一分为二，再选择其中一个簇继续一分为二，直到簇的个数等于要划分的簇的个数为止。期间，通过判断是否可以最大化地降低 SSE 值，即使用贪心法则一一尝试，最终判断应该二分哪一个簇。

除了使用贪心法则，还有一种方法是选择 SSE 最大的簇进行划分，这样可以有效地降低 SSE 值，由于这种方法不涉及贪心法则，较为简单，因此本节将这种方法作为演示方法，示例代码如下：

```
import Matplotlib.pyplot as plt
import Pandas as pd
import numpy as np
def findDistance(x, y):
    return np.sqrt(np.sum(np.power(x - y, 2)))
def findPoints(data, k):
    m, n = np.shape(data)
    points = np.mat(np.zeros((k, n)))
    for i in range(n):
        min = np.min(data[:, i])
        I = float(np.max(data[:, i]) - min)
        points[:, i] = min + I * np.random.rand(k, 1)
    return points
def kMeans(data, k):
    m, n = np.shape(data)
    cluster = np.mat(np.zeros((m, 2)))
    points = findPoints(data, k)
    flag = True
    while flag:
        flag = False
        for i in range(m):
            minDistance = np.inf
            minIndex = -1
            for j in range(k):
```

```
            distance = findDistance(points[j, :], data[i, :])
            if distance < minDistance:
                minDistance = distance
                minIndex = j
        if cluster[i, 0] != minIndex:
            flag = True
        cluster[i, :] = minIndex, minDistance ** 2
    for p in range(k):
        pts = data[np.nonzero(cluster[:, 0].A == p)[0]]
        points[p, :] = np.mean(pts, axis=0)
    return points, cluster
# 二分 K-Means 算法
def dichotomyKMeans(data, k):
    # 读取 data 总的行和列：m 行 n 列
    m, n = np.shape(data)
    # 创建 1 个矩阵 cluster，用于存储数据集中每个点分配簇的结果
    cluster = np.mat(np.zeros((m, 2)))
    # 生成第 1 个质心 points
    points = np.mean(data, axis=0).tolist()[0]
    # 创建列表 pointsList，用于存放所有质心
    pointsList = [points]
    # 将质心信息写入 cluster 中
    for i in range(m):
        cluster[i, 1] = findDistance(points, data[i, :])**2
    # while 循环用于二分簇
    while len(pointsList) < k:
        # 初始化 SSE 为无穷大
        SSE = np.inf
        # 遍历 pointsList 中的每一个质心对应的簇
        for j in range(len(pointsList)):
            # 将该簇所有点设为 pts
            pts = data[np.nonzero(cluster[:, 0].A == j)[0], :]
            # 然后二分这个簇（参数 k=2），生成两个簇集合 pointsMatrix，以及每个簇各个点的
            # 误差值 informationOfData
            pointsMatrix, informationOfData = kMeans(pts, 2)
            # 计算本次 SSE，记为 tempLowestSSE
            SSESplit = np.sum(informationOfData[:, 1])
            SSENoSplit = np.sum(cluster[np.nonzero(cluster[:, 0].A != j)[0], 1])
            tempLowestSSE = SSESplit + SSENoSplit
            # 如果本次误差 tempLowestSSE 最小，就被保存
            if tempLowestSSE < SSE:
```

```
                splitPoints = j
                newPoints = pointsMatrix
                newInformationOfData = informationOfData
                # 保存当前的 SSE
                SSE = tempLowestSSE
        # 已经确定了 SSE，进行实际划分操作
        # 修改簇的编号，更新分配结果
        # 修改编号
        newInformationOfData[np.nonzero(
newInformationOfData[:, 0].A == 1)[0], 0] = len(pointsList)
        new              InformationOfData[np.nonzero(
                newInformationOfData[:, 0].A == 0)[0], 0] = splitPoints
        # 更新结果
        pointsList[splitPoints] = newPoints[0, :]
        pointsList.append(newPoints[1, :])
        cluster[np.nonzero(cluster[:, 0].A == splitPoints)[0], :] =
        newInformationOfData
    # 如果 k=2，则返回值将是一维数组，使用一维数组将会报错，需用 try-except 语句分开处理
    try:
        # 返回结果
        return np.mat(pointsList), cluster
    except ValueError:
        # 一维数组专用
        return np.mat(np.array(list(map(lambda x: [int(x[0]), x[1]],
                                 [np.matrix.tolist(i)[0] for i in
pointsList])))), cluster
if __name__ == '__main__':
    data = pd.read_csv("E:\\result.csv")
    data = pd.DataFrame({'x': data['value'], 'y': data['price']})
    data = data.to_numpy()
    k = 3
    a, b = dichotomyKMeans(data, k)
    print(a)
    print(type(a))
    fig = plt.figure(figsize=(10, 10), dpi=100)
    ax = fig.add_subplot(111)
    ax.set_xlabel("$value$")
    ax.set_xticks(range(0, 250000, 25000))
    ax.set_ylabel("$price$")
    ax.set_yticks(range(0, 85000, 5000))
```

```
    for i in range(k):
        pts = data[np.nonzero(b[:, 0].A == i)[0], :]
        markerStyle = ['o', '^', 'h']
        colors = ['b', 'y', 'g']
        Marker = markerStyle[i % len(markerStyle)]
        Color = colors[i % len(colors)]
        ax.scatter(np.matrix(pts[:, 0]).A[0], np.matrix(pts[:, 1]).A[0],
                   marker=Marker, s=90, color=Color, alpha=0.2)
    ax.scatter(a[:, 0].flatten().A[0], a[:, 1].flatten().A[0], marker='*',
               s=900, color='r', alpha=0.9)
    plt.show()
```

可以看到，本例在 12.2.1 节代码的基础上增加了一个 dichotomyKMeans()函数，它调用了 kMeans()函数和其他两个辅助函数作为基础，具体代码如下：

```
def dichotomyKMeans(data, k):
    # 读取 data 总的行和列：m 行 n 列
    m, n = np.shape(data)
    # 创建 1 个矩阵 cluster，用于存储数据集中每个点分配簇的结果
    cluster = np.mat(np.zeros((m, 2)))
    # 生成第 1 个质心 points
    points = np.mean(data, axis=0).tolist()[0]
    # 创建列表 pointsList，用于存放所有的质心
    pointsList = [points]
    # 将质心信息写入 cluster 中
    for i in range(m):
        cluster[i, 1] = findDistance(points, data[i, :])**2
    # while 循环用于二分簇
    while len(pointsList) < k:
        # 初始化 SSE 为无穷大
        SSE = np.inf
        # 遍历 pointsList 中的每一个质心对应的簇
        for j in range(len(pointsList)):
            # 将该簇所有点设为 pts
            pts = data[np.nonzero(cluster[:, 0].A == j)[0], :]
            # 然后二分这个簇（参数 k=2），生成两个簇集合 pointsMatrix，以及每个簇各个点的
            # 误差值 informationOfData
            pointsMatrix, informationOfData = kMeans(pts, 2)
            # 计算本次 SSE，记为 tempLowestSSE
            SSESplit = np.sum(informationOfData[:, 1])
            SSENoSplit = np.sum(cluster[np.nonzero(cluster[:, 0].A != j)[0], 1])
            tempLowestSSE = SSESplit + SSENoSplit
```

```
            # 如果本次误差 tempLowestSSE 最小，就被保存
            if tempLowestSSE < SSE:
                splitPoints = j
                newPoints = pointsMatrix
                newInformationOfData = informationOfData
                # 保存当前的 SSE
                SSE = tempLowestSSE
        # 已经确定了 SSE，进行实际划分操作
        # 修改簇的编号，更新分配结果
        # 修改编号
        newInformationOfData[np.nonzero(
                newInformationOfData[:, 0].A == 1)[0], 0] = len(pointsList)
        newInformationOfData[np.nonzero(
                newInformationOfData[:, 0].A == 0)[0], 0] = splitPoints
        # 更新结果
        pointsList[splitPoints] = newPoints[0, :]
        pointsList.append(newPoints[1, :])
        cluster[np.nonzero(cluster[:, 0].A == splitPoints)[0], :] =
newInformationOfData
    # 如果 k=2，则返回值将是一维数组，使用一维数组将会报错，需用 try-except 语句分开处理
    try:
        # 返回结果
        return np.mat(pointsList), cluster
    except ValueError:
        # 一维数组专用
        return np.mat(np.array(list(map(lambda x: [int(x[0]), x[1]],
                        [np.matrix.tolist(i)[0] for i in pointsList])))), cluster
```

首先读取 data 总的行和列，存入数据，代码如下：

```
m, n = np.shape(data)
```

创建 1 个矩阵 cluster，用于存储数据集中每个点分配簇的结果，代码如下：

```
cluster = np.mat(np.zeros((m, 2)))
```

然后创建了第 1 个质心，代码如下：

```
points = np.mean(data, axis=0).tolist()[0]
```

初始化 pointsList 和 cluster，列表 pointsList 用于存放所有的质心，再将质心信息写入 cluster 中，代码如下：

```
pointsList = [points]
    for i in range(m):
        cluster[i, 1] = findDistance(points, data[i, :])**2
```

while 循环用于二分簇，然后初始化 SSE 为无穷大；for 循环用于遍历 pointsList 中的

每一个簇，判断其 SSE 是否是最小值，以决定最后是否进行二分处理。将当前簇的所有点设为 pts 集合，然后二分这个簇，将参数 k 设定为 2，二分的结果是生成两个簇集合（pointsMatrix）以及每个簇各个点的误差值（informationOfData），并计算本次 SSE，将其记为 tempLowestSSE。具体代码如下：

```
while len(pointsList) < k:
      SSE = np.inf
      for j in range(len(pointsList)):
         pts = data[np.nonzero(cluster[:, 0].A == j)[0], :]
         pointsMatrix, informationOfData = kMeans(pts, 2)
         SSESplit = np.sum(informationOfData[:, 1])
         SSENoSplit = np.sum(cluster[np.nonzero(cluster[:, 0].A != j)[0], 1])
         tempLowestSSE = SSESplit + SSENoSplit
```

当本次误差 tempLowestSSE 为最小时就保存它。确定 SSE 后，即可进行实际划分操作，修改簇的编号并更新分配结果，最后返回结果。具体代码如下：

```
   if tempLowestSSE < SSE:
      splitPoints = j
      newPoints = pointsMatrix
      newInformationOfData = informationOfData
      SSE = tempLowestSSE
   newInformationOfData[np.nonzero(
         newInformationOfData[:, 0].A == 1)[0], 0] = len(pointsList)
   newInformationOfData[np.nonzero(
         newInformationOfData[:, 0].A == 0)[0], 0] = splitPoints
# 更新结果
   pointsList[splitPoints] = newPoints[0, :]
   pointsList.append(newPoints[1, :])
   cluster[np.nonzero(cluster[:, 0].A == splitPoints)[0], :] =
newInformationOfData
# 如果 k=2，则返回值将是一维数组，使用一维数组将会报错，需用 try-except 语句分开处理
try:
# 返回结果
   return np.mat(pointsList), cluster
except ValueError:
# 一维数组专用
   return np.mat(np.array(list(map(lambda x: [int(x[0]), x[1]],
            [np.matrix.tolist(i)[0] for i in pointsList])))), cluster
```

代码运行结果与 12.2.1 节和 12.2.3 节的代码运行结果十分相似，如图 12-7 所示。

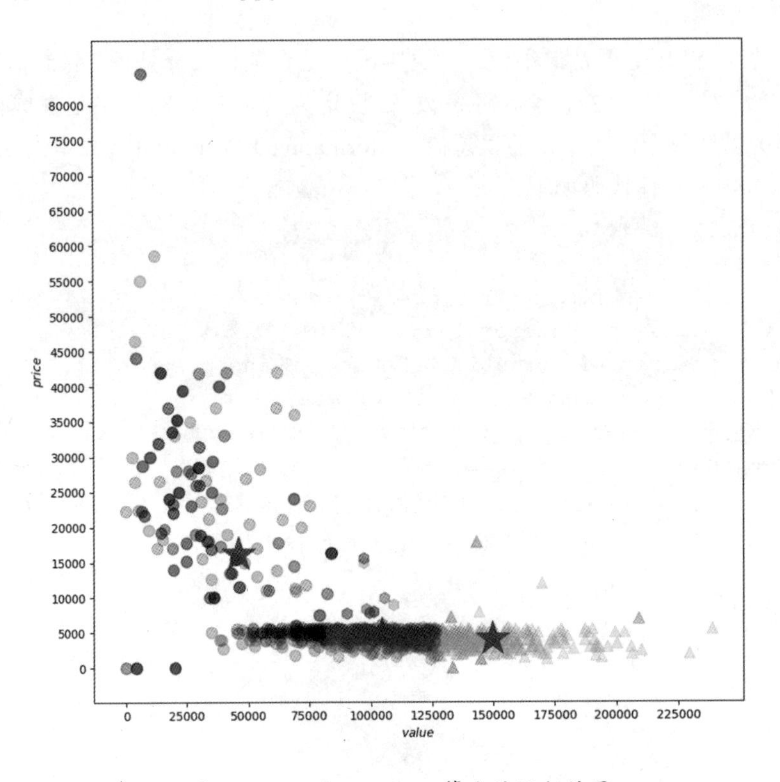

图 12-7　二分 *K*-means 算法的运行结果

13

第 13 章 分类：KNN 算法

KNN 算法（K-Nearest Neighbor）又称“*K* 近邻算法”，由 Cover 和 Hart 提出，是数据分析中常见的一种分类算法。

本章主要涉及的知识点如下。

◎ 懒惰学习和急切学习的概念。

◎ KNN 算法的原理。

◎ KNN 算法的 Python 实现。

13.1 KNN 算法的基本概念

KNN 算法的主要作用是根据已有的数据集分布和分类标签来预测某一个或者某几个集合中，暂时没有标签和分类的点归属于哪一个分类。本节主要讲解 KNN 算法的原理和相关的数学基础知识。

13.1.1 KNN 算法的相关概念

KNN 算法实际上基于一种“投票”思想：少数服从多数。KNN 算法大致可以这样类比——

在同股同权的一个公司董事会中，每个股东的投票权重不同，在 N 个股东的董事会中选择前 K 个（$K < N$）权重最大的股东进行投票，并以此决定公司的决策和未来的发展方向，其中，K 值是人为给定的。

懒惰学习（Lazy Learning）是指按照“收到样本—训练数据—进一步处理与学习”的方式进行数据分析与处理。与之对应的是急切学习（Eager Learning），它先收到样本，在训练数据的阶段就对样本进行学习。KNN 算法没有“显式的”学习过程，也就是说，没有训练阶段，数据集事先已有了分类和特征值，待收到新样本后直接进行处理就可以了，处理完成后就可以进行其他学习和后期处理。若任务数据需要频繁更替，建议读者采用懒惰学习的方式，这样可以根据当下的数据直接进行概率估值。

KNN 算法不具有“显式的”学习过程，是典型的“懒惰学习”的代表，它只是根据损失函数（在一般情况下采用点的欧氏距离计算公式作为损失函数）简单地将没有分类标签的点进行分类操作。与逻辑回归不同，KNN 算法对数学方面的知识要求不是很高。

13.1.2 KNN 算法原理概述

KNN 算法通过计算不同特征值之间的距离进行分类。简言之，其一般采用绘制坐标轴散点图的方式，通过测定未知分类样本与已知分类样本的欧式距离来作为分类的标准。

KNN 算法实施分类的 3 大要素分别是：K 值的选定、距离度量标准，以及分类决策实施的标准。距离度量以欧氏距离为例；K 值一般最大选定为 20，如果需要设定更高的值，则说明这个数据集很大，使用 KNN 算法的开销也会很大。KNN 算法只适用于具有少量数据的数据集，具有大量数据的数据集使用 KNN 算法得不偿失。

所以，KNN 算法的基本思路是：如果一个样本在特征空间的 K 个最邻近的样本中，其中 K 个样本属于同一个类别，且数量在所有样本中占比最多，则该样本将被划分到这个类别中。在 KNN 算法中，所选择的邻居（Neighbor）都是已经被正确分类的。该算法在选定分类的决策上，只依据最邻近的 K 个样本来决定分类样本所属的类别。

以图 13-1 为例，未知分类的正方形究竟属于哪一类呢？是圆形还是三角形呢？

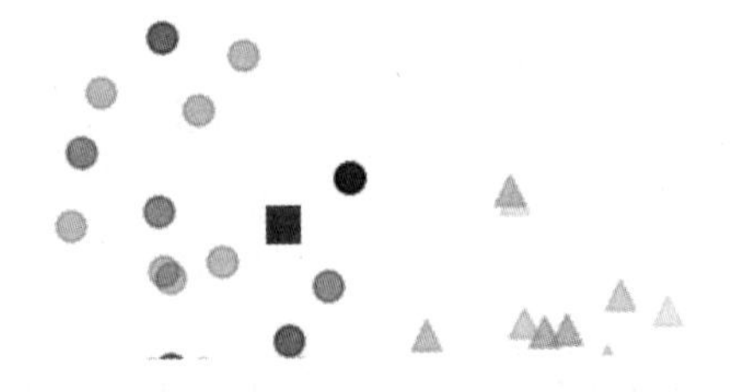

图 13-1　未知分类的正方形究竟属于哪一类

要确定正方形的从属，首先要选出距离目标最近的前 K 个点，看这 K 个点里是圆形多还是三角形多，选择最多的那个作为结果。假设将 K 设定为 5，如图 13-2 所示，距正方形最近的有四个圆形和一个三角形，所以这时将正方形转变为圆形，从而确定从属关系。

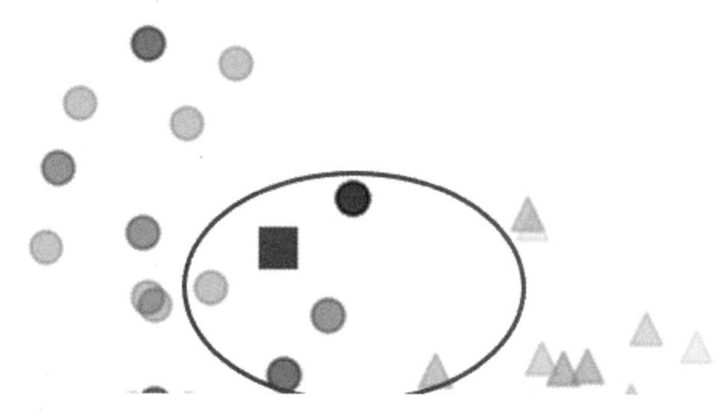

图 13-2　前 K（K=5）个距正方形最近的图形

根据上述内容，可以得知如下程序设计思路。

（1）在 xOy 平面上，计算需要预测的测试数据与已知的数据集中各个数据间的欧氏距离并将其作为距离度量。

（2）将得到的距离按照升序排列。

（3）选取排序结果中的前 K 个数据。

（4）计算前 K 个数据中出现最多的类别，返回该类别作为分类结果。

可以看出，在 KNN 算法中，K 值和距离度量的选取是尤为重要的，K 值一般设定在 20 以内。如果不确定，建议从 1 开始一个个尝试，边尝试边计算模型的误差，可以用查准率或 F-score 来评定。这里不建议使用查全率，因为查全率是指预测正确数量占选取样本数量的比例，K 值比较小，查全率变化不大，所以没有必要计算查全率。

下面来看距离度量的选取。设特征空间 $\boldsymbol{x}$ 是由列向量

$$\boldsymbol{x}_i=\left[x_{i1},x_{i2},\cdots,x_{in}\right]^{\mathrm{T}}$$

和行向量

$$\boldsymbol{x}_j=\left[x_{j1},x_{j2},\cdots,x_{jn}\right]^{\mathrm{T}}$$

构成的 n 维实数向量，由 $\boldsymbol{x}_i$ 和 $\boldsymbol{x}_j$ 构成距离的通式 L，可以写成如下形式：

$$L\left(\boldsymbol{x}_i,\boldsymbol{x}_j\right)=\left(\sum_{l=1}^{n}\left|\boldsymbol{x}_i-\boldsymbol{x}_j\right|^{p}\right)^{\frac{1}{p}}$$

当 p=2 时，即欧氏距离，则上式是最小二乘准则的损失函数，又称“最小二乘距离”，

公式如下：

$$L\left(\boldsymbol{x}_i,\boldsymbol{x}_j\right)=\left(\sum_{l=1}^{n}\left|\boldsymbol{x}_i-\boldsymbol{x}_j\right|^2\right)^{\frac{1}{2}}=\sqrt{\sum_{l=1}^{n}\left(\boldsymbol{x}_i-\boldsymbol{x}_j\right)^2}$$

当 p=1 时，即曼哈顿距离，由于和切比雪夫准则的损失函数一样，故又称“切比雪夫距离”，公式如下：

$$L\left(\boldsymbol{x}_i,\boldsymbol{x}_j\right)=\left(\sum_{l=1}^{n}\left|\boldsymbol{x}_i-\boldsymbol{x}_j\right|^1\right)^{\frac{1}{1}}=\sum_{l=1}^{n}\left|\boldsymbol{x}_i-\boldsymbol{x}_j\right|$$

当 p 趋近于正无穷时，$L\left(\boldsymbol{x}_i,\boldsymbol{x}_j\right)$ 为各个坐标距离的最大值，即

$$L\left(\boldsymbol{x}_i,\boldsymbol{x}_j\right)=\max\left|\boldsymbol{x}_i-\boldsymbol{x}_j\right|$$

13.2 KNN 算法的 Python 实现

上一节介绍了 KNN 算法相关的数学理论及其他相关概念，如懒惰学习和急切学习，并介绍了 KNN 算法的原理，其为读者学习 KNN 算法的 Python 实现打下了基础。

13.2.1 制作测试用例数据集

在正式编码之前，读者需要先自己制作一个测试用例数据集，以供本次实验使用。自己制作一个数据集只是为了更好地研究 KNN 算法，实际在进行数据分析时使用的都是真实数据。

现在要制作一个数据集，它由两团标记类别（有标签）的数据构成，主要由“附件 1.xlsx”数据集转化而来，另外，第二个数据集由“附件 2.xlsx”转化而来，这是一组没有标签的数据，将预测它所属的类别并写入结果，最后保存。附件 2.xlsx 实际是节选了附件 1.xlsx 的一部分内容，然后去掉了结果。

首先导入 Pandas、NumPy 及用于可视化的 Matplotlib 库。采集数据一直存放在 main 部分，不是独立的文件。先读取“附件 1.xlsx”，x 轴对应的是里程长度 distance 或车票支出 moneyOut，而 y 轴对应的是旅途时间 time 或固定收入 moneyIn。示例代码如下：

```
if __name__ == '__main__':
    # 从指定路径导入数据，并设定行号
    data = pd.read_excel("D:\\附件 1.xlsx")
    data  =  pd.DataFrame({'distance':  data['II'],  'time':  data['IV'],
'moneyIn': data['VI'], 'moneyOut': data['VIII']})
    # 数据清洗
```

```
    data = data.loc[data['moneyIn'] < 4000]

    # 设定图表的大小
    fig = plt.figure(figsize=(8, 8), dpi=80)
    ax = fig.add_subplot(111)
    # 确定 x 轴、y 轴信息
    ax.set_xlabel("$x$")
    ax.set_ylabel("$y$")
    # 设定标题
    ax.set_title('KNN')
    # 定义点的颜色、透明度，并传入点的坐标
    ax.scatter(data['distance'], data['time'], color='b', alpha=0.4)
    ax.scatter(data['moneyOut'], data['moneyIn'], color='y', alpha=0.4)
    # 绘制散点图
    plt.show()
```

可以看到，上述代码先过滤了不太正常的数据，例如，录入错误的数据。下面这行代码表示过滤月收入大于 4000 元的人：

```
data = data.loc[data['moneyIn'] < 4000]
```

下面两行代码表示从放置文件“附件 1.xlsx”的路径直接导入数据，并设定 DataFrame 数据结构的行号：

```
data = pd.read_excel("D:\\附件 1.xlsx")
data = pd.DataFrame({'distance': data['II'], 'time': data['IV'], 'moneyIn':
    data['VI'], 'moneyOut':data['VIII']})
```

下面几行代码表示设定 x 轴和 y 轴信息，并设定图表标题为 KNN，然后打印图表：

```
fig = plt.figure(figsize=(8, 8), dpi=80)
ax = fig.add_subplot(111)
ax.set_xlabel("$x$")
ax.set_ylabel("$y$")
ax.set_title('KNN')
ax.scatter(data['distance'], data['time'], color='b', alpha=0.4)
ax.scatter(data['moneyOut'], data['moneyIn'], color='y', alpha=0.4)
plt.show()
```

打印的图表如图 13-3 所示。

从图 13-3 中可以看出，蓝色的点集呈长条状，不宜将通过计算欧氏距离得到的结果当作一个类别，且黄色和蓝色两组数据分隔较远，评判结果也会很明显。所以需要通过放大 y 轴坐标、缩小 x 轴坐标的方式来将蓝色的点集聚成一团。方法为统一将蓝色点集的 x 轴坐标除以 5，y 轴坐标乘以 40，得到如图 13-4 所示的结果。

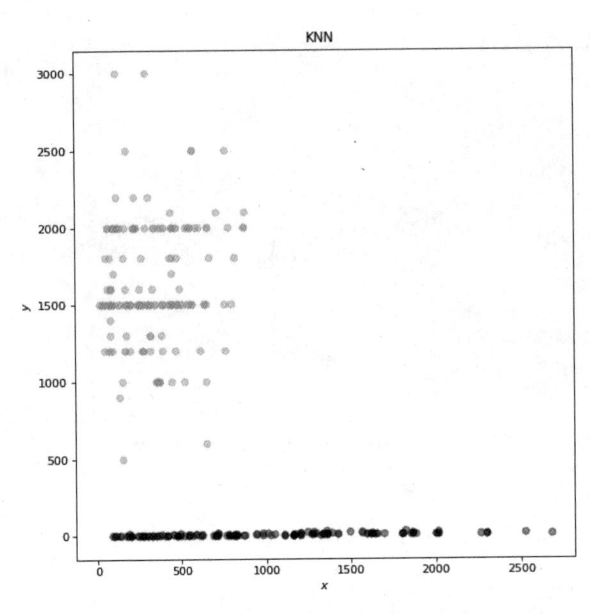

图 13-3　制作测试用例数据集第 1 次尝试打印

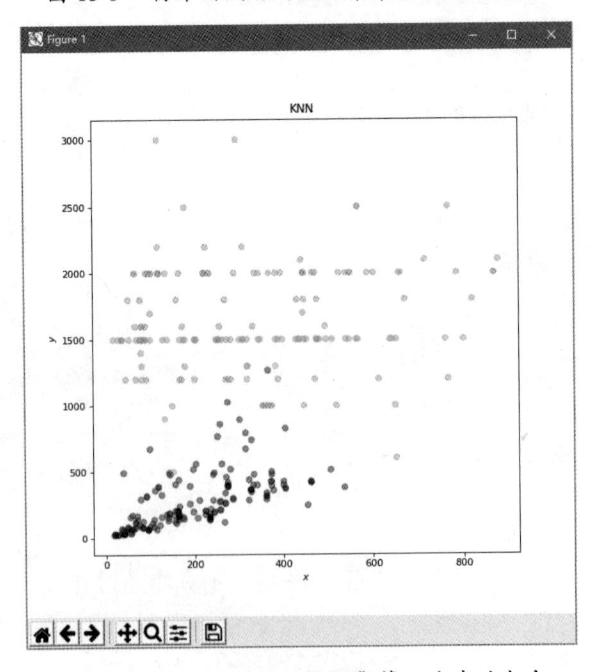

图 13-4　制作测试用例数据集第 2 次尝试打印

从图 13-4 中可以看出，散点图基本已经符合要求。将示例代码的倒数第 3 行：

```
ax.scatter(data['distance'], data['time'], color='b', alpha=0.4)
```

改为：

```
ax.scatter(data['distance']/5, data['time']*40, color='b', alpha=0.4)
```

然后用 vstack()函数将黄色和蓝色两个点集拼合。具体实现代码如下：

```
# 先确定行数
l = len(data['distance'])
# 初始化，蓝色点集为标号 0，赋值给集合 A
# 初始化，黄色点集为标号 1，赋值给集合 B
A = np.array([0]*l)
B = np.array([1]*l)
# 传入数据，原蓝色点集是集合 A，黄色点集是集合 B，分别记为 data1 和 data2
data1 = pd.DataFrame({'x': data['distance']/5, 'y': data['time']*40, 'flag': A})
data2 = pd.DataFrame({'x': data['moneyOut'], 'y': data['moneyIn'], 'flag': B})
# 拼合 data1 和 data2，并将其转换为可操作的 DataFrame 数据结构
newData = np.vstack((data1, data2))
newData = pd.DataFrame(newData)
# 设定新点集的行号
newData.columns = ['x', 'y', 'flag']
# 打印点集，查看是否有误
print(newData)
# 绘制散点图并打印
fig = plt.figure(figsize=(8, 8), dpi=80)
ax = fig.add_subplot(111)
ax.set_xlabel("$x$")
ax.set_ylabel("$y$")
ax.set_title('KNN')
ax.scatter(newData['x'], newData['y'], color='b', alpha=0.4)
plt.show()
```

首先确定了行数，才可以确定点集标记符合 flag 的个数，flag 为 0 时表示原蓝色点集，为 1 时表示原黄色点集，代码如下：

```
l = len(data['distance'])
```

然后初始化 flag，包括原来的黄色点集和蓝色点集在内的所有点集，代码如下：

```
A = np.array([0]*l)
B = np.array([1]*l)
```

传入集合 A 和 B，A 传入蓝色点集，B 传入黄色点集，分别标记为 data1 和 data2，代码如下：

```
data1 = pd.DataFrame({'x': data['distance']/5, 'y': data['time']*40, 'flag': A})
data2 = pd.DataFrame({'x': data['moneyOut'], 'y': data['moneyIn'], 'flag': B})
```

接着拼合 data1 和 data2 成为一个新的集合，并记为 newData，记得将数据转化为可以操作的 DataFrame 数据结构，代码如下：

```
newData = np.vstack((data1, data2))
newData = pd.DataFrame(newData)
```

设定新点集的行号，然后打印点集查看是否有误，代码如下：

```
newData.columns = ['x', 'y', 'flag']
print(newData)
```

最后绘制散点图并打印，代码如下：

```
fig = plt.figure(figsize=(8, 8), dpi=80)
ax = fig.add_subplot(111)
ax.set_xlabel("$x$")
ax.set_ylabel("$y$")
ax.set_title('KNN')
ax.scatter(newData['x'], newData['y'], color='b', alpha=0.4)
plt.show()
```

运行代码后得到的散点图如图 13-5 所示。

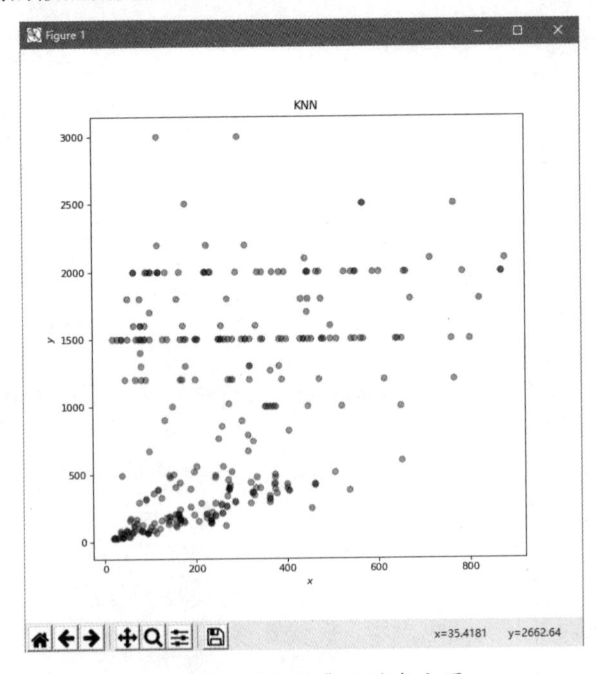

图 13-5 拼合点集后的散点图

从图 13-5 中可以看出，已经成功地将两个点集拼合。至此，测试用例制作完成。

13.2.2　KNN 算法的具体实现

在 13.1.2 节介绍了 KNN 算法的原理。

现在开始编写代码，使用了函数 KNN()，同时还使用了一个辅助函数 findListNum()。示例代码如下：

```
import numpy as np
import Matplotlib.pyplot as plt
import Pandas as pd
# findListNum()函数用于对列表的每个元素进行计数
# 传入的 li 是一个列表类型
def findListNum(li):
    # 以防万一，将 li 转化为列表
    li = list(li)
    # 将 li 转化为集合
    set1 = set(li)
    # 定义字典 dict1，用于存放结果
    dict1 = {}
    # 迭代集合 set1，得到字典 dict1
    # 迭代完成后的 dict1 包含列表里的所有元素（键）及其个数（值）
    for item in set1:
        dict1.update({item: li.count(item)})
    return dict1
# KNN 算法核心部分
def KNN(data2, data, k):
    # datatemp 是一个临时数据，用于计算一个点距点集中其他点的欧氏距离，仅此而已，datatemp
    # 中的 temp 也说明了它的作用是临时的，主要是为了得到 data 的行数 size
    datatemp = pd.DataFrame({'x': data['x'], 'y': data['y']}).to_numpy()
    size, temp =data.shape
    # 步骤一，计算欧氏距离 distance，只有这里使用到了 datatemp
    distance = (((np.tile(data2, (size, 1)) - datatemp)**2).sum(axis=1))**0.5
    # 将距离 distance 记录到 data 中
    data = pd.DataFrame({'x': data['x'], 'y': data['y'], 'flag': data['flag'],
                         'distance': distance})
    # 步骤二，升序排列
    data.sort_values("distance", inplace=True)
    # 步骤三，找到前 k 个最近的点
    data = data.head(k)
    # 读出前五个 flag，并记录 0 和 1 的个数
    result = findListNum(data.loc[:, 'flag'])
    # 如果全是 1 或者全是 0，则会报错
    # 使用 try-except 语句避免报错
    try:
```

```
        # 步骤四，比较 0.0 和 1.0 的个数，择多而用
        if result[0.0] > result[1.0]:
            c = 0.0
        else:
            c = 1.0
    # 全 1、全 0 时的处理方法：直接返回唯一的 value 作为结果 c
    except KeyError:
        for key in result.keys():
            c = key
    # 返回 c，c 是该点从属类别的 flag，值为 0 或 1
    return c
```

首先传入数据，并将其转化为可以操作的数据类型，这里不同于前几章，前几章都使用了 NumPy 库的 Series 数据结构作为算法核心的操作项，因为 *K*-means 算法和逻辑回归在大多数情况下会用到矩阵相乘、转置及与线性代数相关的方法，NumPy 库正好为其提供了良好的“生态”与“温床”。KNN 算法的思想较为简单，并没有涉及矩阵运算，而且 Pandas 库的 DataFrame 数据结构对于筛选、大量数据排序算法有着很好的支持，所以本章选择了有 DataFrame 数据结构的 Pandas 库作为 KNN 算法的核心支柱。

下面来介绍辅助函数 findListNum()的作用，它用于接收一个列表，或者是可以转化为列表的数据类型，返回一个字典，该字典包含了这个列表所含的所有元素，其作为字典的键（key），对应的值（value）是这个键出现的个数。读者可以测试一下，代码如下：

```
# findListNum()函数用于对列表的每个元素进行计数
def findListNum(li):
    li = list(li)
    set1 = set(li)
    dict1 = {}
    for item in set1:
        dict1.update({item: li.count(item)})
    return dict1
dic = [1, 1, 1, 1, 1, 0, 0, 0, 0, 0, 0, 0, 1, 1, 1, 1, 1, 1, 1]
print(findListNum(dic))
```

输出结果如下：

```
{0: 7, 1: 12}
Process finished with exit code 0
```

可以看到，输出结果就是一个包含了所有元素及其出现次数的键-值对（或者说是字典、哈希表），没有太大的问题，可以直接使用，然后来看核心代码 KNN()函数：

```
# KNN 算法核心部分
def KNN(data2, data, k):
    # datatemp 是一个临时数据，用于计算一个点距点集中其他点的欧氏距离，仅此而已，datatemp
```

```
    # 中的 temp 也说明了它的作用是临时的，主要是为了得到 data 的行数 size
    datatemp = pd.DataFrame({'x': data['x'], 'y': data['y']}).to_numpy()
    size, temp =data.shape
    # 步骤一，计算欧氏距离 distance，只有这里使用到了 datatemp
    distance = (((np.tile(data2, (size, 1)) - datatemp)**2).sum(axis=1))**0.5
    # 将距离 distance 记录到 data 中
    data = pd.DataFrame({'x': data['x'], 'y': data['y'], 'flag': data['flag'],
                         'distance': distance})
    # 步骤二，升序排列
    data.sort_values("distance", inplace=True)
    # 步骤三，找到前 k 个最近的点
    data = data.head(k)
    # 读出前五个 flag，并记录 0 和 1 的个数
    result = findListNum(data.loc[:, 'flag'])
    # 如果全是 1 或者全是 0，则会报错
    # 使用 try-except 语句避免报错
    try:
        # 步骤四，比较 0.0 和 1.0 的个数，择多而用
        if result[0.0] > result[1.0]:
            c = 0.0
        else:
            c = 1.0
    # 全 1、全 0 时的处理方法：直接返回唯一的 value 作为结果 c
    except KeyError:
        for key in result.keys():
            c = key
    # 返回 c，c 是该点从属类别的 flag，值为 0 或 1
    return c
```

前两行用于初始化数据，类似格式化操作，代码如下：

```
# datatemp 是一个临时数据，用于计算一个点距点集中其他点的欧氏距离，仅此而已，datatemp 中
# 的 temp 也说明了它的作用是临时的，主要是为了得到 data 的行数 size
datatemp = pd.DataFrame({'x': data['x'], 'y': data['y']}).to_numpy()
size, temp =data.shape
```

可以看到，创建的 datatemp 变量只是用于存放算法的中间值，即用于计算一个点距点集中其他点的欧氏距离。

```
size, temp =data.shape
```

上面代码中的 temp 只是为了得到行数 size，没有其他作用，那为什么要留着 temp 呢？这只是个人习惯问题。因为如果突然要用到列数，那么写成如下代码还要大费周章，所以留着 temp 以备不时之需。

```
Size =data.shape[0]
```

下面来看 KNN 算法思想的第 1 步，代码如下：

```
distance = (((np.tile(data2, (size, 1)) - datatemp)**2).sum(axis=1))**0.5
data = pd.DataFrame({'x': data['x'], 'y': data['y'], 'flag': data['flag'],
                     'distance': distance})
```

这里的第 1 行代码用到了之前的临时变量 datatemp，将其传入计算出距离数组 distance，再在 data 中增加一列，列标叫作 distance。

第 2 步，升序排列，以便取出前 k 个最近的点，代码如下：

```
data.sort_values("distance", inplace=True)
data = data.head(k)
```

当 flag 的值为全 1 或者全 0 的时候只有一个键，会报错，所以用 try-except 语句分情况处理。

```
if result[0.0] > result[1.0]:
```

总会有一个是 None 读不出来，而报 KeyError 错的，因为它尝试读取一个不存在的 key。当出现这种情况时应该单独处理，只拿出仅有的一个键（key）对应的值（value）就可以了。代码如下：

```
for key in result.keys():
   c = key
```

最后就可以测试代码了。传入“附件 2.xlsx”进行测试，查看输出结果，代码如下（将其加在 main 部分的最后即可）：

```
data3 = pd.read_excel("D:\\附件 2.xlsx")
data31 = pd.DataFrame({'x': data3['II']/5, 'y': data3['IV']*40})
data32 = pd.DataFrame({'x': data3['VIII'], 'y': data3['VI']})
data4 = np.vstack((data31, data32)).tolist()
print(data4)
for i in data4:
   print(KNN(i, newData, 5))
```

13.2.3 KNN 算法的完整代码

以下是 KNN 算法的完整代码，输出结果是“附件 2.xlsx”中没有给出的预测标签：

```
import numpy as np
import Matplotlib.pyplot as plt
import Pandas as pd
# findListNum()函数用于对列表的每个元素进行计数
def findListNum(li):
   li = list(li)
```

```
    set1 = set(li)
    dict1 = {}
    for item in set1:
        dict1.update({item: li.count(item)})
    return dict1
def KNN(data2, data, k):
    datatemp = pd.DataFrame({'x': data['x'], 'y': data['y']}).to_numpy()
    size, temp =data.shape
    distance = (((np.tile(data2, (size, 1)) - datatemp)**2).sum(axis=1))**0.5
    data = pd.DataFrame({'x': data['x'], 'y': data['y'], 'flag': data['flag'],
'distance': distance})
    data.sort_values("distance", inplace=True)
    data = data.head(k)
    result = findListNum(data.loc[:, 'flag'])
    try:
        if result[0.0] > result[1.0]:
            c = 0.0
        else:
            c = 1.0
    except KeyError:
        for key in result.keys():
            c = key
    return c
if __name__ == '__main__':
    data = pd.read_excel("D:\\附件1.xlsx")
    data   =   pd.DataFrame({'distance':   data['II'],   'time':   data['IV'],
'moneyIn': data['VI'], 'moneyOut': data['VIII']})
    data = data.loc[data['moneyIn'] < 4000]
    fig = plt.figure(figsize=(8, 8), dpi=80)
    ax = fig.add_subplot(111)
    ax.set_xlabel("$x$")
    ax.set_ylabel("$y$")
    ax.set_title('KNN')
    ax.scatter(data['distance']/5, data['time']*40, color='b', alpha=0.4)
    ax.scatter(data['moneyOut'], data['moneyIn'], color='y', alpha=0.4)
    plt.show()
    l = len(data['distance'])
    A = np.array([0]*l)
    B = np.array([1]*l)
    data1 = pd.DataFrame({'x': data['distance']/5, 'y': data['time']*40, 'flag': A})
    data2 = pd.DataFrame({'x': data['moneyOut'], 'y': data['moneyIn'], 'flag': B})
    newData = np.vstack((data1, data2))
    newData = pd.DataFrame(newData)
```

```
newData.columns = ['x', 'y', 'flag']
print(newData)
fig = plt.figure(figsize=(8, 8), dpi=80)
ax = fig.add_subplot(111)
ax.set_xlabel("$x$")
ax.set_ylabel("$y$")
ax.set_title('KNN')
ax.scatter(newData['x'], newData['y'], color='b', alpha=0.4)
plt.show()
data3 = pd.read_excel("D:\\附件 2.xlsx")
data31 = pd.DataFrame({'x': data3['II']/5, 'y': data3['IV']*40})
data32 = pd.DataFrame({'x': data3['VIII'], 'y': data3['VI']})
data4 = np.vstack((data31, data32)).tolist()
dataCopy1 = data4.copy()
# print(data4)
result = []
for i in data4:
    result.append(int(KNN(i, newData, 5)))
# print(result)
result = np.array(result).reshape(-1, 1)
result = pd.DataFrame(np.hstack((data4, result)))
result.to_excel('D:\\KNNResult.xlsx')
```

运行上述代码后，可以在 D 盘目录下找到一个名为 KNNResult.xlsx 的文件，打开即可看到输出结果，示例如图 13-6 所示。

	0	1	2
0	167.6	196	0
1	119.4	150	0
2	238.2	647.2	0
3	126.6	193.2	0
4	183.6	164	0
5	127.2	490	0
6	55.2	239.2	0
7	117	200.8	0
8	377	980	1
9	287	305.2	0
10	317.8	330	0
11	82.2	100	0
12	66.2	62	0
13	300	300	0
14	33	33.2	0
15	391.4	418.8	0
16	73	84	0
17	289.4	791.2	0
18	317.8	330	0
19	34	80	0
20	405.8	404	0
21	377	800	0
22	441.2	1113.2	1
23	111.6	120	0
24	522.8	420	0
25	117	360	0

图 13-6　KNN 算法输出结果示例

13.3　结语：关于数据分析

本节将围绕机器学习和数据分析的内容展开，主要介绍“进阶知识”。

13.3.1　决策树之前：树的概念

什么是“树”呢？它是由 n（$n \geqslant 0$）个有限节点构成的一个有层次关系的集合。其中，“节点”可以粗略地认为是包含了所有信息的基本元素，在编码时可以用 struct 类型或者 class 类型来表示。之所以称为“树”，是因为该集合看起来像一棵倒挂的树，也就是说，它是根朝上，而叶朝下的。二叉树示例如图 13-7 所示。

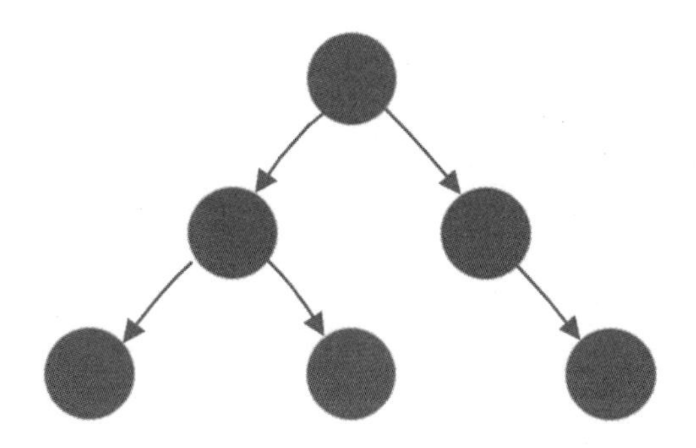

图 13-7　二叉树示例

如图 13-7 所示的图形就是一棵“树”，而且是“二叉树”，由于其倒过来看像一棵树而得名。于是可以对“树”结构下这样的定义：树（tree）是 n 个节点（node）的有限集合。那什么是节点呢？树中的每个元素包含一个节点，节点包含了元素所含的数据项以及指向其他节点的方向。读者可以认为数据项是“权重”，方向是“指针”，当然想要清楚“指针”的概念，还需要了解 C/C++这些使用“指针”的语言，在 Python 和 Java 中都没有使用“指针”。

节点的“度”是指节点的所有方向，仅有出方向，它和图不同，图还有入方向。“二叉树”是指节点最大度数为 2 的树，所以节点的度数可以为 0 或 1。度为 0 的节点称为“叶子”节点，而没有前驱只有后继的节点称为“根”节点。

13.3.2　信息熵和决策树

“熵”原本是指物理学中热力学的“热熵”。“热熵”是用于描述气体分子混乱程度的物理量。克劳德·艾尔伍德·香农将其借用过来，取名为“信息熵”，用来描述一个信息源的不确定程度和冗余程度。

当一个信息源发出的信息不确定时，通过记录一段时间内出现的次数来计算这个信息出现的频率 P_i，由此可以得到不确定性函数，公式如下：

$$f(P_i) = \log\frac{1}{P_i} = -\log(P_i)$$

取它的数学期望，就可以得到信息熵，记为 $H(U)$，公式如下：

$$H(U) = E(f(P_i)) = -\sum_{i=1}^{n} P_i \cdot \log(P_i)$$

上式所表达的含义是在集合 U 中，信息越稳定，$H(U)$ 的值越小；反之，$H(U)$ 的值越大。根据信息熵的大小来划分集合，将其作为决策树分支的依据，这种建树的方法称为 ID3 建树算法。

13.3.3 写在最后的话：留给机器学习

机器学习和数据分析是人脸识别的基础，人脸识别往往会借助机器学习和数据分析的知识。一张图片存放在计算机的内存中，是通过存放构成这张图片的像素点的信息来实现的，包括像素的位置、RGB 色彩及灰度值等。在处理图片的过程中，其也是通过矩阵的形式存放的，一个矩阵表示一张图片。通过对矩阵的翻转、平滑、膨胀等操作实现边缘检测和特征提取。可以说，机器学习和数据分析不仅是在人脸识别，在整个人工智能中的地位也是举足轻重的。

机器学习是基于测试集构建的数学模型，研究者一般会用概率统计模型作为机器学习常用的模型，如线性回归模型和逻辑回归模型。不仅是线性代数，数理统计与概率分析也是机器学习的基础学科。在人工智能中占主要地位的模型有通过统计学方法搭建的数学模型，还有通过人工神经网络训练而得到的模型。通过人工神经网络训练而得到的模型虽然使用起来还不错，但模型参数难以解释，往往不被数学界认可。

如今，深度学习是人工智能的一个热门话题，从输入数据、清洗数据、训练数据到输出数据，整个过程一气呵成，已经形成了相当完善的“生态”和“生产链”，如人脸识别、人工语音等，已经达到了足够成熟以投入使用的程度。机器学习分为监督式学习和非监督式学习，当然也有半监督式学习，不过不太被提及。“监督式学习”一般是指根据已有的数据集，建立一个确定的数学模型来预测结果，数据会被划分为训练数据和测试数据，当然必要时还会进行更多的划分，最后通过评估预测的结果来逐步人为地调整参数，以获得更好的模型。而“无监督式学习”只有输入数据，通过神经网络来确定模型，似乎比监督式学习构建的模型效果更好，但是难以解释其中的原理。“非监督式学习”通过不断地训练，并同时用算法自动调参来使参数更优，被称为“强化学习”，也被称为机器学习的第三类。

所谓第二类，是指传统的“聚类”和“降维”。“聚类”是为了将没有标签的数据分类并贴上标签，常见的有 *K*-means 算法。需要注意的是，分类是按照既定标签进行分类的，而聚类是直接分开再贴标签的。“降维”是为了减少数据运算量，由于高维矩阵运算会带来巨大的运算量，所以会选择“降维”。

本书面向基础、注重理论，希望读者通过阅读本书，可以有所收获。感谢广大读者以及在学习和生活中帮助过我的人。